U0086529

博碩文化

博碩文化

Azure證照 帶你翻轉雲端職涯

模擬試題解析×雲端核心知識×面試求職指南

葉心寬（Leo Yeh）著

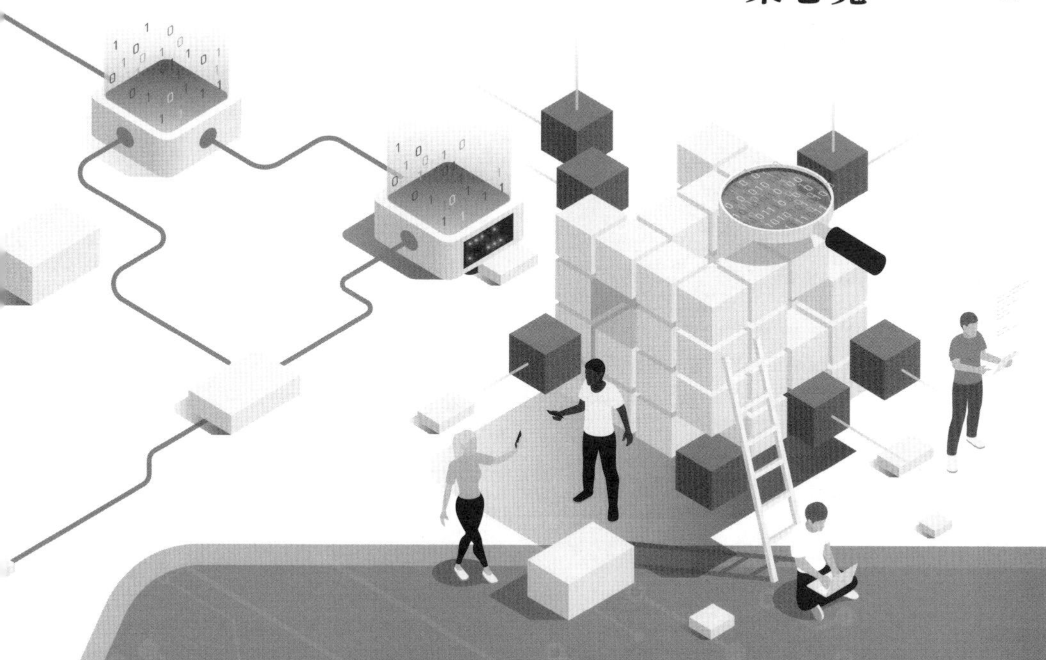

Azure證照
逐步引導考照
要點及報考流程

由淺入深
認識Azure入門
到核心知識

模擬習題
熟練英文模擬題
掌握雲端知識

求職面試
提供求職指南
傳授面試技巧

本書如有破損或裝訂錯誤，請寄回本公司更換

作　　者：葉心寬（Leo Yeh）
責任編輯：Lucy

董 事 長：陳來勝
總 編 輯：陳錦輝
出　　版：博碩文化股份有限公司
地　　址：221 新北市汐止區新台五路一段 112 號 10 樓 A 棟
電話 (02) 2696-2869　傳真 (02) 2696-2867
發　　行：博碩文化股份有限公司

郵撥帳號：17484299　戶名：博碩文化股份有限公司
博碩網站：http://www.drmaster.com.tw
讀者服務信箱：dr26962869@gmail.com
訂購服務專線：(02) 2696-2869 分機 238、519
（週一至週五 09:30 ～ 12:00；13:30 ～ 17:00）

版　　次：2022 年 11 月初版
建議零售價：新台幣 650 元
I S B N：978-626-333-307-9（平裝）
律師顧問：鳴權法律事務所 陳曉鳴 律師

國家圖書館出版品預行編目資料

Azure證照帶你翻轉雲端職涯：模擬試題解析x雲端核心知識x面試求職指南/葉心寬(Leo Yeh)著. -- 初版. -- 新北市：博碩文化股份有限公司, 2022.11

面；　公分. --

ISBN 978-626-333-307-9（平裝）

1.CST: 雲端運算

312.136　　　　111018054

Printed in Taiwan

商標聲明

有限擔保責任聲明

著作權聲明

序

最近筆者考取許多張微軟官方的雲端證照，此時也已經有許多人詢問如何準備微軟雲端證照。因此筆者將自己的考取證照必備知識、練習題，以及求職心法整理成這本著作。

期望為讀者的求職之路指引方向，期望出版一本主要是從考取證照 × 面試實戰 × 職缺密碼角度切入讓讀者了解 Azure 雲端平台，以利任何人皆能夠在最短時間內考取人生第一張 Azure 雲端基礎證照，並且為雲端職缺做好準備，獲得理想中職缺的面試，並且在準備證照考試的過程中透過上機練習，以利您在面試中能夠更有信心和面試官討論更多雲端相關的工作經驗！

所以這本書籍主要帶您有系統的學習 Azure 雲端平台，讓您不僅是知其然，而且知其所以然，請注意考取證照僅代表你有更大的機率獲得面試機會，但是面試時皆會以問答方式和實務經驗為主，所以要如何通過面試將會是本書籍能夠帶給讀者最大的價值。

葉心寬 Leo Yeh
https://www.linkedin.com/in/xinkuan/

你將從本書學到哪些知識

這是一本針對考取 Azure 證照詳細解說的入門書籍，主要是以考取雲端專業證照的角度帶領讀者了解 Azure 雲端平台。然而雲端科技已經與我們的生活密不可分，不論您現在是學生、畢業生、上班族或待業者，皆能夠透過本書以深入淺出讓快速了解 Azure 雲端的關鍵服務，同時針對各大主題分享專案實務和考取證照的經驗，以利任何人皆能夠在最短時間內考取人生第一張 Azure 雲端證照，讓您不僅是知其然，而且知其所以然，這本書分規劃成三個部分，分別為：

1. 考取證照前的先備知識
   - 專業證照簡介
   - 範例題型說明
   - 如何報名專業證照流程
   - 如何進行實作練習流程
   - 如何開始架構繪製流程
   - 如何線上進行專業證照考試流程
   - 如何線上免費更新專業證照流程
2. 考照實戰
   - 雲端基本概念
   - 核心服務基本概念
   - 核心解決方案和管理工具
   - 安全性、合規性和身分識別基本概念
   - 身分識別、治理、隱私權和合規性功能
   - 成本管理和服務等級協定

3. 面試求職密碼

當然您將從本書學到如何透過考取 Azure 雲端的國際專業證照找到雲端相關的工作機會，請注意考取雲端的國際專業證照僅能夠讓您有雲端相關工作的面試機會，但是是否能夠取得工作機會，則在於您是如何準備 Azure 雲端的國際專業證照，這也將是本書籍第二章節的關鍵重點，請務必熟讀和進行相關實作。

如何閱讀本書

本書第二章將會提供許多大量的英文練習模擬試題，範例如下：

題目 1

Match the services on the left to the correct descriptions on the right.

Services

A. Infrastructure as a service（IaaS）
B. Platform as a service（PaaS）
C. Software as a service（SaaS）

Descriptions

_____ 1. Provides hosting and management of an application and its underlying infrastructure, as well as any maintenance, upgrades, and security patching

_____ 2. Provides a fully managed environment for developing, testing, delivering, and managing cloud-based applications

_____ 3. Provides servers and virtual machines, storage, networks, and operating systems on a pay-as-you-go basis

答案：1. C　2. B　3. A

解析：**這題主要測驗描述雲端服務的類型**，基礎架構即服務（Infrastructure as a service, IaaS）主要提供必要的運算、儲存和按照需求提供網路資產，隨用即付，平台即服務（Platform as a service, PaaS）主要提供完整的開發和部署環境，其主要提供基於雲端服務的企業應用程式。軟體即服務（Platform as a service）主要是代管和管理軟體應用程式和底層基礎架構。

我建議讀者先試著閱讀英文題目選擇答案之後，再往下看解析，以利確認觀念是否正確。如果觀念不正確，或者有些疑惑，則建議看本書籍中相關的主題單元。進行有系統的基本概念學習，其實微軟基礎考試不難，許多皆是考基本概念，所以只要讀熟本書籍所提到的基本概念，要順利通過微軟基礎考試一定是沒有問題的。

至於為何要看英文題目，而非中文題目呢？主要是要讓大家習慣英文的出題方式，當然微軟基礎考試也有中文版，但是我還是建議大家考英文版，因為有助於後續持續考取更進階的微軟專業考試。

除了本書提供的英文模擬試題，讀者還可以透過掃描下方的 QR Code，以下載更多英文試題來進行練習。請切記，Azure 證照考試的題目會隨時進行更新，故本書的試題「僅提供讀者熟悉考題使用」，請讀者準備證照考試時，必須以讀懂觀念為主，並透過練習題目來加深印象。

線上資源下載

Azure 證照英文模擬試題下載：

https://www.drmaster.com.tw/Bookinfo.asp?BookID=MP22226

本書的適合讀者

如果你翻到了這一頁，我想你是對這本書感興趣的，本書的目標讀者如下：

- **對於 Azure 雲端服務有興趣的學生 / 畢業生 / 上班族 / 待業者**

  如果你對 Azure 雲端服務有興趣，我非常建議你一定要購買此書籍，因為此書籍不僅能夠協助你順利取得微軟基礎認證之外，更能夠讓你有系統地學習 Azure 基礎知識，以及讓你先了解是否真的對於這方面的領域非常有興趣。更重要的是，如果有機會獲得**實習 / 正職工作 / 雲端相關轉職**工作面試的機會時，若你有讀熟此書籍中所提到的面試重點，則能夠幫助你提高獲得實習工作的機會。

買了這本書，你有想要完成什麼任務

當你在心中構築了一個想要去完成的目標時，你才會擁有強大的動力。

我是一個非常喜歡學習與考專業證照的人，但説真的很多的書買回家後，往往會變成書架上顯示自己博學多聞的展示品，所以我建議大家先報名 **AZ-900** 的證照考試的任務，這樣你就會經常拿起這本書來閱讀，直到你通過證照考試為止。

那如果我們順利通過證照考試了呢？這本書是不是就沒有用了呢？當我們取得證照之後，下一步就是要獲得新的實習或工作機會，此時一定會有面試或筆試，這時這本書又會派上用場囉！

那如果我們順利獲得實習或工作機會了呢？這本書是不是就沒有用了呢？當我們獲得實習或工作機會之後，下一步就是要將這本書中雲端基本知識應用在實習或工作中，這時這本書又會派上用場囉！

目錄

Chapter 01

考取證照前，先準備好這些知識

Chapter 02

考照實戰

Chapter 03

面試求職密碼

很多人對於微軟專業證照還不是非常了解，此章節主要會讓各位了解微軟專業證照的基本概念，以及如何開始準備考試，如果你心中也有這樣的想法，一定要仔細閱讀這個章節的內容。

Chapter **01**

考取證照前，先準備好這些知識

本章學習重點

- 1.1 專業證照簡介
- 1.2 範例題型說明
- 1.3 正式報名專業證照流程
- 1.4 進行實作練習流程
- 1.5 開始架構繪製流程
- 1.6 線上進行專業證照考試流程
- 1.7 更新專業證照流程

1.1 專業證照簡介

Azure 證照

微軟目前推出許多專業證照的認證和考試，以利我們有系統的學習新的專業技能。但是這麼多專業證照的認證和考試我們到底要如何開始呢？首先微軟所推出專業證照主要分為基本知識認證、基於角色的認證和其他認證，同時我們根據不同困難程度將會區分出三個等級，分別為初級、中級和高級，其中到底有哪些是與 Azure 相關證照的認證和考試呢？請參考下表。

類型	等級	考試科目
基本知識認證	初級	• AZ-900 Microsoft Certified: Azure Fundamentals • DP-900 Microsoft Certified: Azure Data Fundamentals • AI-900 Microsoft Certified: Azure AI Fundamentals • SC-900 Microsoft Certified: Security, Compliance, and Identity Fundamentals
基於角色的認證	中級	• AZ-104: Microsoft Azure Administrator • AZ-204: Developing Solutions for Microsoft Azure • AZ-500: Microsoft Azure Security Technologies • AZ-600: Configuring and Operating a Hybrid Cloud with Microsoft Azure Stack Hub • AZ-700: Designing and Implementing Microsoft Azure Networking Solutions • AZ-800 : Administering Windows Server Hybrid Core Infrastructure • AZ-801 : Configuring Windows Server Hybrid Advanced Services • DP-100: Designing and Implementing a Data Science Solution on Azure • DP-203: Data Engineering on Microsoft Azure • DP-300: Administering Relational Databases on Microsoft Azure • DP-500: Designing and Implementing Enterprise-Scale Analytics Solutions Using Microsoft Azure and Microsoft Power BI • AI-100: Designing and Implementing an Azure AI Solution

類型	等級	考試科目
		• SC-200: Microsoft Security Operations Analyst • SC-300: Microsoft Identity and Access Administrator • SC-400: Microsoft Information Protection Administrator
	進階	• AZ-305: Designing Microsoft Azure Infrastructure Solutions • AZ-400: Designing and Implementing Microsoft DevOps Solutions • SC-100: Microsoft Cybersecurity Architect
其他認證	中級	• AZ-120: Planning and Administering Microsoft Azure for SAP Workloads • AZ-140: Configuring and Operating Microsoft Azure Virtual Desktop • AZ-220: Microsoft Azure IoT Developer • DP-420: Designing and Implementing Cloud-Native Applications Using Microsoft Azure Cosmos DB

每個 Azure 認證所需要的證照

接著專業證照的認證，則是需要通過一科至多科才能夠取得，像是當我們通過 AZ-900 Microsoft Certified: Azure Fundamentals（簡稱 **AZ-900**）這科考試就能夠取得 Microsoft Certified: Azure Fundamentals 認證，但是如果我們想要取得 Microsoft Certified: Azure Solutions Architect Expert 認證，則需要通過 AZ-104: Microsoft Azure Administrator 和 AZ-305: Designing Microsoft Azure Infrastructure Solutions 這兩科考試才能夠取得，請參考下表。

認證	需要通過的考試
Microsoft Certified: Azure Fundamentals	AZ-900 Microsoft Certified: Azure Fundamentals
Microsoft Certified: Azure Data Fundamentals	DP-900: Microsoft Azure Data Fundamentals
Microsoft Certified: Azure AI Fundamentals	AI-900: Microsoft Azure AI Fundamentals

接下頁

認證	需要通過的考試
Microsoft Certified: Security, Compliance, and Identity Fundamentals	SC-900: Microsoft Security, Compliance, and Identity Fundamentals
Microsoft Certified: Azure Administrator Associate	AZ-104: Microsoft Azure Administrator
Microsoft Certified: Azure Developer Associate	AZ-204: Developing Solutions for Microsoft Azure
Microsoft Certified: Azure Solutions Architect Expert	AZ-104: Microsoft Azure Administrator + AZ-305: Designing Microsoft Azure Infrastructure Solutions
Microsoft Certified: DevOps Engineer Expert	AZ-104: Microsoft Azure Administrator + AZ-400: Designing and Implementing Microsoft DevOps Solutions 或 AZ-204: Developing Solutions for Microsoft Azure + AZ-400: Designing and Implementing Microsoft DevOps Solutions
Microsoft Certified: Azure Security Engineer Associate	AZ-500: Microsoft Azure Security Technologies
Microsoft Certified: Azure Stack Hub Operators Associate	AZ-600: Configuring and Operating a Hybrid Cloud with Microsoft Azure Stack Hub
Microsoft Certified: Azure Network Engineer Associate	AZ-700: Designing and Implementing Microsoft Azure Networking Solutions
Microsoft Certified: Windows Server Hybrid Administrator Associate	AZ-800：Administering Windows Server Hybrid Core Infrastructure AZ-801：Configuring Windows Server Hybrid Advanced Services

認證	需要通過的考試
Microsoft Certified: Azure Data Scientist Associate	DP-100: Designing and Implementing a Data Science Solution on Azure
Microsoft Certified: Azure Data Engineer Associate	DP-203: Data Engineering on Microsoft Azure
Microsoft Certified: Azure Database Administrator Associate	DP-300: Administering Relational Databases on Microsoft Azure
Microsoft Certified: Azure Enterprise Data Analyst Associate	DP-500: Designing and Implementing Enterprise-Scale Analytics Solutions Using Microsoft Azure and Microsoft Power BI
Microsoft Certified: Azure AI Engineer Associate	AI-100: Designing and Implementing an Azure AI Solution
Microsoft Certified: Security Operations Analyst Associate	SC-200: Microsoft Security Operations Analyst
Microsoft Certified: Identity and Access Administrator Associate	SC-300: Microsoft Identity and Access Administrator
Microsoft Certified: Information Protection Administrator Associate	SC-400: Microsoft Information Protection Administrator
Microsoft Certified: Cybersecurity Architect Expert	SC-200: Microsoft Security Operations Analyst + SC-100: Microsoft Cybersecurity Architect 或 SC-300: Microsoft Identity and Access Administrator + SC-100: Microsoft Cybersecurity Architect 或 SC-400: Microsoft Information Protection Administrator + SC-100: Microsoft Cybersecurity Architect
Microsoft Certified: Azure Virtual Desktop Specialty	AZ-140: Configuring and Operating Microsoft Azure Virtual Desktop

接下頁

認證	需要通過的考試
Microsoft Certified: Azure IoT Developer Specialty	AZ-220: Microsoft Azure IoT Developer
Microsoft Certified: Azure for SAP Workloads Specialty	AZ-120: Planning and Administering Microsoft Azure for SAP Workloads
Microsoft Certified: Azure Support Engineer for Connectivity Specialty	AZ-720: Troubleshooting Microsoft Azure Connectivity
Microsoft Certified: Azure Cosmos DB Developer Specialty	DP-420: Designing and Implementing Cloud-Native Applications Using Microsoft Azure Cosmos DB

學生及職場新鮮人適合考取的證照

如果你是學生，則我會建議你從初級的認證開始準備，像是 Microsoft Certified: Azure Fundamentals。但是如果你是已經準備開始從事 Azure 相關工作的職場新鮮人，則我會建議你從中級的認證開始準備，像是 Microsoft Certified: Azure Administrator Associate。至於建議開始學習的路徑，請參考下表。

等級	認證	目標對象
初級	Microsoft Certified: Azure Fundamentals	學生、職場新鮮人
初級	Microsoft Certified: Azure Data Fundamentals	學生、職場新鮮人
初級	Microsoft Certified: Azure AI Fundamentals	學生、職場新鮮人
初級	Microsoft Certified: Security, Compliance, and Identity Fundamentals	學生、職場新鮮人
中級	Microsoft Certified: Azure Administrator Associate	相關工作半年以上
中級	Microsoft Certified: Azure Developer Associate	相關工作半年以上
中級	Microsoft Certified: Azure Security Engineer Associate	相關工作半年以上

等級	認證	目標對象
中級	Microsoft Certified: Azure Stack Hub Operators Associate	相關工作半年以上
中級	Microsoft Certified: Azure Network Engineer Associate	相關工作半年以上
中級	Microsoft Certified: Windows Server Hybrid Administrator Associate	相關工作半年以上
中級	Microsoft Certified: Azure Data Scientist Associate	相關工作半年以上
中級	Microsoft Certified: Azure Data Engineer Associate	相關工作半年以上
中級	Microsoft Certified: Azure Database Administrator Associate	相關工作半年以上
中級	Microsoft Certified: Azure Enterprise Data Analyst Associate	相關工作半年以上
中級	Microsoft Certified: Azure AI Engineer Associate	相關工作半年以上
中級	Microsoft Certified: Security Operations Analyst Associate	相關工作半年以上
中級	Microsoft Certified: Identity and Access Administrator Associate	相關工作半年以上
中級	Microsoft Certified: Information Protection Administrator Associate	相關工作半年以上
進階	Microsoft Certified: Cybersecurity Architect Expert	相關工作一年以上
進階	Microsoft Certified: Azure Virtual Desktop Specialty	相關工作半年以上
進階	Microsoft Certified: Azure IoT Developer Specialty	相關工作半年以上
進階	Microsoft Certified: Azure for SAP Workloads Specialty	相關工作半年以上
進階	Microsoft Certified: Azure Cosmos DB Developer Specialty	相關工作半年以上
進階	Microsoft Certified: Azure Support Engineer for Connectivity Specialty	相關工作半年以上
進階	Microsoft Certified: Azure Solutions Architect Expert	相關工作一年以上
進階	Microsoft Certified: DevOps Engineer Expert	相關工作一年以上

報名證照考試概要

一開始我們會透過官方網站來進行微軟的測驗準備（https://docs.microsoft.com/zh-tw/certifications/exams/az-900），如下圖所示。

▲ 準備微軟專業證照考試的官方網站

（https://learn.microsoft.com/zh-tw/certifications/exams/az-900）

請注意，**微軟的測驗會一直進行更新，所以請勿背練習題或考古題**，而是深入了解基本概念。當然有些考試官方網站已經有提供免費的範例問題，以利協助我們進行測驗。

➡ 安排考試日期

接著建議先安排考試日期，此時別擔心安排日期之後就無法更改，因為**微軟的測驗只要在考試前一天皆能夠取消或變更日期**。我個人建議第一次考試至少安排一個月以上的時間，以利充分準備。

➡ 考場選擇

至於到底要使用 Pearson VUE 或 Certiport 的考場呢？我個人建議使用 **Pearson VUE** 的考場，尤其是如果選擇進行在家線上考試時，前置環境確認的部份相對於 Certiport 有更好操作體驗。

只是如果你考的是英文版，Pearson VUE[*1] 的考場通常監考官是印度人，筆者建議要有基本英文的溝通能力，才選擇進行**在家線上考試**，不然我建議選擇**去考試中心進行考試**，像是恆逸教育訓練中心就是我之前經常去的考試中心，在那裡就不用擔心無法順利進行考試，因為會有現場的工作人員協助我們進入考試畫面，並且進行監考。至於要如何安排考試的流程呢？ 1.3 節會進行詳細的操作説明。

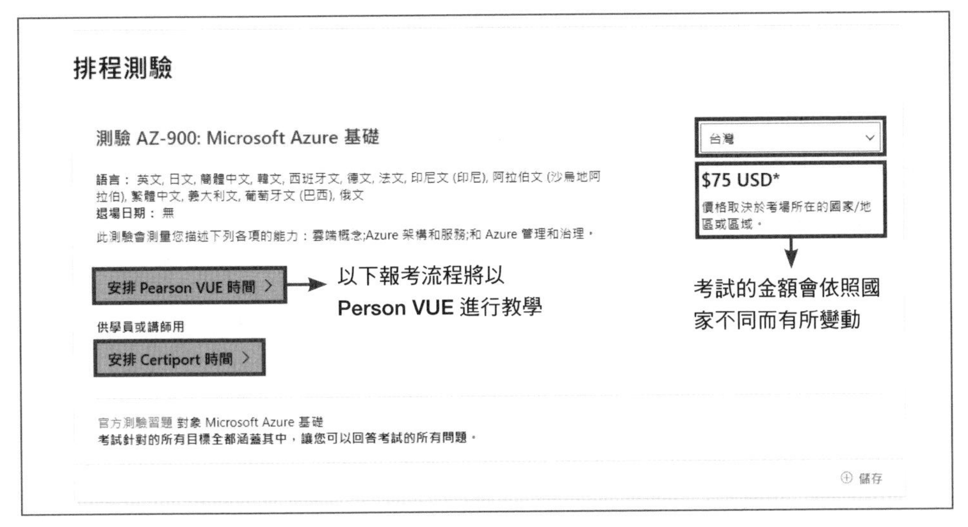

▲ 考試國家點選「台灣」，下方就會跳出台灣地區的考試金額

當我們安排完考試之後，此時就會需要了解此次測驗的技能，請下載測驗技能大綱的 PDF 檔案，請注意測驗的技能大綱會「**隨著測試更新不斷進行調整**」。當我們測驗結束後，當下就會提供該測驗對應不同技能的程度，讓我們大概知道目前的程度為何，以及有哪些項目需要進行加強。

*1 有關 Pearson VUE 的線上測驗簡介及注意須知，可以參閱：https://learn.microsoft.com/zh-tw/certifications/online-exams。請記得中文版網站因為是機器翻譯關係，會出現部分段落語意不明確的情形，因此閱讀時可以對照英文版內容。

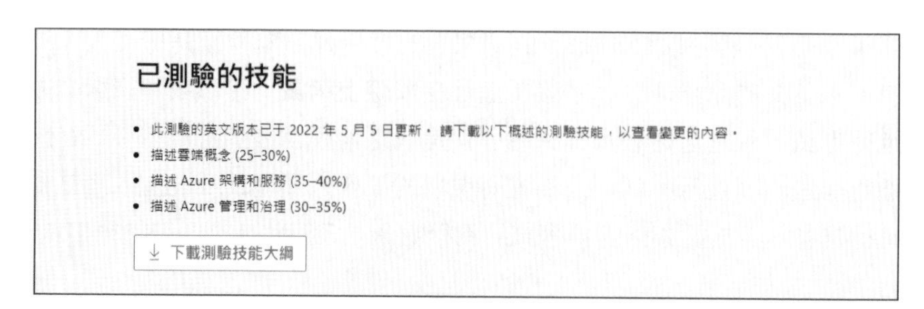

▲ 微軟專業證照考試測驗的技能

當我們了解此次測驗的技能之後，我們就會需要開始進行準備。微軟 Azure 證照的準備方式主要有兩種，分別為免費課程和付費課程，我個人建議先上免費課程就好，至於付費課程則是當你需要有微軟認證講師來引導你進行更有效率的學習才參加。

▲ 微軟證照考試的準備方式有兩種：免費課程以及付費課程

考取 Azure 證照流程

1. 確認適合考取的證照

建議讀者可以依照自己目前的身份（學生或是工作人士），選擇適合自己證照進行報考。如果目前還沒有 Azure 證照考試經驗，建議可以先報考 AZ-900 證照考試。

2. 安排考試日期

不用擔心安排日期之後就無法更改，因為微軟的測驗只要在**考試前一天都能夠取消或變更日期**，建議第一次考試要留至少一個月的時間準備。

3. 選擇考場

- Pearson VUE 考場
    - 可以在家線上考試、操作體驗比較好。
    - 監考官通常為印度人，因此建議要有基本的英文溝通能力，或者選擇有考試中心的考場（例如恆逸教育訓練中心）。
- Certiport 考場
    - 前置環境和 Pearson VUE 考場相比較沒那麼好。

1.2 範例題型說明

認證和考試的題型主要是以多選題（Multiple Choice）、填空題（Sentence Completion）和配對題（Matching）這三種題型為主。本書的全部考題，包含範例題、第二章的模擬練習題，將會以英文考題呈現。

請切記，Azure 證照考試的題目會隨時進行更新，故本書的考題「僅提供讀者熟悉考題使用」，請讀者準備證照考試時，必須以讀懂觀念為主，並透過練習題目來加深印象。

多選題（Multiple Choice）

題目 1

Which Azure Active Directory (Azure AD) feature is used to provide access to resources based on organizational policies?

A. multi-factor authentication (MFA)
B. single sign-on (SSO)
C. administrative units
D. Conditional Access

答案：D

解析：這題主要測驗描述身份識別、存取和安全的功能和工具，條件式存取主要是 Azure Active Directory 用於允許或拒絕的功能，以利我們能夠基於身份的相關資訊存取資源。

題目 2

Which option is used to set the communication between an on-premises VPN device and an Azure VPN gateway through an encrypted tunnel over the internet?

A. ExpressRoute
B. Point-to-Site (P2S) VPN
C. Site-to-Site VPN

答案：C

解析：這題主要測驗描述計算和網路服務的功能和工具，站到站 VPN 主要是在本地 VPN 設備和 Azure VPN 閘道之間建立加密連線通道。

題目 3

Which Azure serverless computing technology provides the ability to execute workflows to automate business scenarios by using triggers without writing any code?

A. Azure Functions
B. Azure Logic Apps
C. Azure Front Door
D. Azure DevOps

答案：B

解析：這題主要測驗描述 Azure 計算和網路服務，Azure 邏輯主要應用在基於網站的設計器中的設計，其能夠執行邏輯，並且主要由 Azure 服務觸發，無需撰寫任何程式碼。

填空題（Sentence Completion）

題目 1

__________ is a repeatable set of governance tools that helps development teams quickly build and create new environments while adhering to organizational compliance to speed up development and deployment.

A. Azure DevOps
B. A Continuous Integration/Continuous Deployment (CI/CD) pipeline configuration
C. Azure Blueprints
D. Azure Policy

答案：C

解析：這題主要測驗描述治理和合規性的功能和工具，當雲端環境的成長超出了一個訂閱的範圍時，Azure 藍圖有助於擴充相關設定，所謂 Azure 藍圖主要是可重複的任務，用於協調各種資源的部署，以利開發團隊快速建立和部署新的環境，並且加快整體開發和部署階段。

題目 2

Single sign-on (SSO) is __________ method that enables users to sign in the first time and access various applications and resource by using same password.

A. a validation
B. an authentication
C. a configuration
D. an authorization

答案：B

解析：這題主要測驗描述 Azure 身份識別、存取和安全的功能和工具，單一登入主要是一種身份驗證方法，允許使用者使用一組登入帳號用於跨應用程式登入的憑據，單一登入使其更易於管理密碼，以及增加安全功能。

題目 3

__________ copies data to a secondary region from the primary region across multiple datacenters that are located many miles apart.

A. Premium storage
B. Zone redundant storage (ZRS)
C. Geo-redundant storage (GRS)
D. Locally-redundant storage (LRS)

答案：C

解析：這題主要測驗描述 Azure 儲存服務的功能和工具，異地儲存（Geo-redundant storage, GRS）主要是將資料複製到位於與主要區域不同的地理位置。

配對題（Matching）

題目 1

Match the services on the left to the correct descriptions on the right.

Services

A. Pricing calculator

B. TCO calculator

C. Cost management

Descriptions

____ 1. Estimates workload costs

____ 2. Estimates the cost savings by comparing datacenter costs to running the same workload on Azure

____ 3. Helps control, analyze, and optimize workload costs

答案：1. A　2. B　3. C

解析：這題主要測驗描述成本管理的功能和工具，價格計算機（Pricing calculator）主要用於估計工作負載的成本，TCO 計算機（TCO calculator）主用於透過將資料中心成本與在 Azure 上執行相同工作負載進行比較來估計節省的成本。成本管理（Cost management）主要用於控制、分析和優化工作負載成本。

題目 2

Match the services on the left to the correct descriptions on the right.

Services

A. Infrastructure as a service (IaaS)

B. Platform as a service (PaaS)

C. Software as a service (SaaS)

Descriptions

_____ 1. Provides hosting and management of an application and its underlying infrastructure, as well as any maintenance, upgrades, and security patching

_____ 2. Provides a fully managed environment for developing, testing, delivering, and managing cloud-based applications

_____ 3. Provides servers and virtual machines, storage, networks, and operating systems on a pay-as-you-go basis

答案：1. C　2. B　3. A

解析：這題主要測驗描述雲端服務的類型，基礎架構即服務（Infrastructure as a service, IaaS）主要提供必要的運算、儲存和按照需求提供網路資產，隨用即付，平台即服務（Platform as a service, PaaS）主要提供完整的開發和部署環境，其主要提供基於雲端服務的企業應用程式。軟體即服務（Platform as a service）主要是代管和管理軟體應用程式和底層基礎架構。

題目 3

Match the services on the left to the correct descriptions on the right.

Services

A. Azure Resource Locks
B. Azure Blueprints
C. Azure Policy

Descriptions

____ 1. Rapidly provisions and runs new environments with the knowledge that they are in line with the organization' s compliance requirements
____ 2. Enforces standards and assess compliance across your organization
____ 3. Prevents resources from being accidentally deleted or changed

答案：1. B　2. C　3. A

解析：這題主要測驗描述Azure 中用於治理和合規性的功能和工具，資源鎖（Azure Resource Locks）主要用於防止資源被意外刪除或改變，並且能夠應用於訂閱、資源組或資源，即使基於角色的存取控制策略到位，仍然存在具有適當存取等級別的人員能夠刪除關鍵資源的風險。Azure 藍圖主要提供了一種定義可重複的 Azure 資源的方法，其能夠讓開發團隊快速調配和執行新的藍圖環境，並且符合組織的合規性要求，同時團隊還能夠跨多個提供 Azure 資源，以利實現更短的開發時間和更快的交付。Azure 政策主要是在幫助強制落實的標準，並且評估整個過程中是否符合組織的合規性，並且透過其合規性儀錶板，我們將能夠評估環境的整體狀態，以及下鑽取得每個資源或每個策略級別的詳細程度，我們還可以使用批次等功能，修復現有資源和自動修復新資源，以利快速有效地解決問題。

1.3 正式報名專業證照流程

這裡我會以選擇「Pearson VUE」考場、「在考試中心考試」為範例，說明如何進行證照報考流程。當我們按下「安排 Pearson VUE 時間」按鈕之後，我們就會開始進行報名專業證照流程。

STEP 1：進入報名專業證照流程，首先填寫個人資料，這裡要記得「Legal name」一定要和護照上的名字一樣，因為考試報到時需要進行身分驗證。

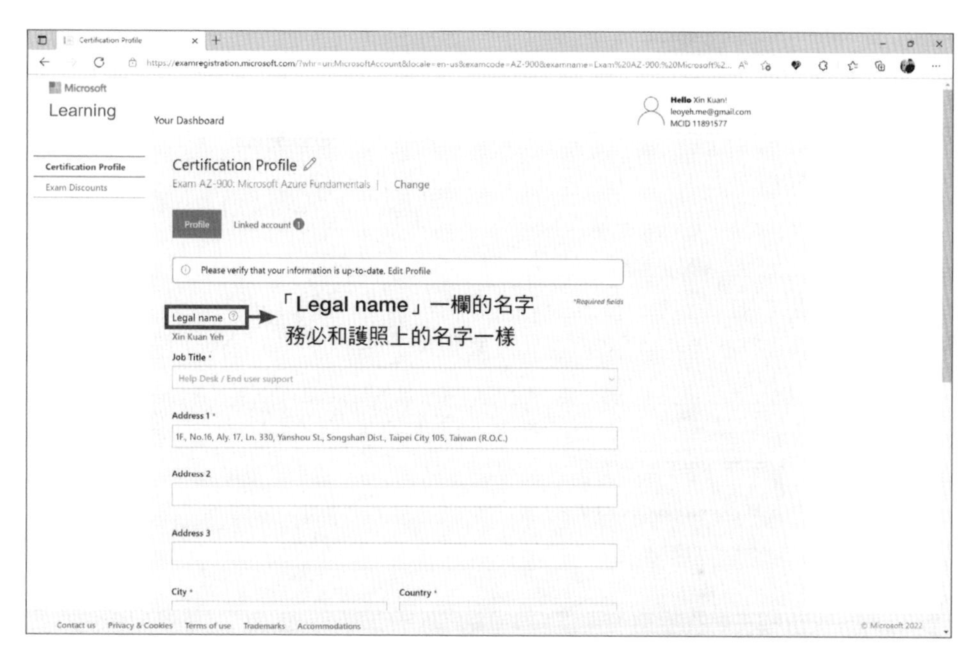

▲ 填寫個人資料

STEP 2：點選相關「折扣」之後，按下「Schedule Exam」鈕。

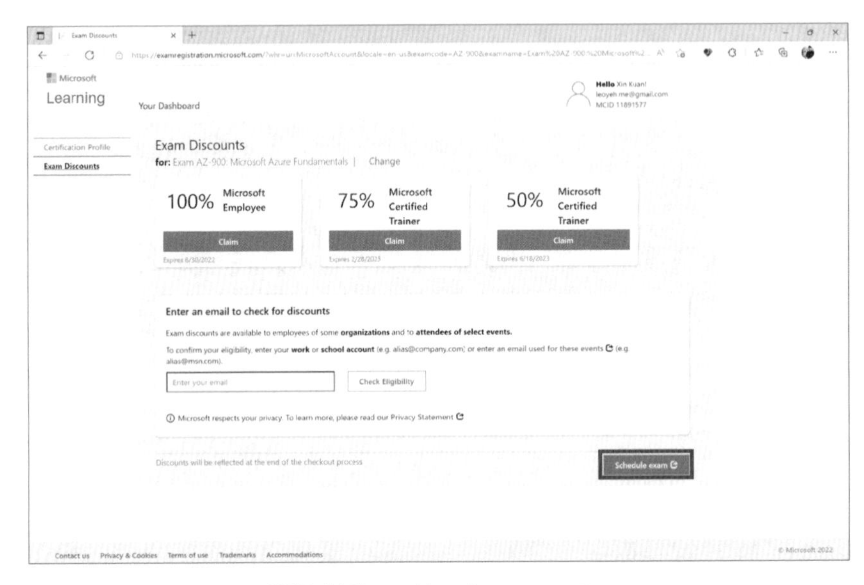

▲ 可選擇「折扣」，按下「Schedule Exam」

STEP 3：點選「At a test center」（在考試中心考試），按下「Next」鈕。

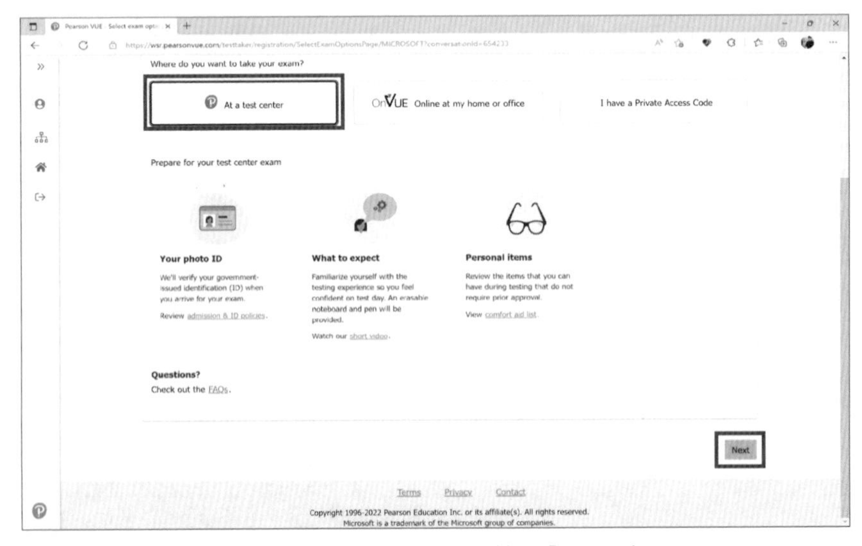

▲ 點選「At a test center」，按下「Next」鈕

STEP 4：選擇考試語言，按下「Next」鈕。這裡我們選「English」，屆時考題就會是英文呈現。

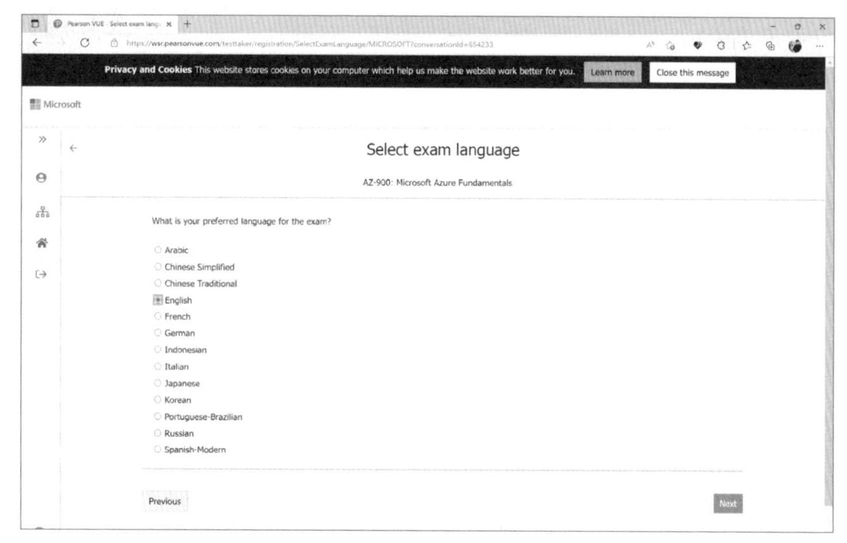

▲ 選擇考試語言，按下「Next」鈕

STEP 5：如果已經通過考試，則會發生問題無法進行考試。

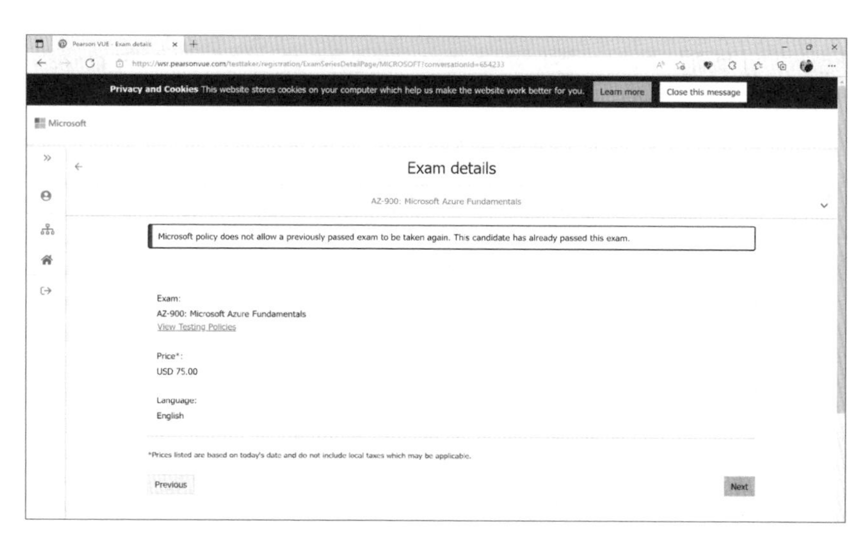

▲ 如果已經通過考試，則會發生問題無法進行考試

STEP 6：換另一個考科之後，選擇考試語言，按下「Next」鈕。

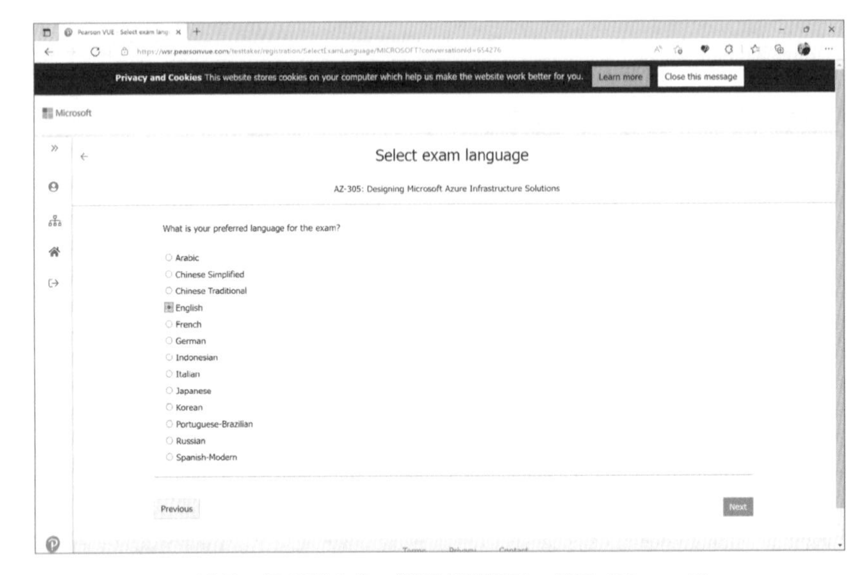

▲ 換另一個考科之後，選擇考試語言，按下「Next」鈕

STEP 7：查看微軟考試政策。

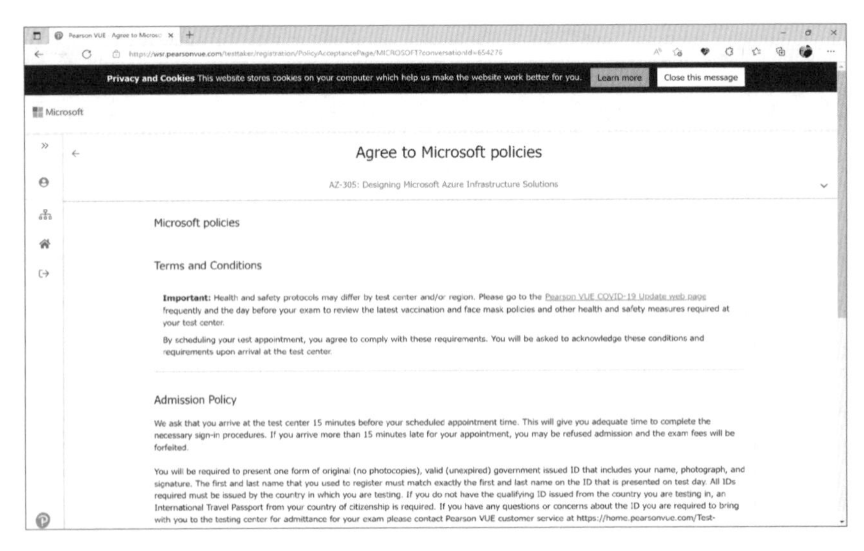

▲ 查看微軟考試政策

STEP 8：按下「Agree」鈕。

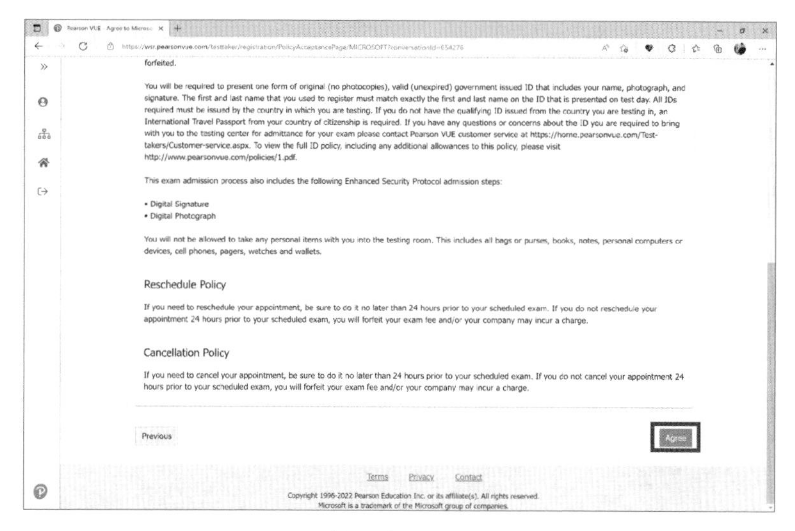

▲ 按下「Agree」鈕

STEP 9：查看考試地點。這邊網頁會列出我們當初填入地址附近的考場地點。或者，你也可以在中間的搜尋欄中，輸入想考試的地區或考試中心，例如松山區，或是 Fuxing N Rd,Taipei（輸入中、英文都可以）。

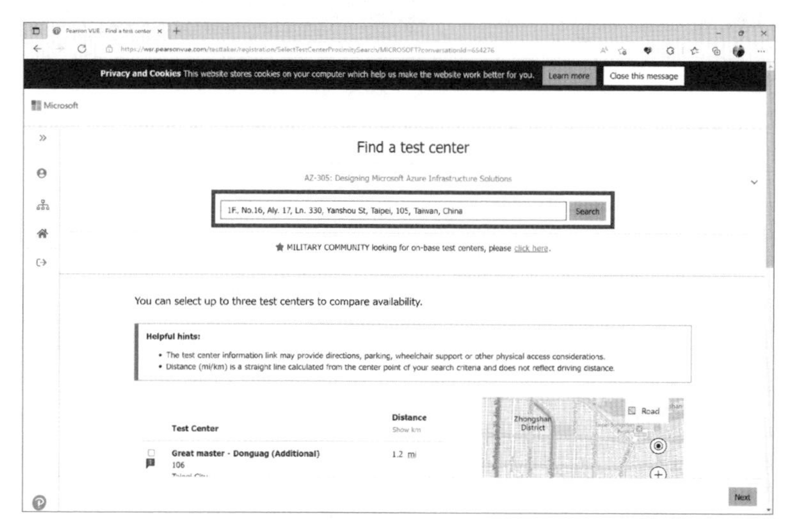

▲ 查看考試地點，按下「Next」鈕

STEP 10：點選自己想要的考場後，按下「Next」鈕。

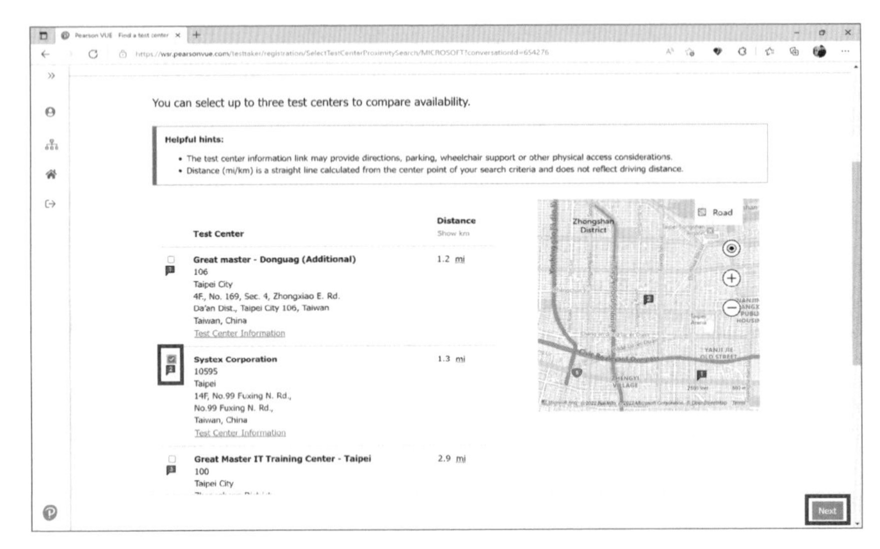

Ⓐ 選擇考試地點，按下「Next」鈕

STEP 11：選擇考試日期。

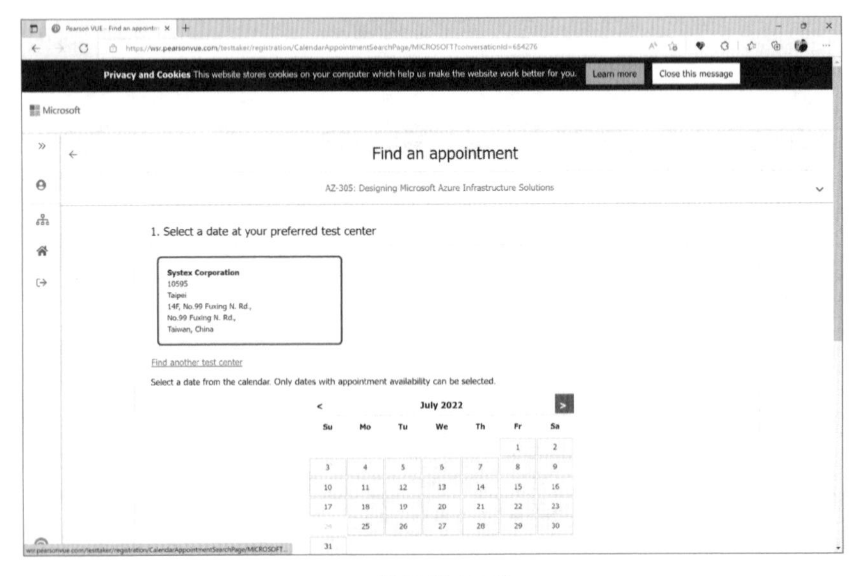

Ⓐ 選擇考試日期

STEP 12：選擇考試時間。

2. Select your available start time for Saturday, July 30, 2022

How would you like available times displayed?

12 hr (e.g., 2:00 PM) 24 hr (e.g., 14:00)

Times are displayed in your preferred test center's time zone(Asia/Taipei - CST).

Morning	Afternoon
10:00	12:00
10:15	12:15
10:30	12:30
10:45	12:45
11:00	13:00
11:15	13:15
11:30	13:30
11:45	13:45
	14:00
	14:15

▲ 選擇考試時間

STEP 13：確認完所有資訊無誤之後，按下「Proceed to Checkout」鈕。

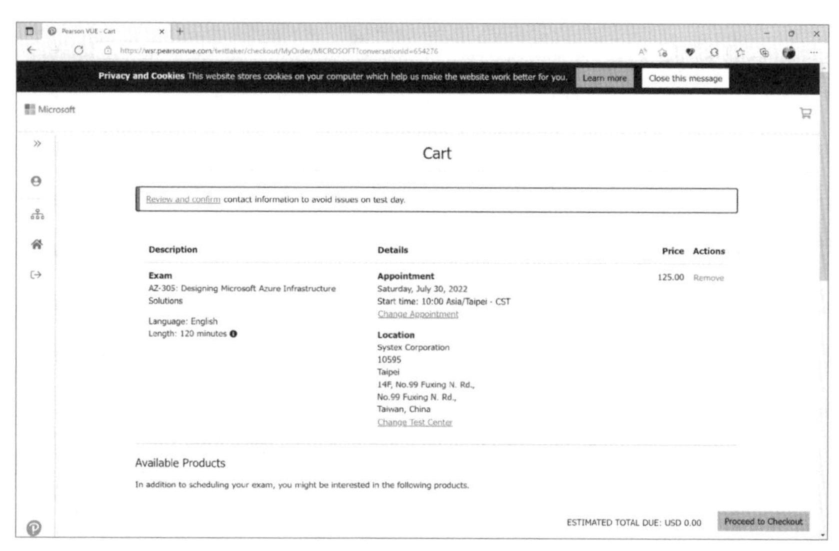

▲ 按下「Proceed to Checkout」鈕

STEP 14：確認款項是否正確無誤，按下「Next」鈕。

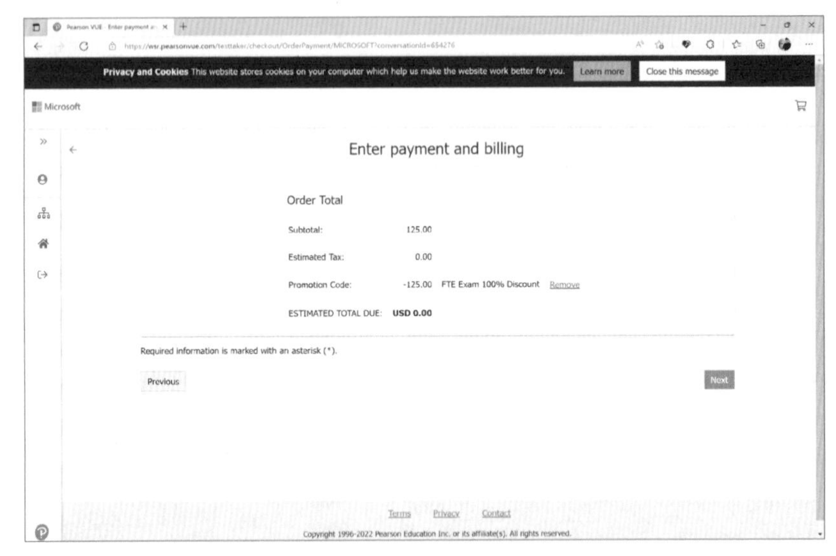

▲ 按下「Next」鈕

STEP 15：確認所有資訊正確無誤後，按下「Submit Order」鈕。

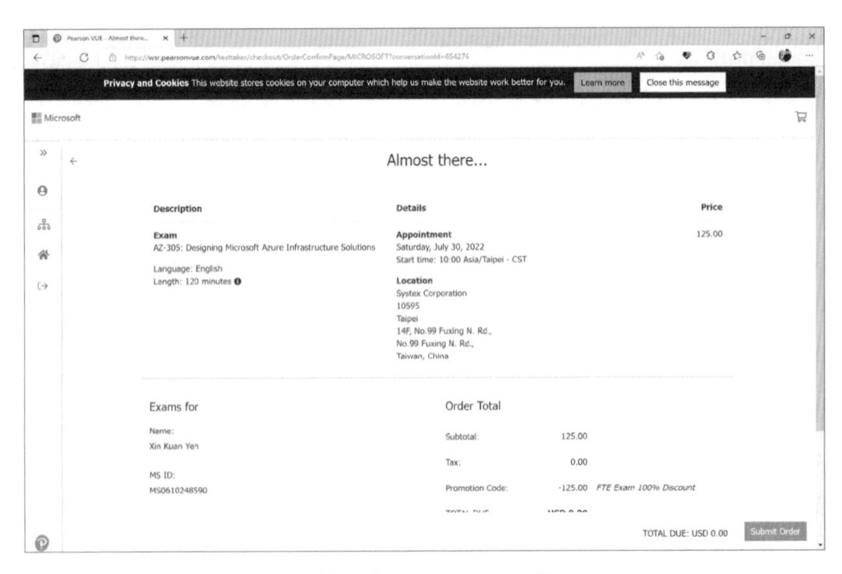

▲ 按下「Submit Order」鈕

STEP 16：頁面顯示確認報名成功，這時系統會寄信到信箱。

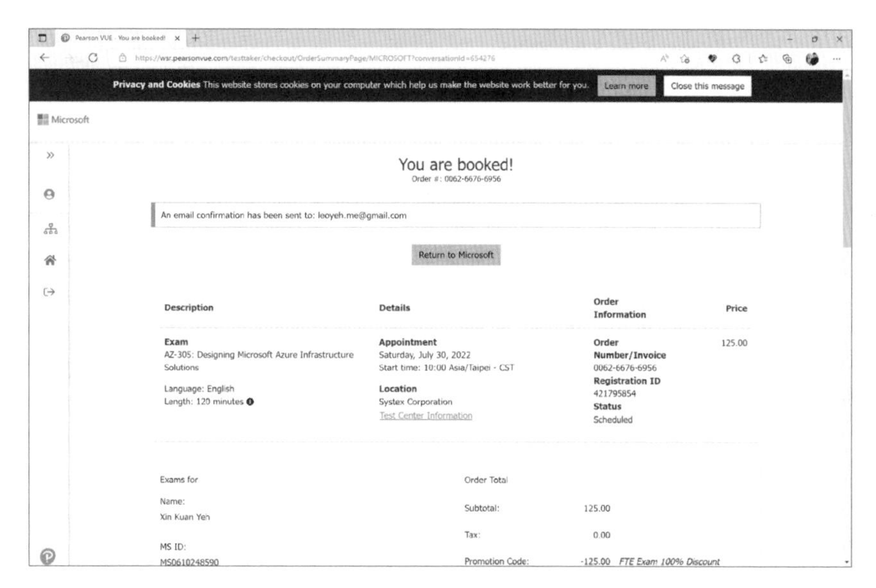

Ⓐ 確認報名成功

STEP 17：此時將會收到兩封信件，代表報名成功。第一封是報名成功的發票信件。

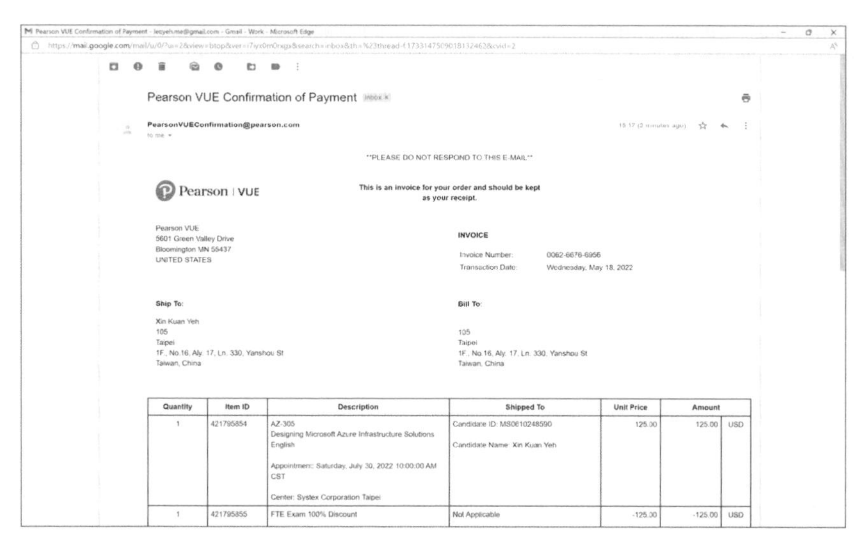

Quantity	Item ID	Description	Shipped To	Unit Price	Amount	
1	421795854	AZ-305 Designing Microsoft Azure Infrastructure Solutions English Appointment: Saturday, July 30, 2022 10:00:00 AM CST Center: Systex Corporation Taipei	Candidate ID: MS0610248590 Candidate Name: Xin Kuan Yeh	125.00	125.00	USD
1	421795855	FTE Exam 100% Discount	Not Applicable	-125.00	-125.00	USD

Ⓐ 此時將會收到報名成功的發票信件

STEP 18：第二封是考試報名成功的信件，這樣就完成報名考試了。

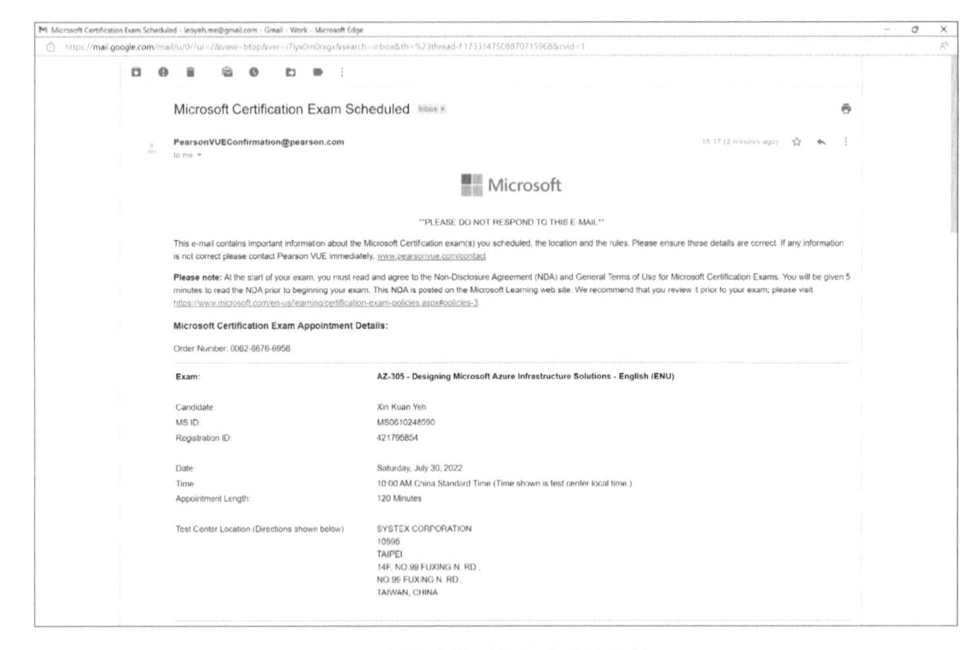

▲ 更新後會收到報名成功的信件

1.4 進行實作練習流程

STEP 1：讀者可以在瀏覽器中輸入關鍵字「**Microsoft Learn**」，前往「https://learn.microsoft.com」網頁，點選「**文件**」選項→「**Azure**」，即可開始選擇欲學習的主題。這裡筆者將以英文版網頁進行操作，並以「虛擬機器」主題進行示範（https://learn.microsoft.com/en-us/azure/virtual-machines/windows/tutorial-manage-vm）。

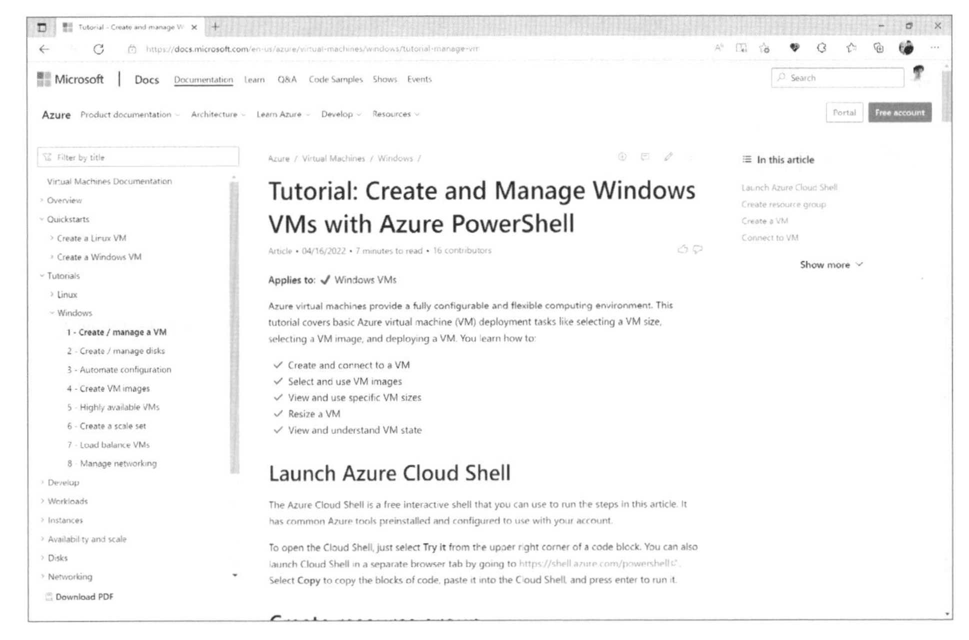

▲ 進行實作練習流程

STEP 2：針對欲練習的主題，點擊「Try it」鈕。

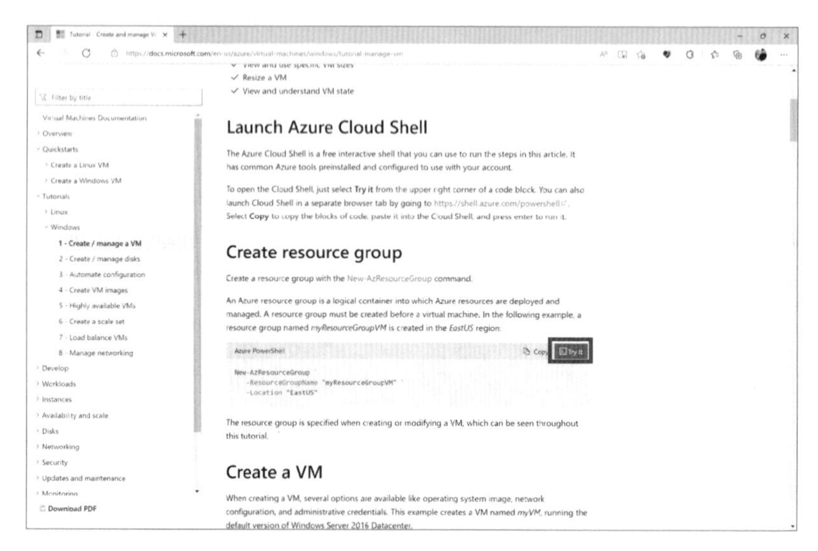

▲ 按下「Try it」鈕

STEP 3：如果此時還沒登入帳號，視窗右邊會跳出「Sign in with your account」(請使用您的帳戶登入)。若已登入，則會出現下圖的視窗，這時請按下「Create with Account」鈕。

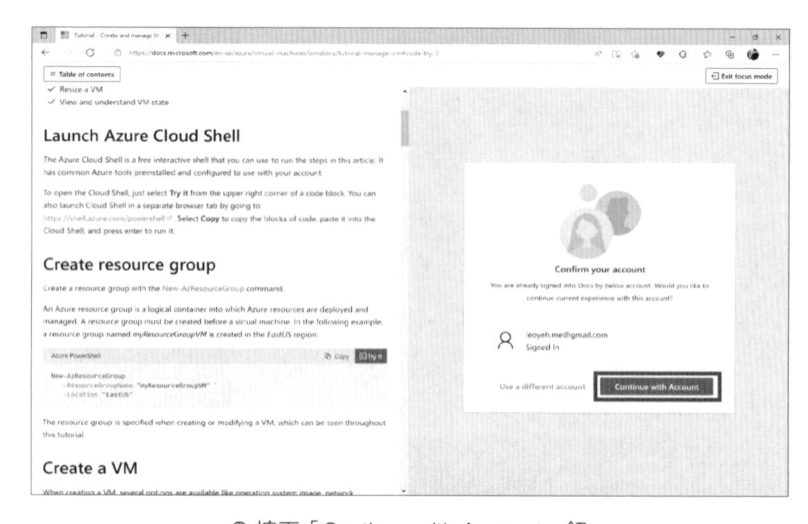

▲ 按下「Continue with Account」鈕

STEP 4：選擇「預設目錄」。這裡提醒一下，若讀者不是使用訂用帳戶，則無法進行線上操作。目前官網有開放 Azure 免費試用，提供 12 個月免費試用，詳情請參閱 https://portal.azure.com/#home。

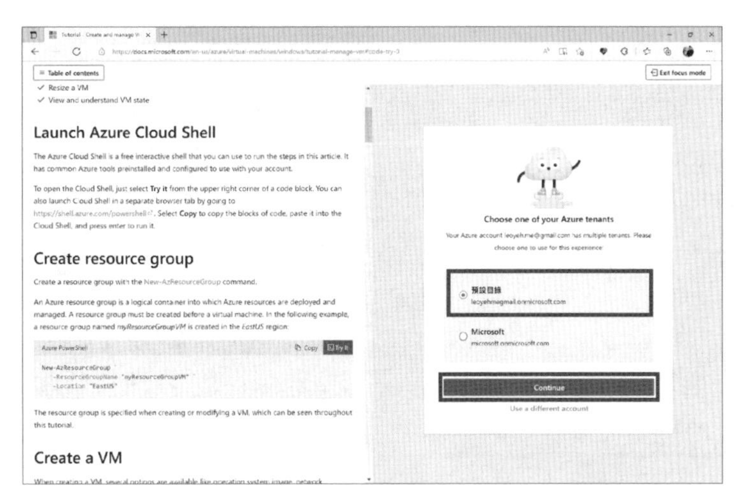

▲ 按下「Continue」鈕

STEP 5：此時可以一邊閱讀畫面左方的操作步驟，一邊等待開啟 Azure Cloud Shell。

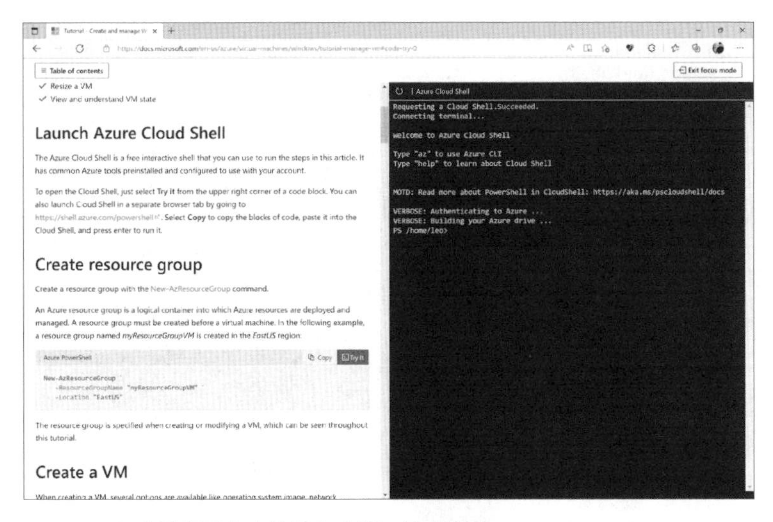

▲ 查看畫面左方的操作步驟，等待開啟 Azure Cloud Shell

STEP 6：依照視窗左方的指示，輸入一樣的程式碼，建立資源群組。

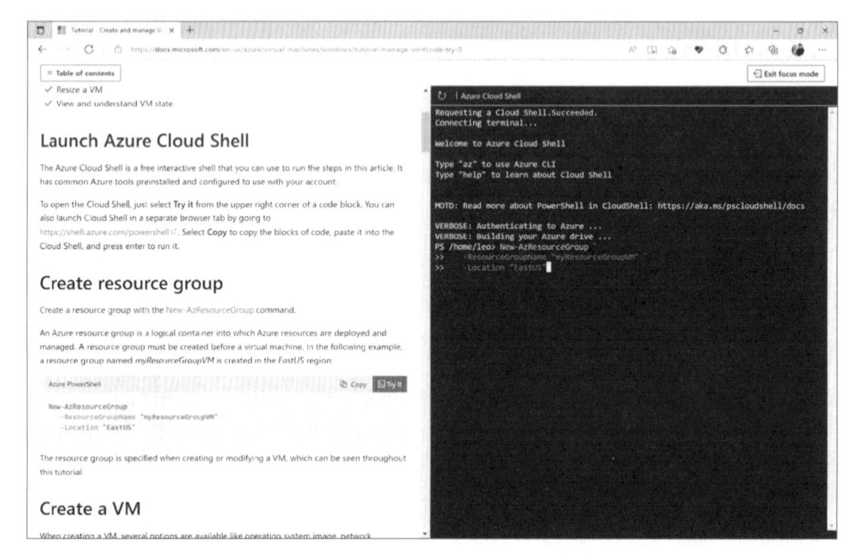

▲ 建立資源群組

STEP 7：輸入後即完成資源群組建立。

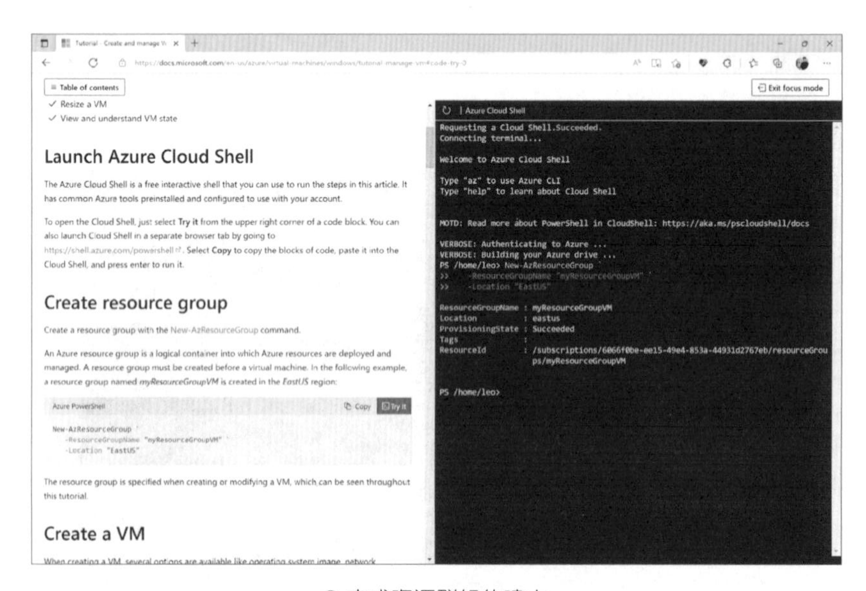

▲ 完成資源群組的建立

STEP 8：建立虛擬機器。請注意此時輸入的帳號和密碼，之後將會被使用。

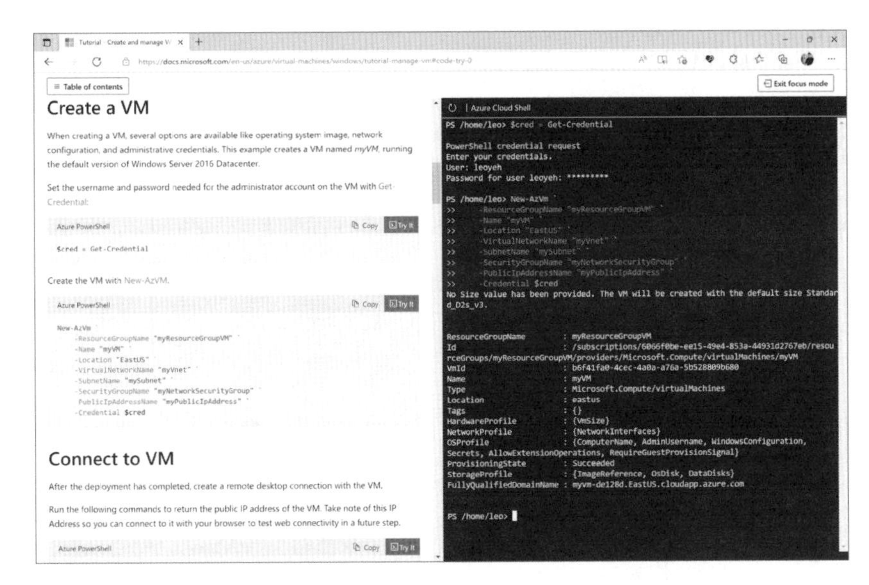

Ⓐ 請注意此時輸入的帳號和密碼，之後將會被使用

STEP 9：輸入視窗左方的程式碼，取得公開 IP 位址，並記下這個 IP 位址。

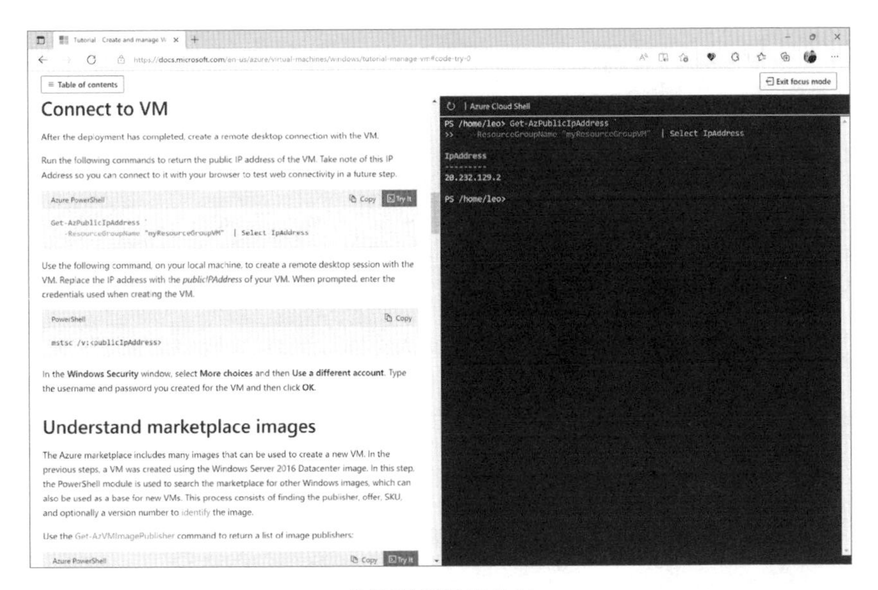

Ⓐ 取得公開 IP 位址

STEP 10：可以開始遠端桌面連線，輸入剛才取得的 IP 位置以進行連線。

▲ 開始遠端桌面連線，輸入 IP 位置進行連線

STEP 11：輸入登入的帳號和密碼，也就是前面步驟 8 的帳號密碼。

Windows Security

Enter your credentials

These credentials will be used to connect to 20.232.129.2.

leoyeh

•••••••••

Domain: FAREAST

Remember me

More choices

Leo Yeh
FAREAST\leoyeh

Use a different account

Face
FAREAST\leoyeh

PIN
FAREAST\leoyeh

OK

Cancel

▲ 輸入登入的帳號和密碼

STEP 12：按下「Yes」鈕。

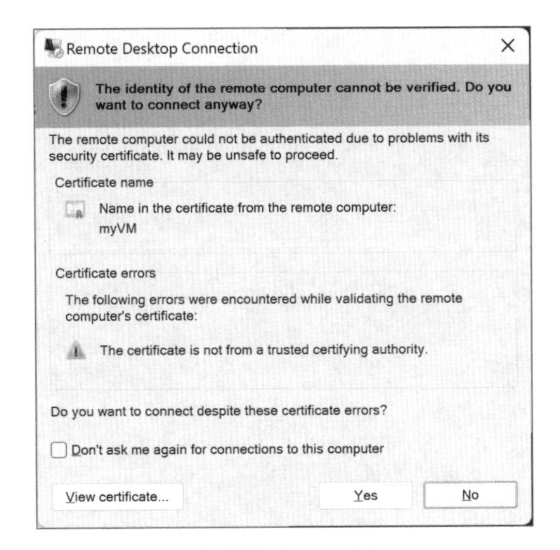

▲ 按下「Yes」鈕

STEP 13：登入後即可查看虛擬機器（myVM）狀態。

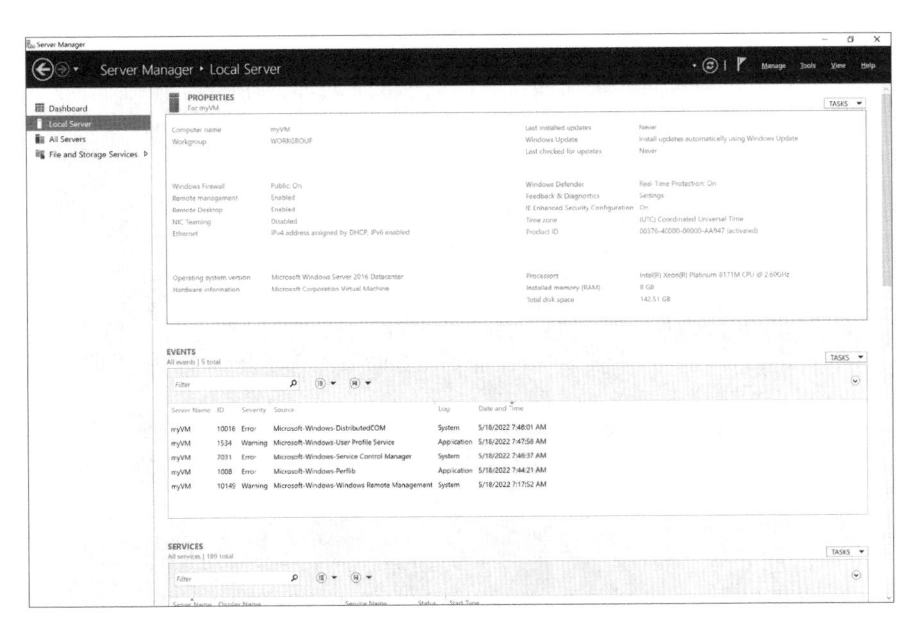

▲ 查看登入之後的虛擬機器狀態

STEP 14：登入至 Azure Portal 查看虛擬機器的狀態。

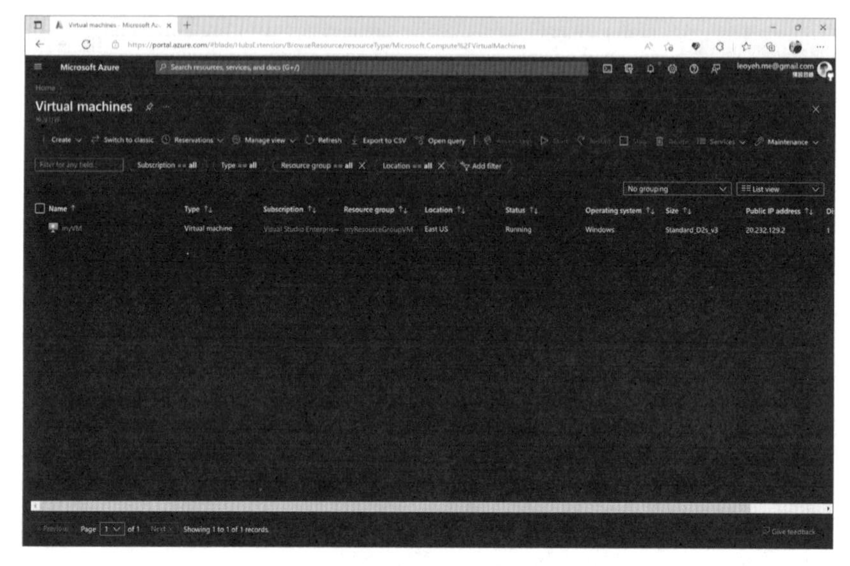

Ⓐ 登入至 Azure Portal 查看虛擬機器的狀態

STEP 15：查看虛擬機器的基本資料。點選「myVM」→「Overview」。

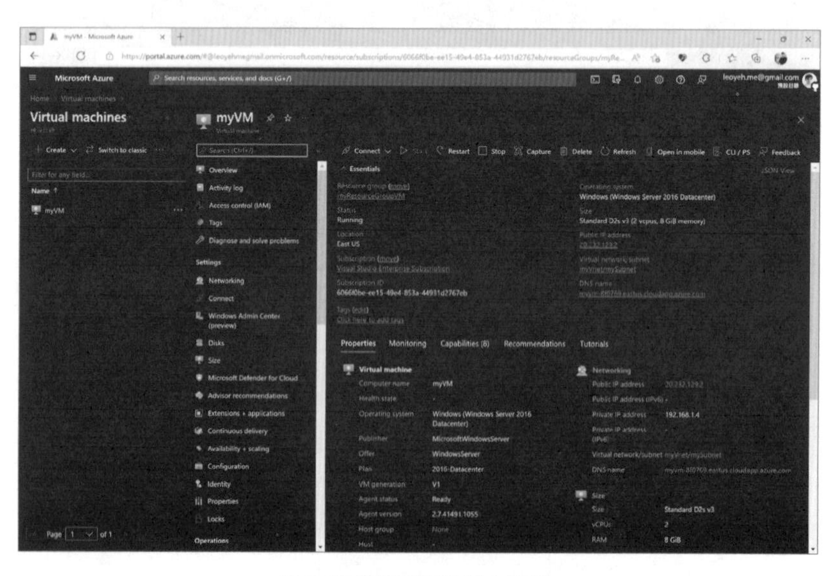

Ⓐ 查看虛擬機器的基本資料

STEP 16：查看虛擬機器的基本資料。

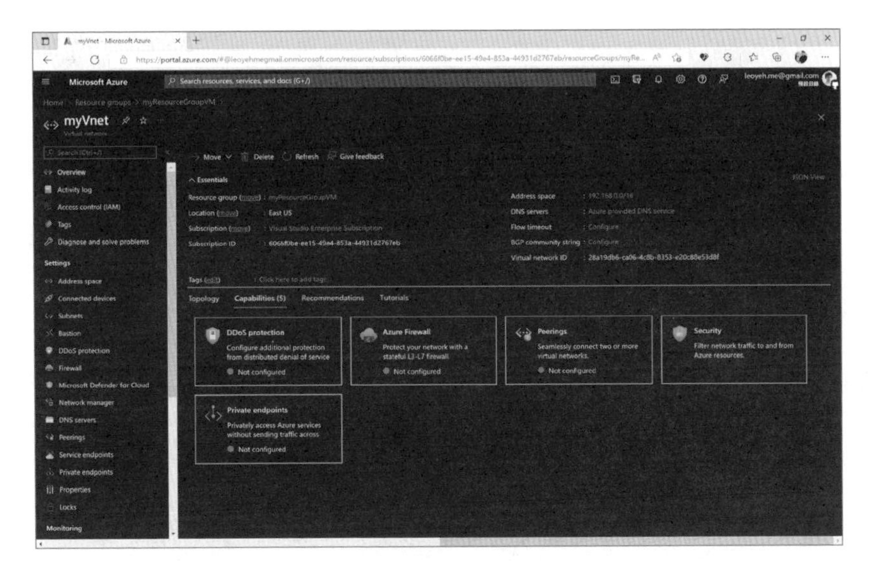

Ⓐ 查看虛擬網路的基本資料

STEP 17：查看虛擬網路中，子網路的基本資料。

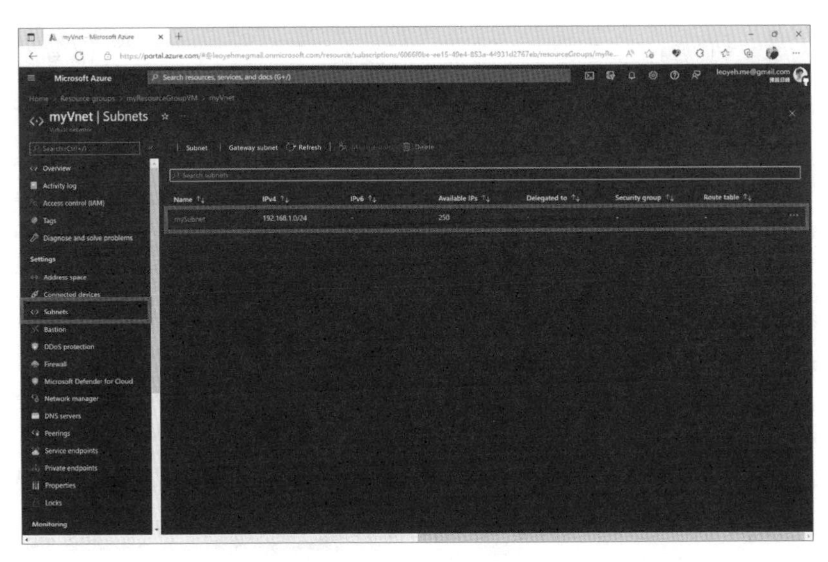

Ⓐ 查看虛擬網路中子網路的基本資料

STEP 18：查看資源群組，點選「Delete resource group」鈕。

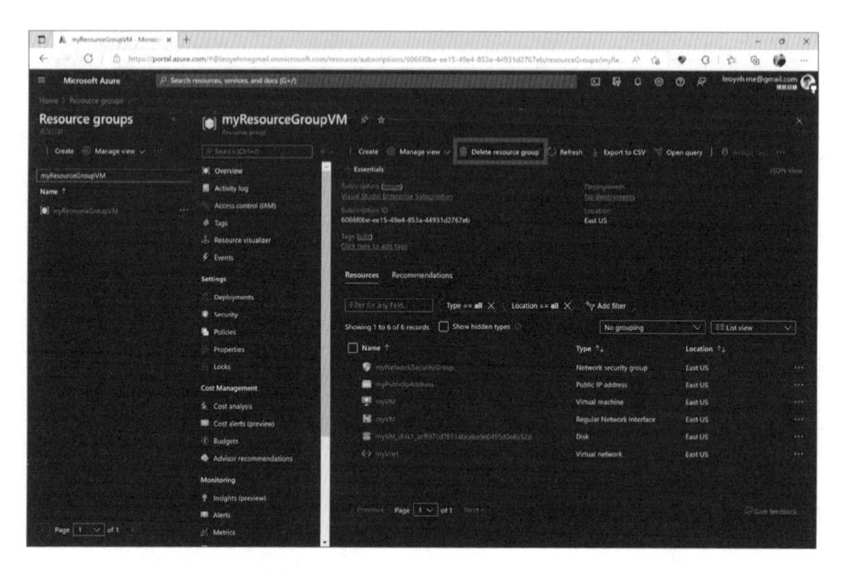

▲ 查看資源群組，點選「Delete resource group」鈕

STEP 19：按下「Delete」鈕。

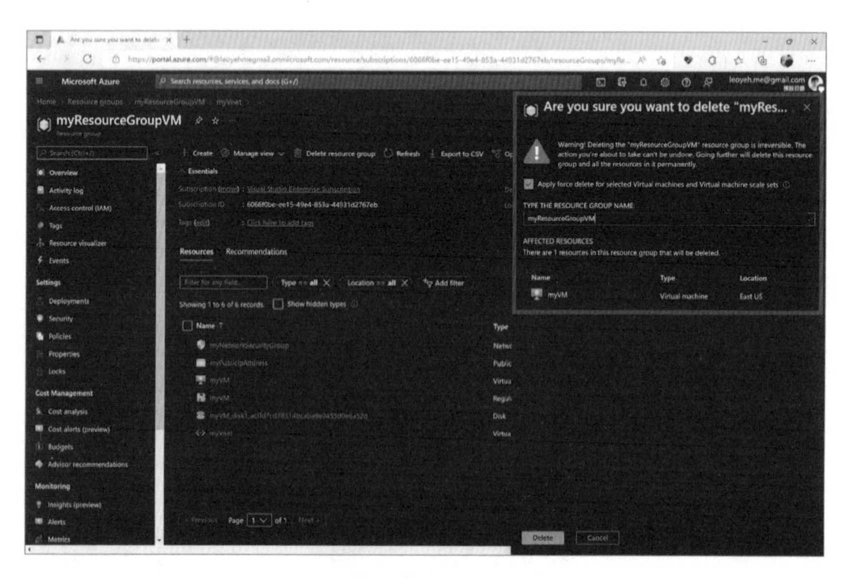

▲ 按下「Delete」鈕

STEP 20：查看通知訊息。

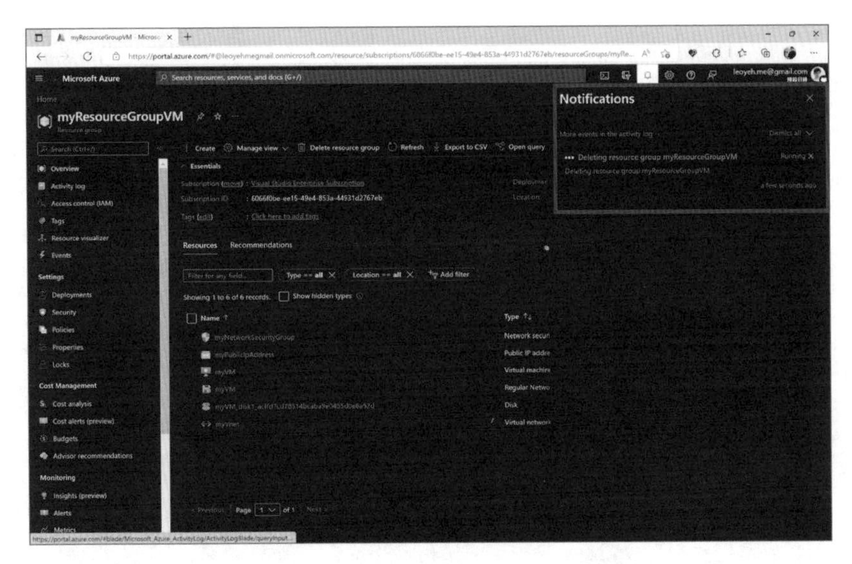

▲ 查看通知訊息

STEP 21：確認成功刪除資源群組。

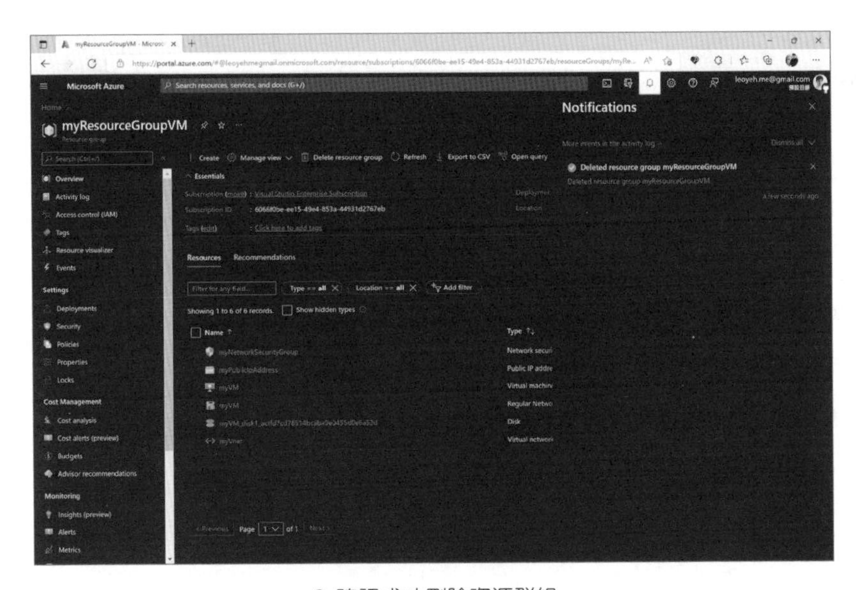

▲ 確認成功刪除資源群組

STEP 22：查看活動記錄。

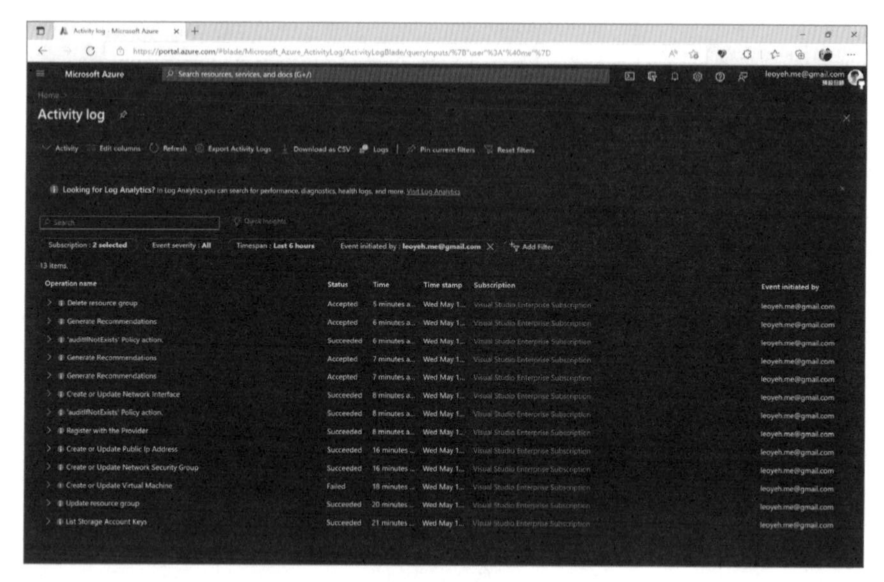

▲ 查看活動記錄

1.5 開始架構繪製流程

我們要如何開始進行 Azure 雲端架構繪製流程呢？請前往「https://docs.microsoft.com/en-us/azure/architecture/browse/」網址，在這網站中我們將能夠搜尋許多和 Azure 雲端平台相關的架構圖，請參考右圖。如果比較習慣看中文版本的話，可以滑到頁面底部更改語言成中文（繁體）。

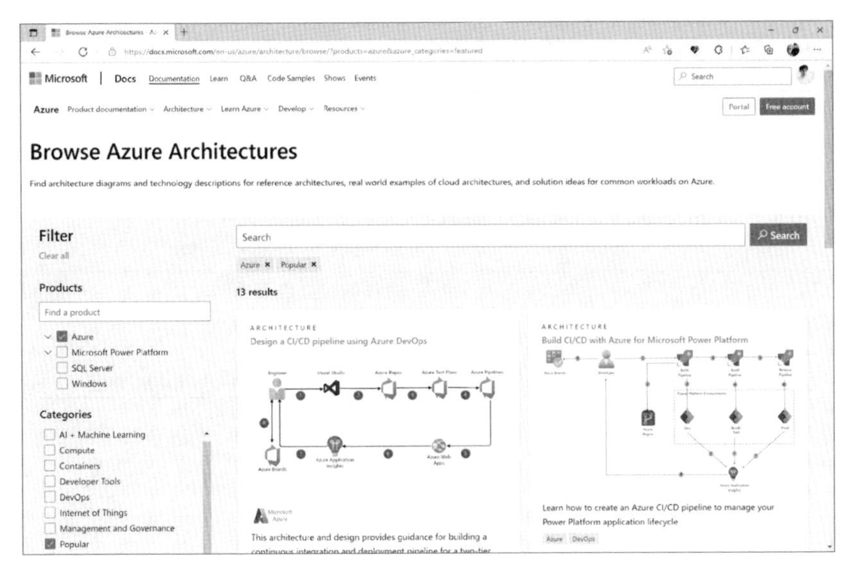

▲ 開始架構繪製流程

我們點選有興趣的架構圖，此時就能夠下載架構圖 SVG 檔，以及在文件下方主要會說明架構圖對於特定情境應用的相關步驟流程，將有助於我們學習 Azure 雲端平台，當然 Azure 雲端平台也能夠和不同的微軟雲端服務搭配使用，像是 Microsoft 365、Dynamics 365 和 Power Platform 等，請參考下圖。

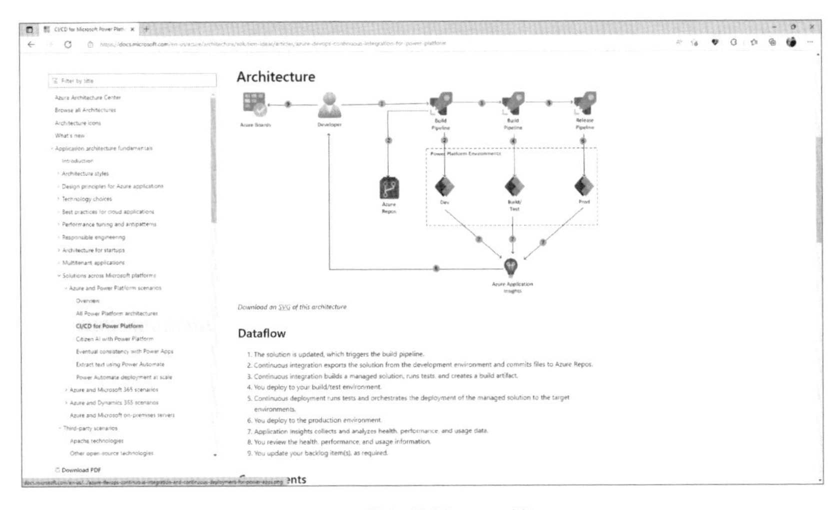

▲ 下載架構圖 SVG 檔

1.6 線上進行專業證照考試流程

STEP 1：前往個人的「Dashboard」，然後找到對應的考試科目，接著按下「Start online exam」鈕，開始進行考試。

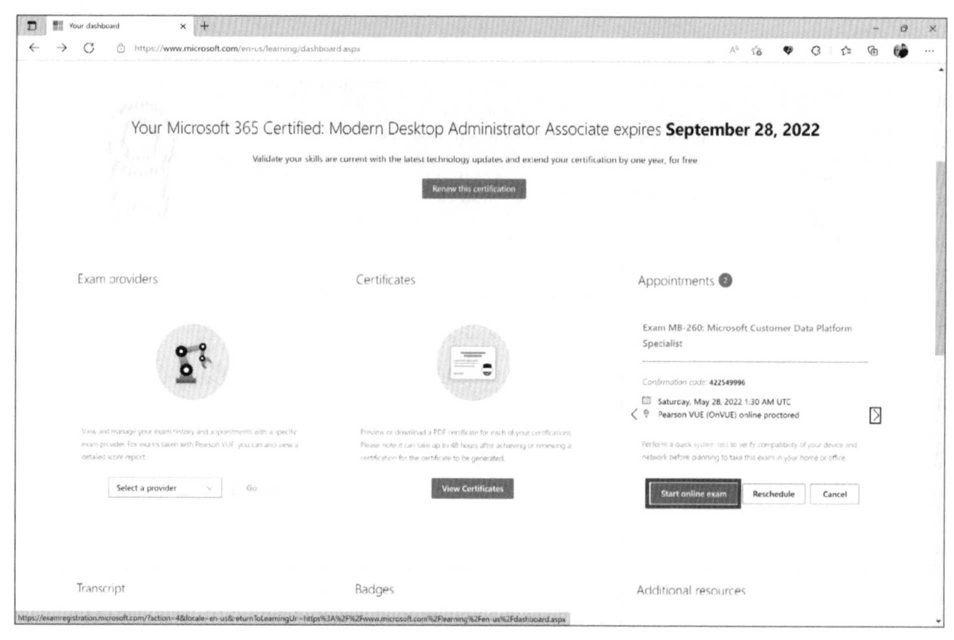

▲ 按下「Start online exam」鈕

STEP 2：此時請選點適當的考試科目。這裡會列出你目前報名的考試。如果你同時有報名一個以上的證照考試，這裡都會詳細列出證照名稱、考試地點（例如在考試中心考試，或是線上考試）。

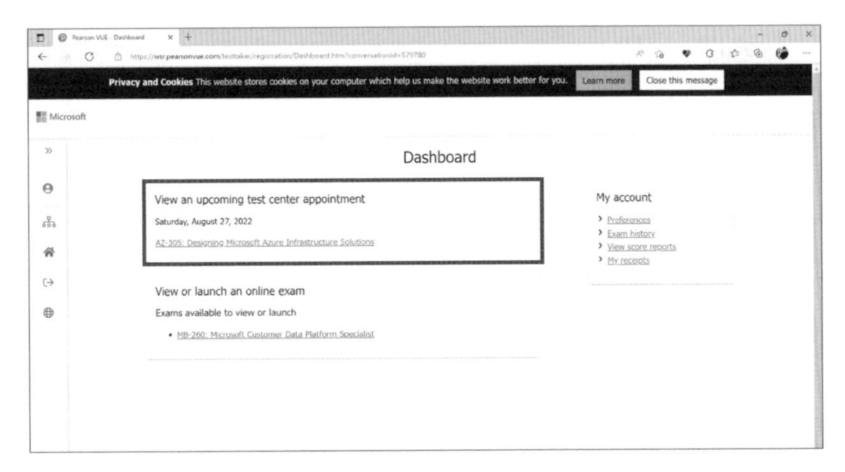

▲ 此時請選點適當的考試科目。

STEP 3：確認完畢後，按下「Check in」。

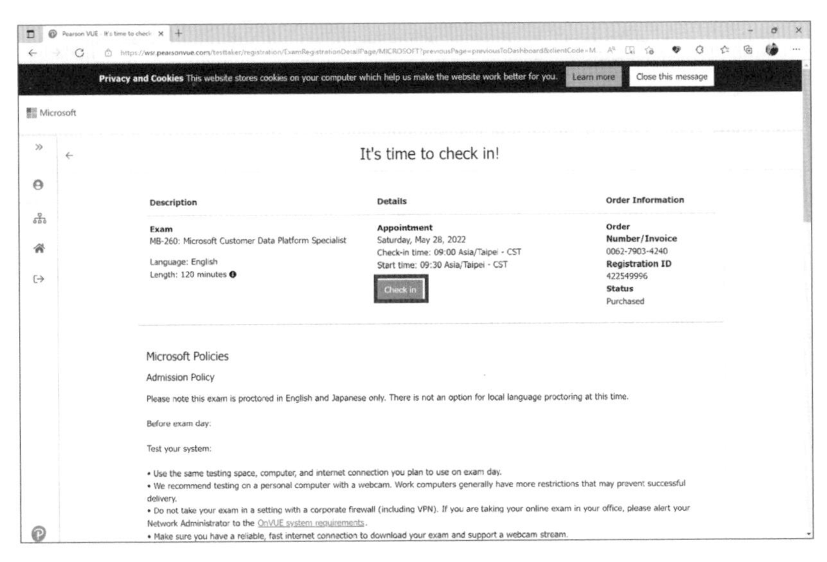

▲ 按下「Check in」

STEP 4：這裡要先下載 OnVue 工具，實際考試時就是在這個工具上進行。請按下「Download」鈕下載工具。(讀者在實際操作時，也可以依照網頁上的指示，先複製 Access Code，再下載 OnVue 工具)

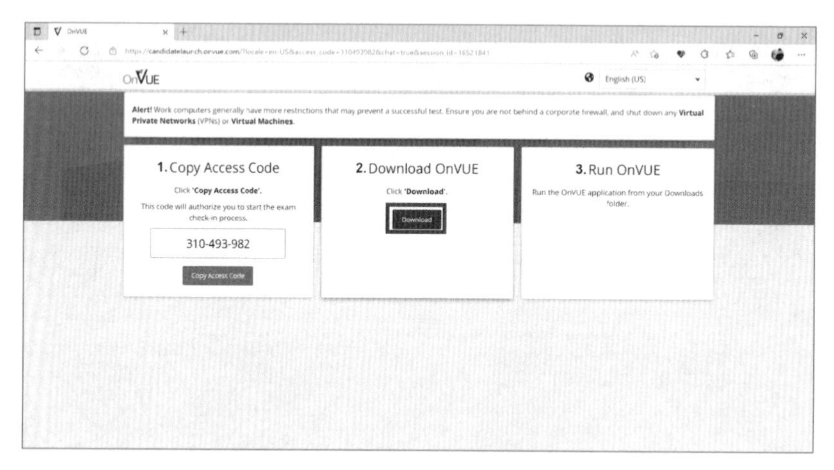

▲ 按下「Download」鈕下載工具

STEP 5：等待工具下載完成。

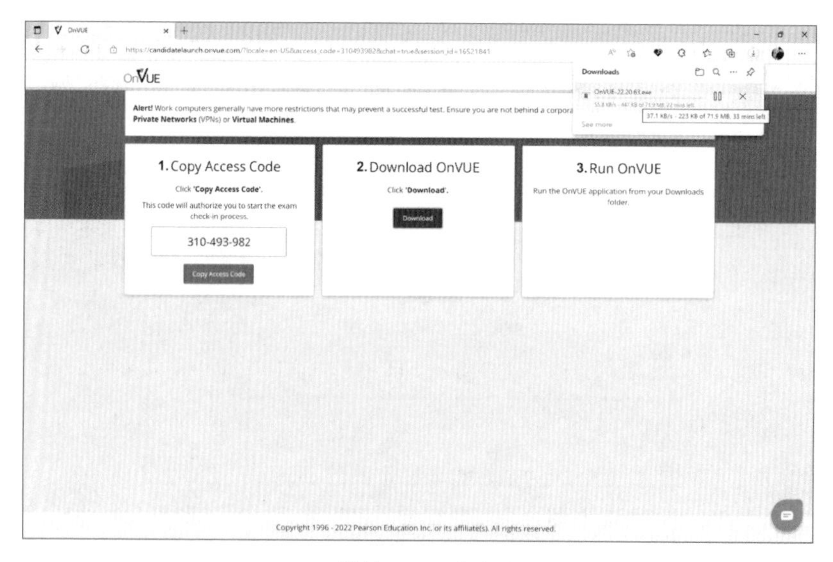

▲ 等待工具下載完成

STEP 6：下一個步驟會需要我們輸入 Access Code 來進行驗證，所以請複製「Access Code」存取碼。

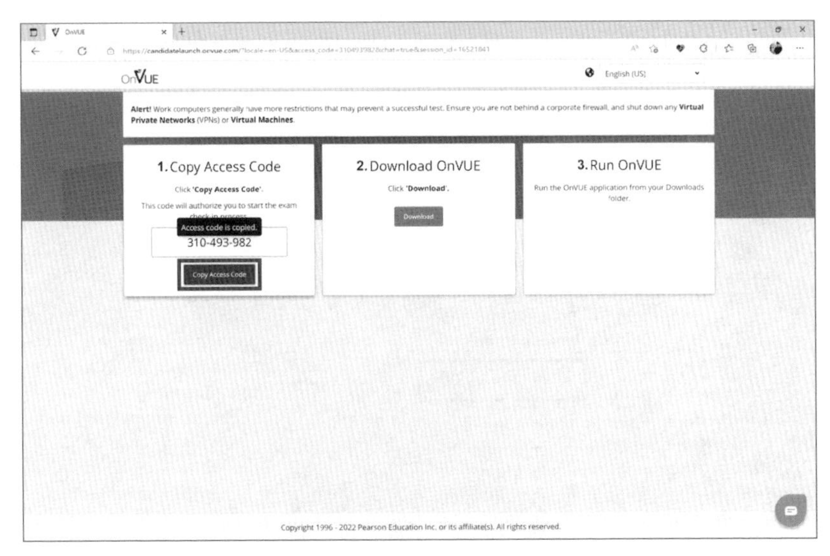

▲ 複製「Access Code」存取碼

STEP 7：輸入存取碼。

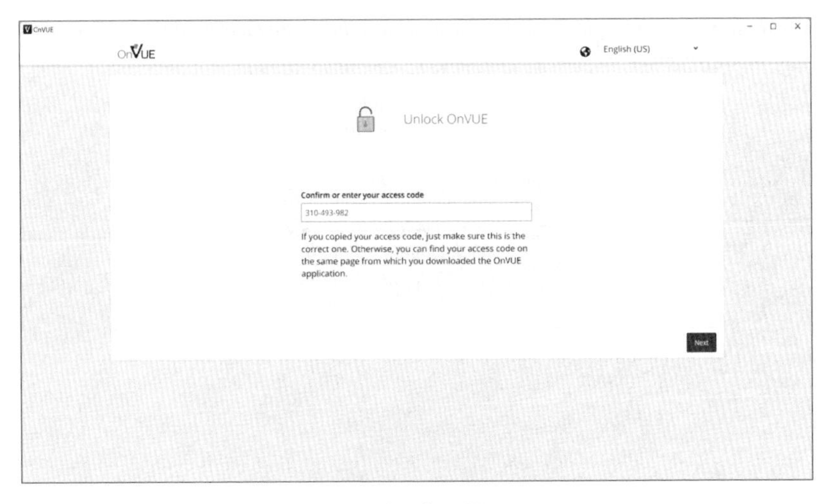

▲ 輸入存取碼

STEP 8：頁面會開始進行逐項檢查：檢查電腦設備、驗證手機號碼、驗證本人、身分驗證、檢查考試環境、關閉所有應用程式、接受考試規則。我們只要跟著指示操作就可以了。這裡請點選「I am eighteen years of age or order」，按下「Get started」鈕。

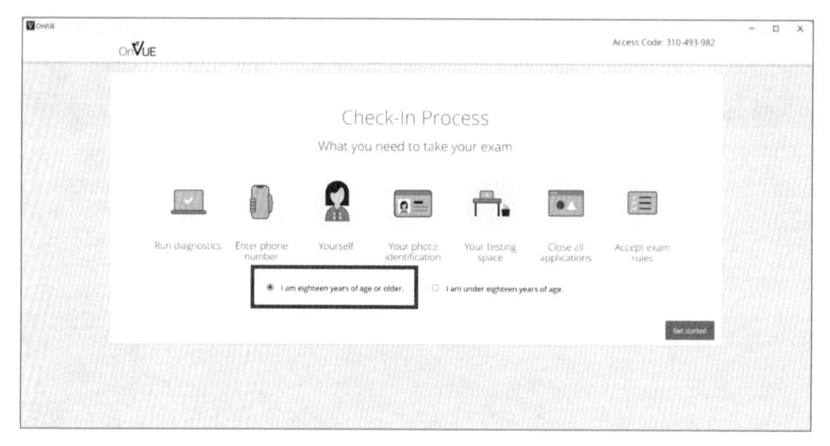

▲ 點選「I am eighteen years of age or order」，按下「Get started」鈕

STEP 9：第一項檢查：檢查電腦設備，頁面會開始測試麥克風、喇叭和攝影機。

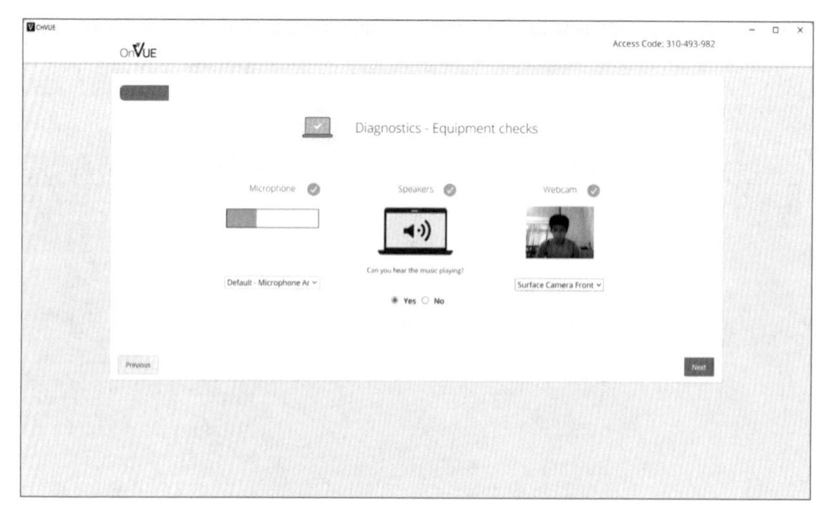

▲ 開始測試麥克風、喇叭和攝影機

STEP 10：開始測試網路，按下「Allow access」鈕。

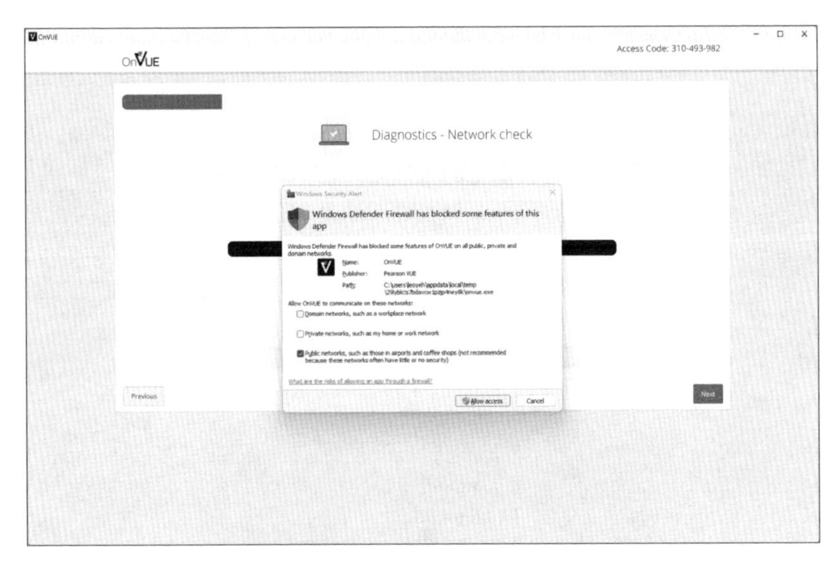

Ⓐ 開始測試網路，按下「Allow access」鈕

STEP 11：按下「Next」鈕。

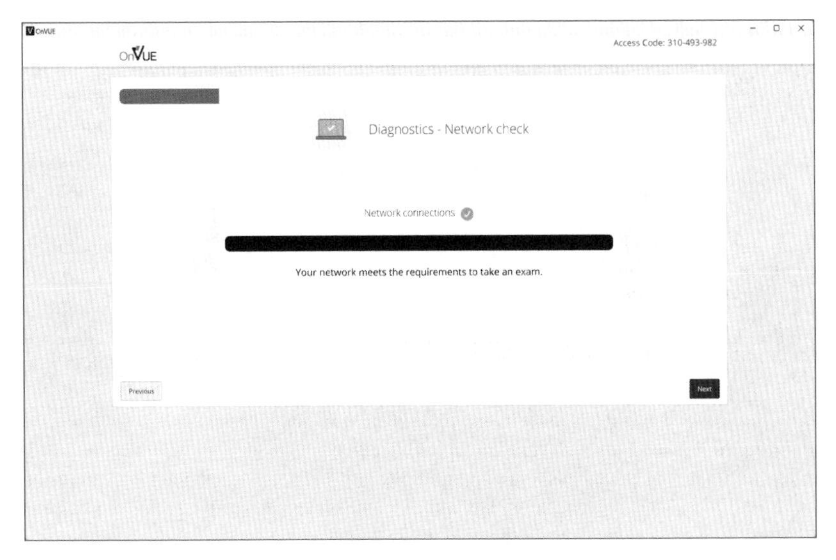

Ⓐ 按下「Next」鈕

STEP 12：第二項檢查：驗證手機號碼，請輸入手機號碼，這裡要以 +886 開頭，輸入完按下「Next」鈕。

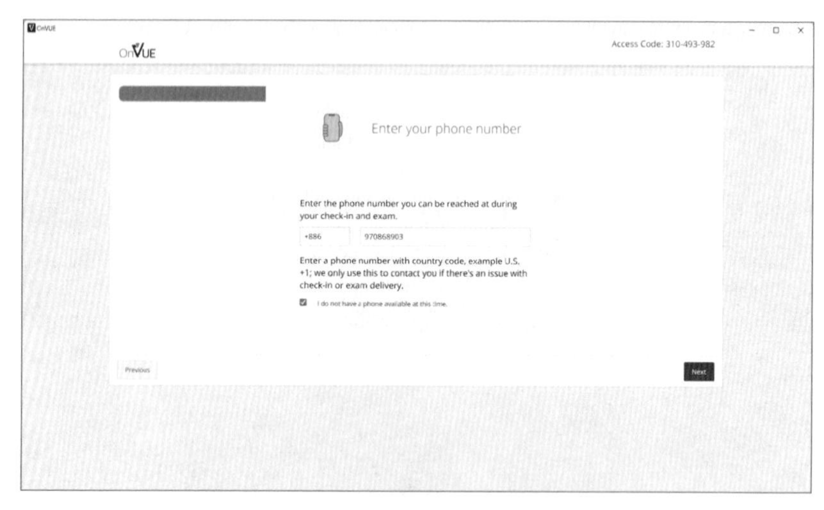

▲ 輸入電話號碼，按下「Next」鈕

STEP 13：透過手機掃描 QR Code。

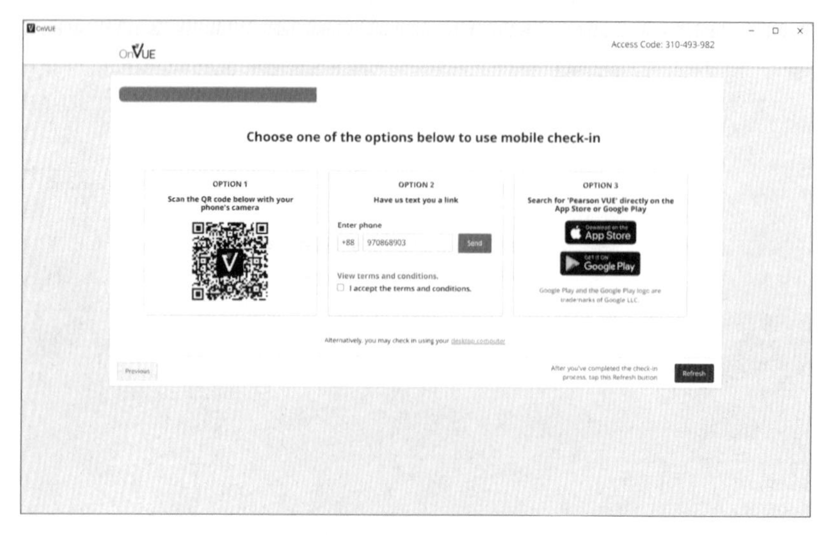

▲ 透過手機掃描 QR Code

STEP 14：按下「Check in with mobile web browser」鈕。

Ⓐ 按下「Check in with mobile web browser」鈕

STEP 15：按下「Continue」鈕。

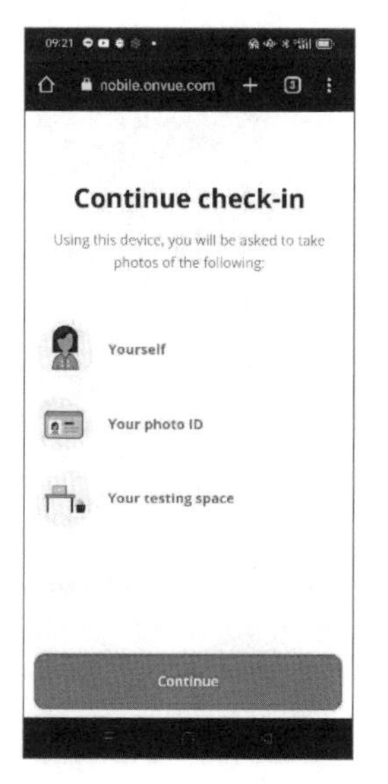

Ⓐ 按下「Continue」鈕

STEP 16：第三項檢查：驗證本人，這個步驟要自拍一張照片。下圖的說明基本上就是提醒拍照時，頭部不要超出照片以外、背景不要太雜亂、眼睛要對著鏡頭、確保拍攝時人臉不會過暗、確保照片拍攝清晰、沒有模糊。以上確認後即可按下「Got it!」鈕。

▲ 按下「Got it!」鈕

STEP 17：按下「Use photo」鈕。

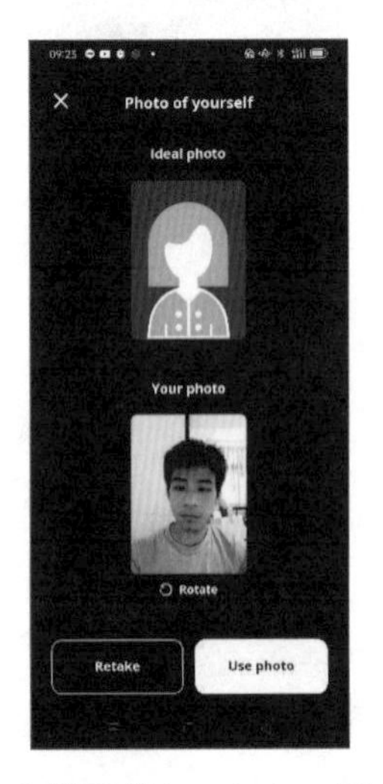

▲ 按下「Use photo」鈕

STEP 18：按下「Continue」鈕。

▲ 按下「Continue」鈕

STEP 19：第四項檢查：進行身分驗證。這裡可以選擇是要用駕照、護照還是其他有照片的官方證件來驗證。這邊筆者以護照進行驗證，點選「Passport」，按下「Continue」鈕。

▲ 點選「Passport」，按下「Continue」鈕

STEP 20：點選「Take photo」，開始拍攝證件。

⓿ 點選「Take photo」

STEP 21：畫面的上圖會指示正確的拍攝範圍，只要依照指示拍攝證件即可。按下「Use photo」鈕。

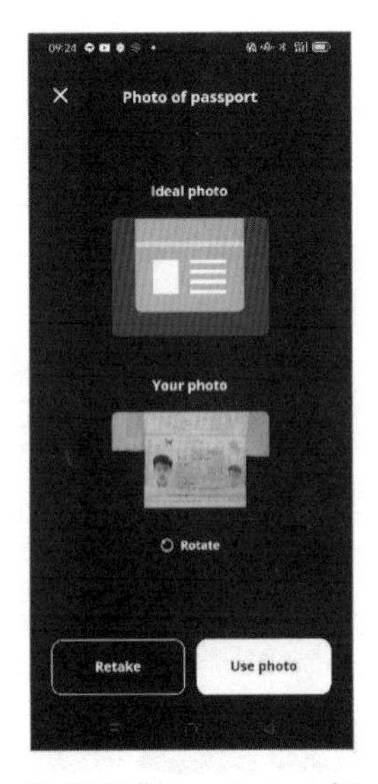

⓿ 按下「Use photo」鈕

STEP 22：按下「Continue」鈕。

Ⓐ 按下「Continue」鈕

STEP 23：第五項檢查：檢查考試環境。請確保你的考試環境符合以下五點，全部確認完畢後，請在畫面上打勾：

1. 隱密空間、不能出現任何干擾考試的環境。
2. 不得有筆記本等可以紀錄書寫的工具。
3. 除了考試使用的電腦，請關閉所有其他螢幕、投影機及電視。
4. 不得出現食物、吸菸物品。
5. 請將電子設施、耳機、手錶放在遠處，直到無法以手觸及。

確認完畢後，按下「Continue」鈕。

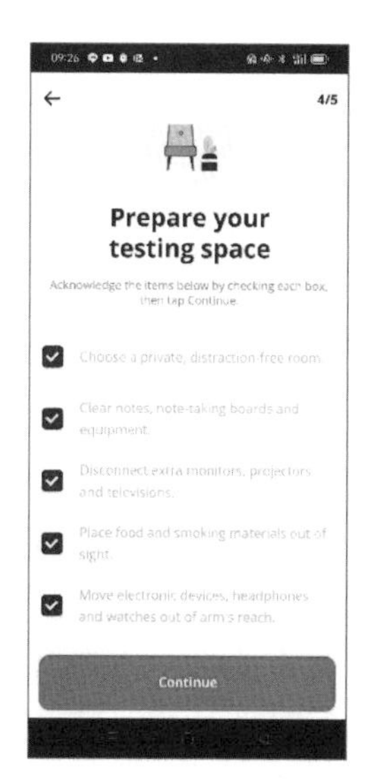

Ⓐ 按下「Continue」鈕

STEP 24：畫面會需要你拍下考試場地的前、後、左、右，一共四張照片。拍完之後，按下「Continue」鈕。

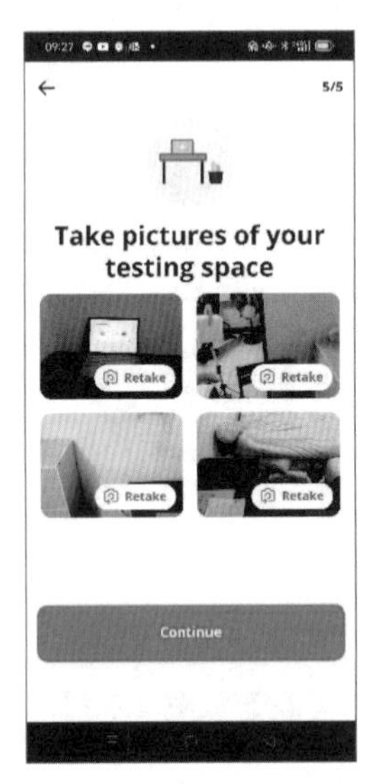

▲ 按下「Continue」鈕

STEP 25：完成檢查流程。

▲ 完成檢查流程

STEP 26：最後是同意考試規則步驟，畫面列出的考試須知，必須遵守，依序如下：

1. 不得有人出入你的考試場地。
2. 不能離開考試場地。
3. 即使嘴巴沒有張開，也不得出聲説話，或小聲低語。
4. 測試過程中，不能錄音或拍攝。
5. 電子裝置必須放置在手無法觸及的地方。

勾選「I agree that breaking these rules will result in my exam being revoked.」，按下「Next」鈕。

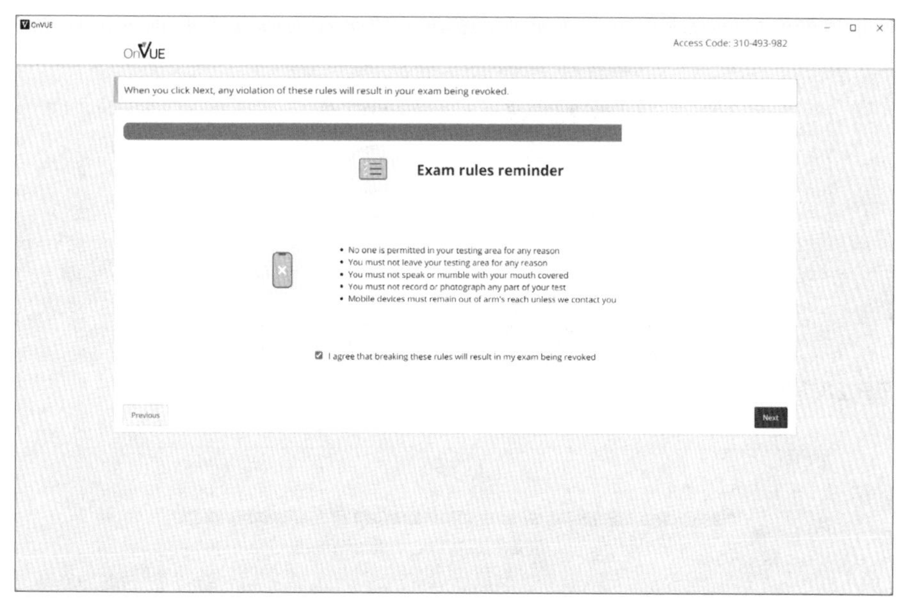

▲ 勾選「I agree that breaking these rules will result in my exam being revoked.」，按下「Next」鈕

STEP 27：這裡要關閉其他使用中的應用程式，只保留「On Vue」應用程式。

下圖指示依序為：

1. 請確保目前只有「On Vue」維持開啟，其他功能表的應用程式不能開啟。
2. 請關閉「On Vue」以外的應用程式（注意：若有 On Vue 以外的應用程式開著，考試就不會開始進行）。

請確保除了「On Vue」以外的應用程式都關閉之後，按下「Next」鈕。

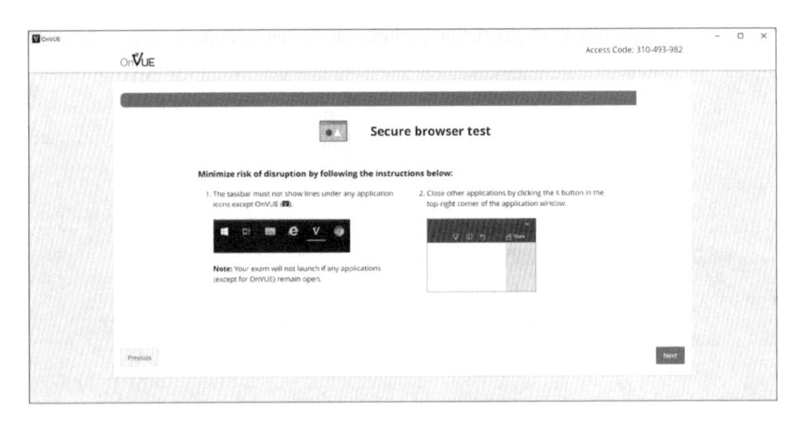

▲ 按下「Next」鈕

STEP 28：等待開始考試。

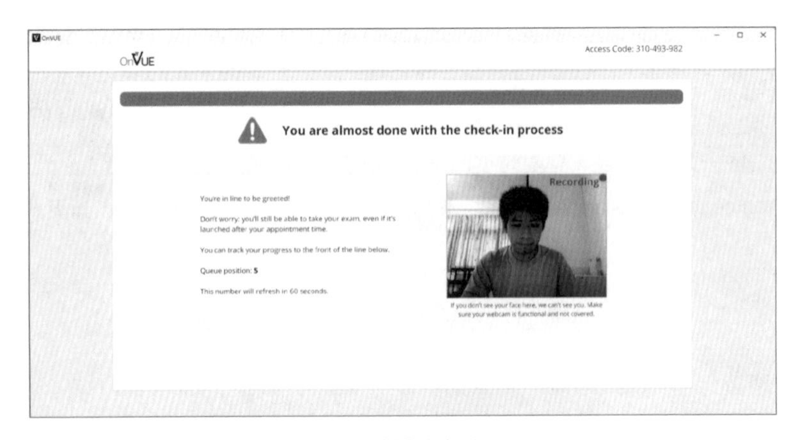

▲ 等待開始考試

STEP 29：考試通過之後即可立即確認成績，查看自己是否通過考試。

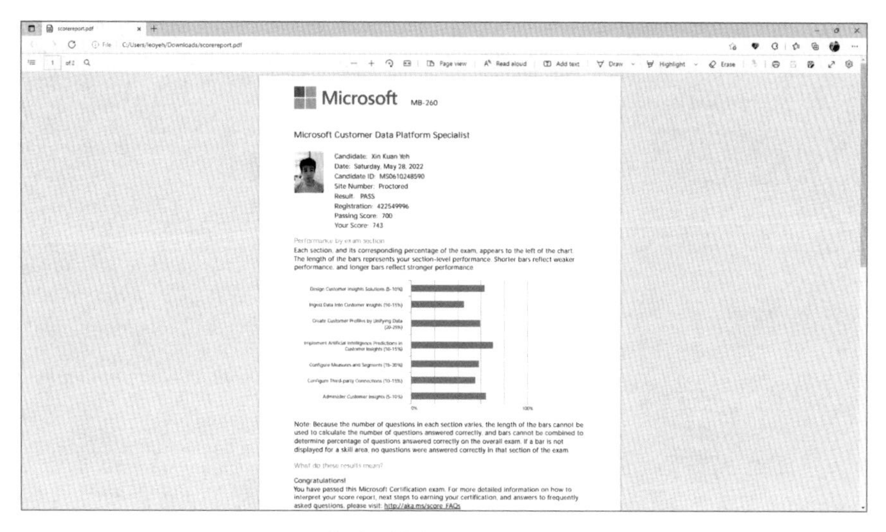

Ⓐ 考試通過之後立即確認成績

STEP 30：按下「Take Survey」鈕。

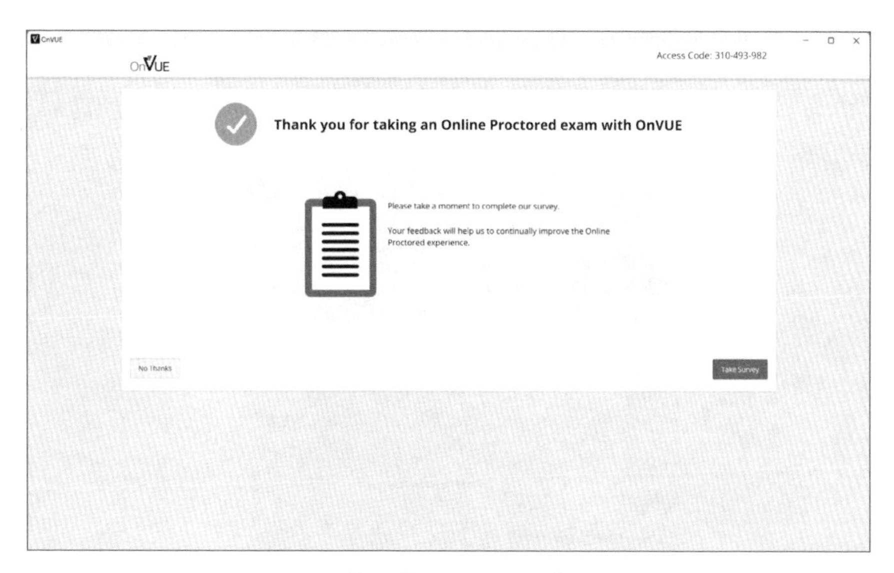

Ⓐ 按下「Take Survey」鈕

STEP 31：收到通過考試的信件。

Ⓐ 收到通過考試的信件

STEP 32：取得證照 Badge，此時你將能夠進行分享。

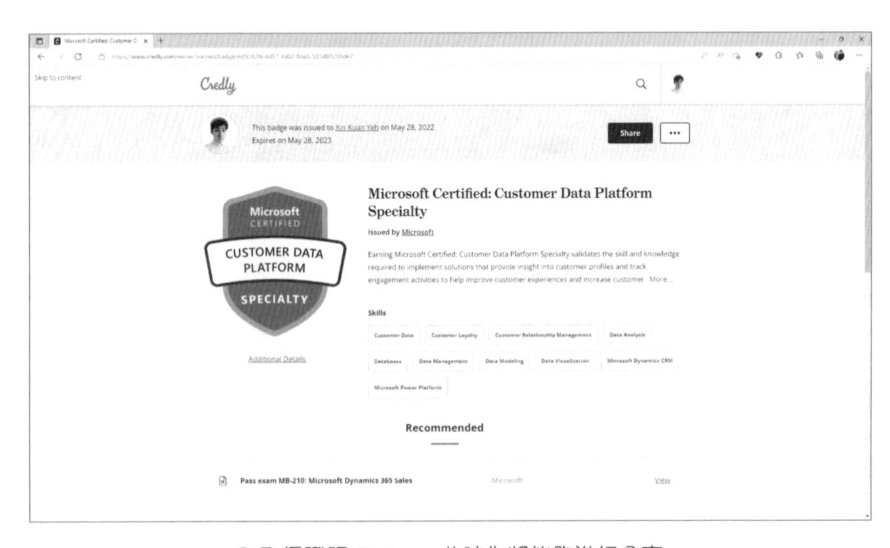

Ⓐ 取得證照 Badge，此時你將能夠進行分享

1.7 更新專業證照流程

這裡要特別提醒，當我們通過證照考試之後，事實上只有一年的效期，但是當證照快到期前 180 天，微軟將會發信通知，我們會需要重新進行考試，才能更新證照，請參考下圖。

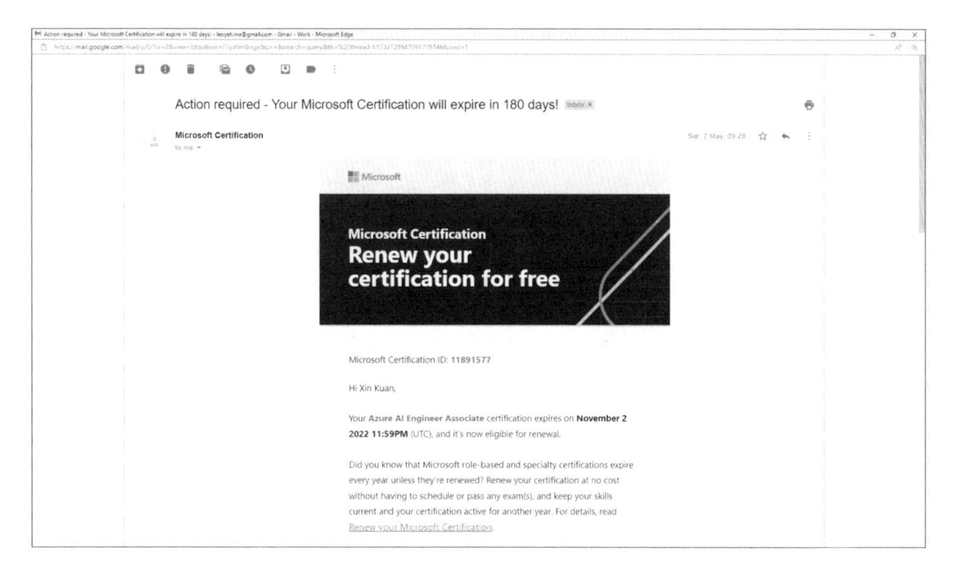

▲ 收到通知信

STEP 1：此時我們只需要按下「Renew your certification」鈕就能夠更新證照了。

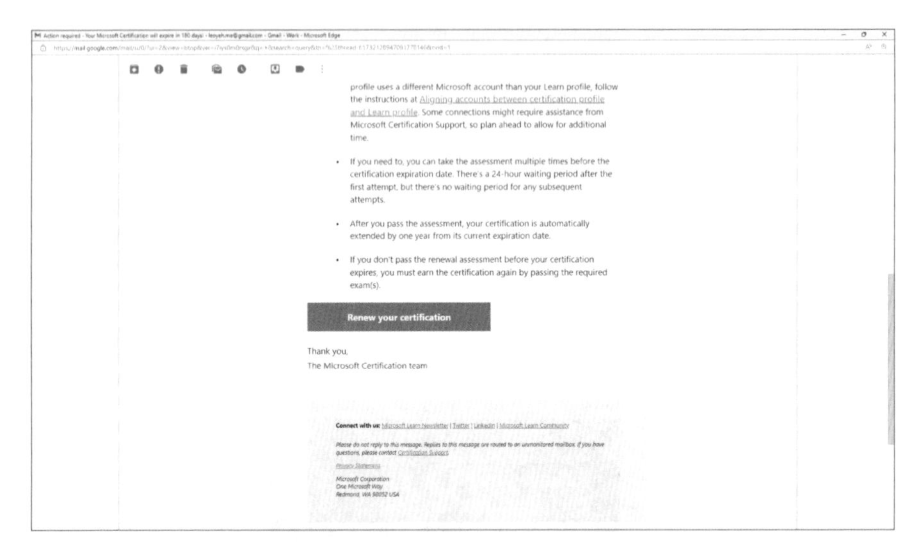

▲ 按下「Renew your certification」鈕更新證照

STEP 2：請按下「See if you are eligible」鈕，接著若你沒有登入帳號，則會需要你登入之前考試的帳號。

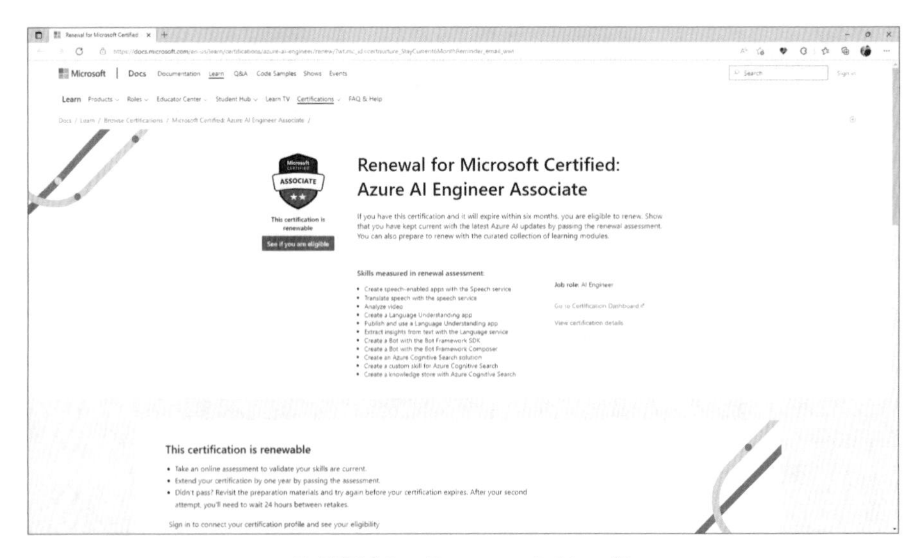

▲ 按下「See if you are eligible」鈕

STEP 3：按下「Yes, connect this certification profile」鈕。

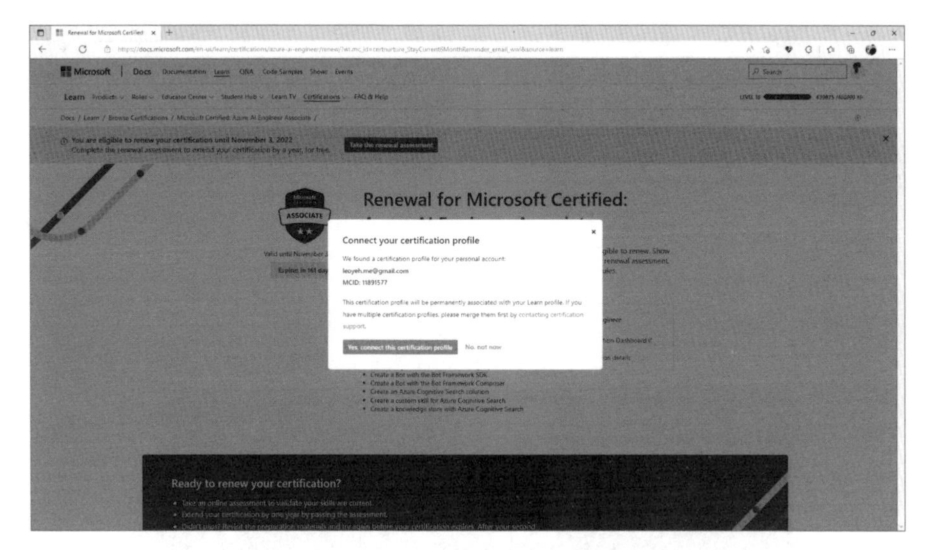

Ⓐ 按下「Yes, connect this certification profile」鈕

STEP 4：此時按下「Take the renewal assessment」鈕就能夠開始進行免費的更新考試。

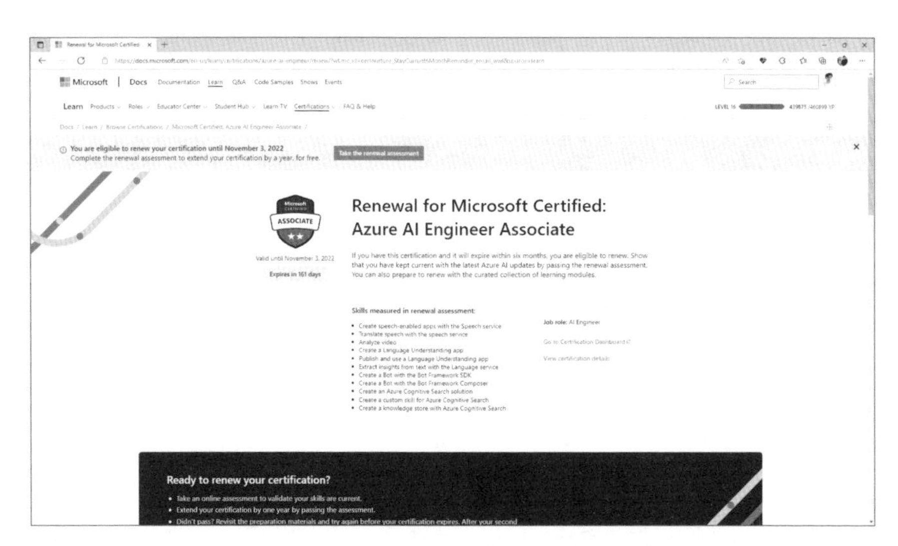

Ⓐ 按下「Take the renewal assessment」鈕就能夠開始進行免費的更新考試

STEP 5：開始進行測試，然而如果沒有通過測試也不要難過，因為 24 小時之後，又能夠再重新測驗一次。

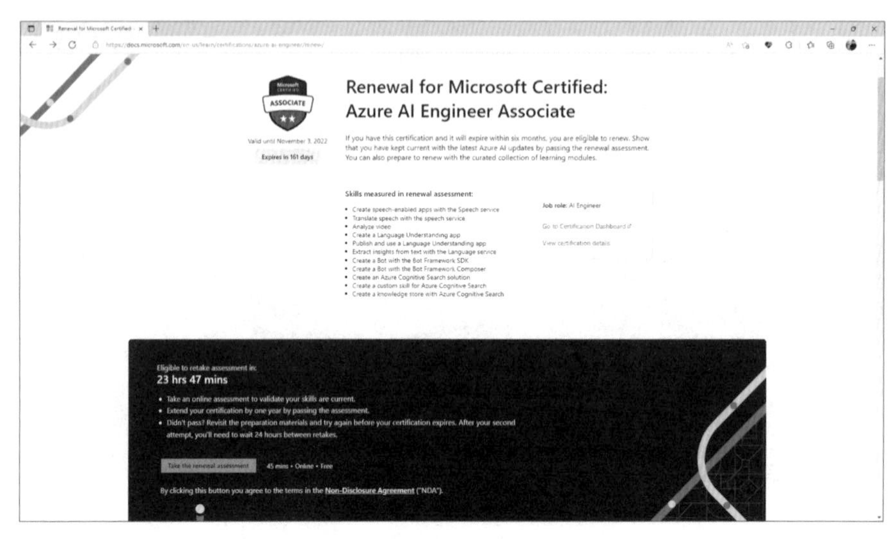

▲ 開始進行測試

STEP 6：考試通過之後，就會出現以下畫面，接著請按下「See your results」。

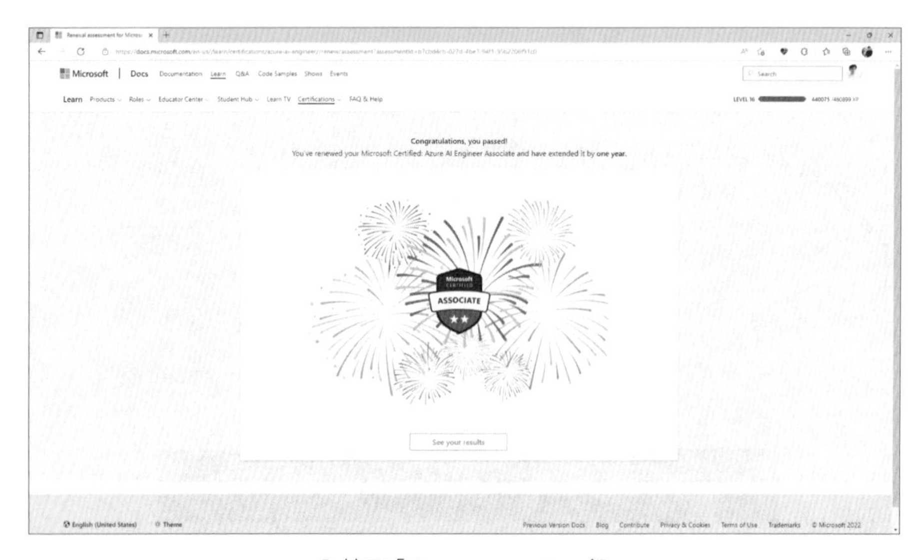

▲ 按下「See your results」鈕

STEP 7：此時就能夠看到分數，每科的及格分數不一樣。

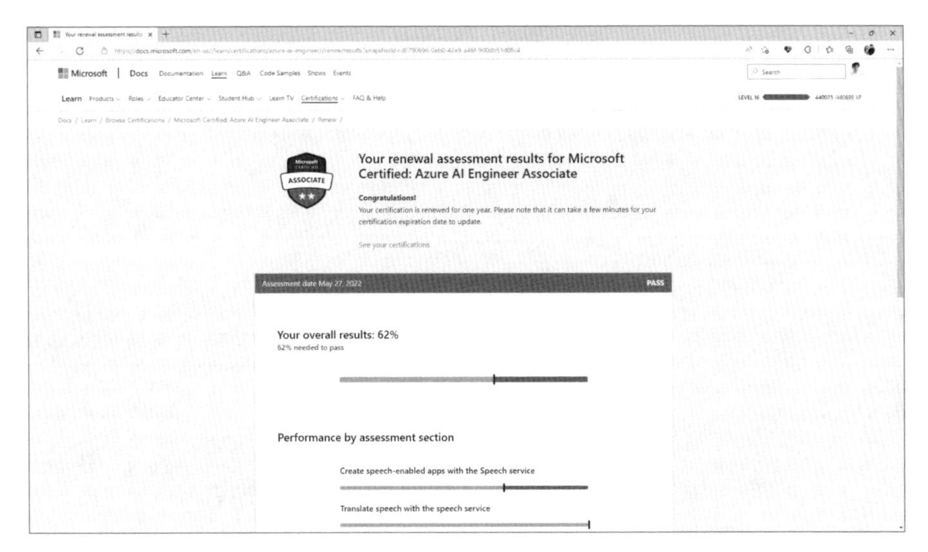

Ⓐ 此時就能夠看到分數，每科的及格分數不一樣

STEP 8：緊接著當我們回到證照頁面時，將會發現到期日期已經延長囉！

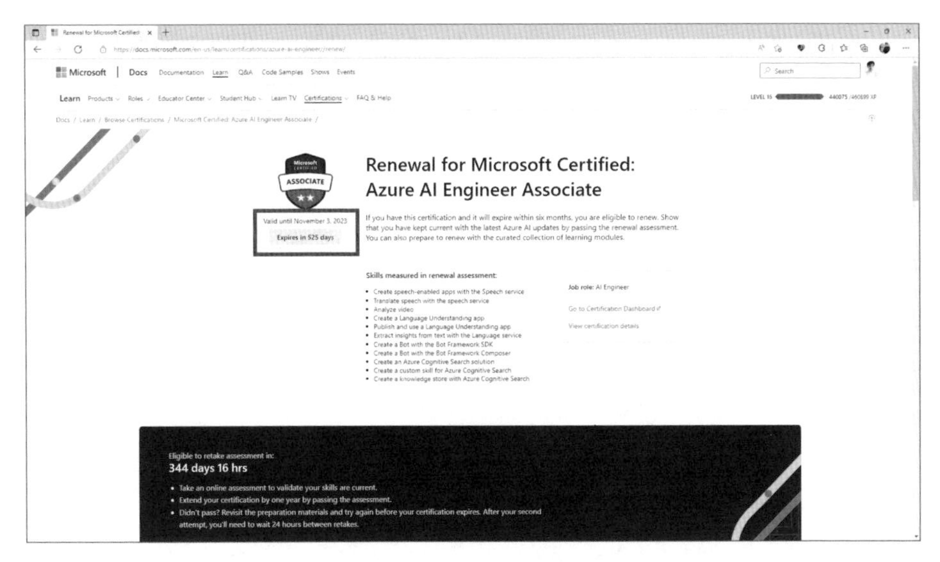

Ⓐ 回到證照頁面時，會發現到期日期已經延長囉

“

很多人對於微軟雲端的基本概念其實還不是非常了解，所以看到考試題目會覺得非常陌生，更重要的是就算順利通過考試，還是只能夠知其然，不知其所以然，所以建議熟讀此章節的內容。

”

Chapter 02

考照實戰

本章學習重點

2.1 雲端基本概念

2.2 核心服務基本概念

2.3 核心解決方案和管理工具

2.4 安全性、合規性和身分識別基本概念

2.5 身分識別、治理、隱私權和合規性功能

2.6 成本管理和服務等級協定

2.1 雲端基本概念

雲端運算

現在雲端運算已經越來越成熟，目前在台灣主要有三大家雲端服務提供商，分別為 Amazon Web Services（AWS）、Azure、Google Cloud，如果你未來想要進大企業進行資訊相關的工作內容，則我會非常建議你開始學習 Azure 雲端服務，Azure 雲端服務的範圍主要是從雲端環境中提供簡單網站服務給客戶，像是伺服器服務、儲存體服務、資料庫服務、網路服務、軟體服務、分析服務、人工智慧服務……等。所以 Azure 雲端運算提供更快速創新、彈性資源與規模經濟。

雲端運算主要以隨用隨付的價格模型為主，通常我們只需要支付所使用的雲端服務費用，這有助於降低維運的成本，更有效率地使用基礎架構，以及隨業務需求進行規模調整。雲端服務提供者主要會負責維護基礎架構，雲端服務能夠讓我們快速解決業務上所面臨的挑戰和問題。

在不斷變化的數位世界中，軟體在過去都是每隔數月或數年才會發行一次，然而現今則會在數天或數週內持續進行軟體更新，有時同一天內就有多個更新，以便強化服務，並且更快速地提供創新的使用者體驗。

許多客戶開始透過將現有應用程式移動到在 Azure 中執行的虛擬機器，來開始探索雲端服務。將現有應用程式移轉至虛擬機器中將會是非常好的開始，但雲端服務並不只是「在不同位置執行您的虛擬機器」而已，像是 Azure 已經提供 AI 和機器學習服務，能自然地透過視覺、聽覺及語音與您的使用者進行溝通。

Azure 入口網站主要是統一操作的網站，我們能夠在 Azure 入口網站使用圖形化的使用者介面來管理 Azure 雲端服務，像是我們能夠建立、管理和監視各種事件，包括簡單的網站應用程式到複雜的雲端部署等。

Azure Marketplace 主要是能夠協助使用者接觸到提供針對 Azure 最佳化之解決方案與服務的 Microsoft 合作夥伴、獨立軟體廠商和新創公司，透過 Azure Marketplace，我們能夠從數百位頂尖服務提供者中尋找、試用、購買及部署、建置應用程式和服務，當然所有解決方案和服務都已通過認證，將能夠在 Azure 上執行。

雲端運算主要有三種不同的部署方式，分別為公有雲、私有雲和混合雲，當我們將應用程式負載移轉至雲端時，應該考慮不同部署方式的可行性。不同雲端的部署方式（或者又稱雲端模型比較）請參考下表。

雲端模型	公有雲	私有雲	混合雲
說明	主要會透過網際網路所提供服務，任何人皆能夠免費或付費使用雲端服務。	主要是由某個企業組織的使用者以獨佔的方式使用雲端資產，通常私有雲的相關資源位於組織的內部部署資料中心。	主要是將應用程式負載在公有雲與私有雲之間進行共用。
特點	企業組織能夠快速建立和取消應用程式，並且只需為使用的服務支付費用，不會擴大資本支出。	企業組織能夠完全掌控資源和安全性，但是一開始必須購買硬體，以及需要負責硬體的維護和更新。	企業組織能夠決定要執行的應用程式的位置，並且控制安全性、合規性或法律需求，以及提供最大的彈性。

雲端服務的優勢有哪些呢？主要有高可用性、延展性、彈性、靈活度、地理位置和災害復原。所謂高可用性會根據服務等級協定（Service Level Agreement，SLA），以利雲端應用程式能夠持續提供良好使用者體驗。為何能夠做到呢？主要原因就是雲端應用程式能夠透過重直方式和水平方式進行縮放，所謂的重直方式主要是透過新增虛擬機器的記憶體和 CPU 來進行重直縮放，所謂的水平方式主要是透過新增雲端服務中資源的執行個體進行水平縮放，當然我們更能夠彈性的設定自動縮放，以利讓雲端服務中的應用程式能夠擁有所需要的資源，像是在應用程式需求變更時，快速部署和設定雲端服務的資源之靈活度。此外雲端服務中所部署的應用程式負載，更能夠部署至世界各地的區域資料中心，以利確保客戶

在區域中擁有最佳效能，同時我們能夠利用雲端式備份服務、資料覆寫與地理位置，以利確保發生災害時能夠在最短的時間內進行復原。

我們應考慮兩種不同類型的費用，分別為資本支出（CapEx）和營運費用（OpEx），所謂資本支出（CapEx）主要是預先在實體基礎結構上的費用，並且經過一段時間之後，我們將會再扣除這筆預先費用，同時預付成本價值將會隨著時間而降低。所謂營運費用（OpEx）主要是雲端服務的費用，也就是目前正在支付的費用，我們能夠在同一年內扣除此費用，請注意僅有當我們使用雲端服務時才需要付費，所以不需要預付費用。

雲端服務是以使用量為基礎的模型，此模型主要代表我們只需要支付其使用雲端服務的資源，透過此模型我們將不需要預付費用、購買不一會完全用到基礎結構的軟體和硬體，簡單來說就是**用多少付多少**，我們將能夠停止不再為不需要的資源進行付費。

雲端服務模型主要是定義雲端提供者和雲端使用者所負責的不同的共同責任等級，請參考下表。

模型	定義	說明	特色
IaaS	基礎結構即服務（Infrastructure-as-a-Service）	雲端提供者會將硬體保持在最新的狀態，但是作業系統的維運和設定將會由雲端使用者來負責。	雲端提供者提供最具彈性的雲端服務，我們能夠根據應用程式設定和管理硬體。
PaaS	平台即服務（Platform-as-a-Service）	雲端提供者會負責管理虛擬機器和網路資源，但是部署應用程式至受控的雲端環境將對由雲端使用者來負責。	雲端提供者負責平台管理，我們專注在應用程式開發。
SaaS	軟體即服務（Software-as-a-Service）	雲端提供者會負責管理與應用程式環境相關的所有設定，此時雲端使用者只需要向雲端提供所管理的應用程式中提供資料。	雲端提供者負責應用程式管理，我們必須根據訂用帳戶模型為其使用的軟體付費，也就是隨用隨付的定價模型。

下圖主要為在每個雲端服務模型中可能執行的服務。

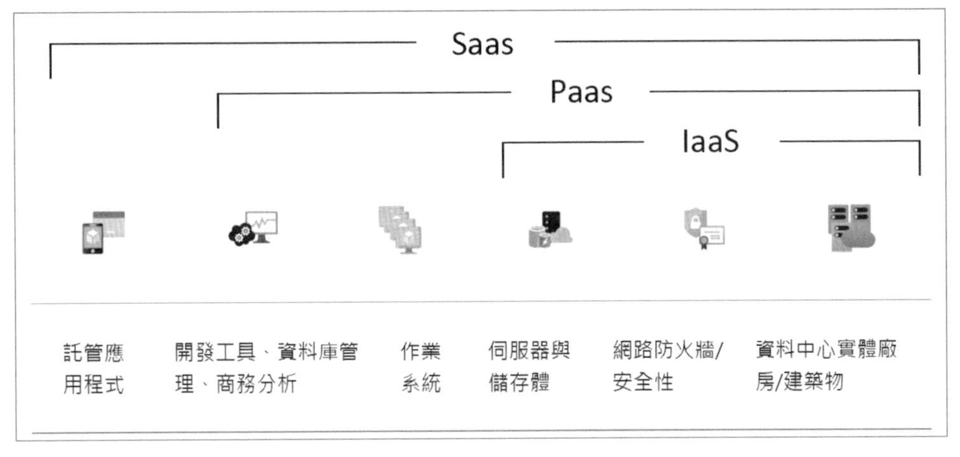

▲ 雲端服務模型中可能執行的服務

下圖說明雲端提供者與雲端使用者之間的各種責任層級。

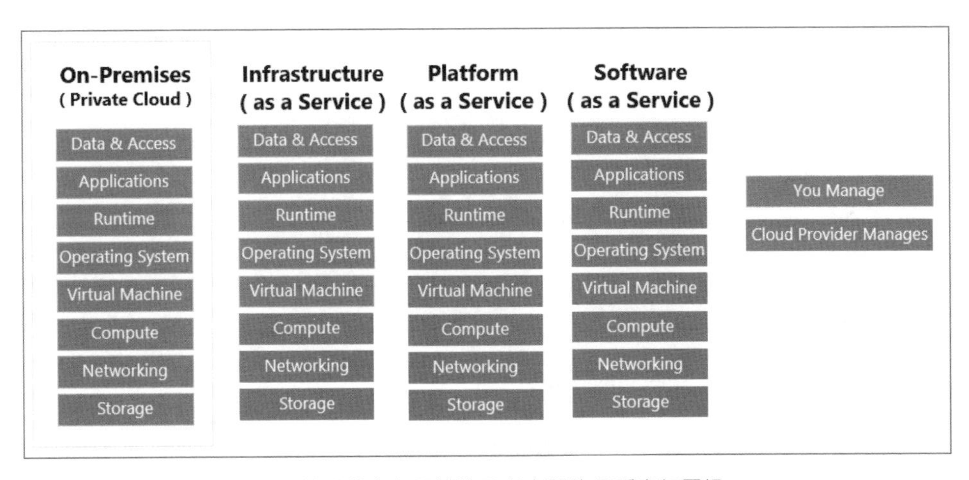

▲ 雲端提供者與雲端使用者之間的各種責任層級

模擬練習題

請切記，Azure 證照考試的題目會隨時進行更新，故本書的考題「僅提供讀者熟悉考題使用」，請讀者準備證照考試時，必須以讀懂觀念為主，並透過練習題目來加深印象。

題目 1

What is meant by cloud computing?

A. Delivery of computing services over the internet.
B. Setting up your own datacenter.
C. Using the internet.

題目 2

Which of the following is not a feature of Cloud computing?

A. Faster innovation
B. A limited pool of services
C. Speech recognition and other cognitive services

題目 3

Which of the following statements is true?

A. With Operating Expenses (OpEx), you are responsible for purchasing and maintaining your computing resources.
B. With Operating Expenses (OpEx), you are only responsible for the computing resources that you use.
C. With Capital Expenses (CapEx), you are only responsible for the computing resources that you use.

題目 4

Which of the following choices isn't a benefit of using cloud services?

A. Scalability
B. Disaster recovery
C. High availability
D. Geographic isolation

題目 5

A company is planning to create several Virtual Machines in Azure. Which of the following is the right category to which the Azure Virtual Machine belongs?

A. Infrastructure as a service (IaaS)
B. Platform as a service (PaaS)
C. Software as a service (SaaS)
D. Function as a service (FaaS)

題目 6

A company is planning to create several SQL Databases in Azure. They would be using the Azure SQL service Which of the following is the right category to which the **Azure SQL Database** service belongs to?

A. Infrastructure as a service (IaaS)
B. Platform as a service (PaaS)
C. Software as a service (SaaS)
D. Function as a service (FaaS)

題目 7

When you are implementing a Software as a Service (SaaS) solution, you are **responsible** for ____________ ?

A. configuring high availability.
B. defining scalability rules.
C. installing the SaaS solution.
D. configuring the SaaS solution.

題目 8

Which of the following is true when it comes to SaaS (Software as a service)?

A. You are responsible for the scalability of the solution.
B. You are responsible for the maintenance of the underlying hardware.
C. You are responsible for configuring the application settings for client-specific customization.
D. You are responsible for the high availability of the solution.

題目 9

Which of the following is the **responsibility** of the customer in the cloud (VM services)?

A. Maintaining the underlying physical servers.
B. Security of data hosted on Azure virtual machines.
C. Uptime of the Virtual Machine service.
D. Cooling in the data center.

題目 10

A company plans to implement the below architecture between "On-premises" and Azure Cloud Infrastructure. Which of the following best describe the above cloud model?

A. Private Cloud
B. Public Cloud
C. Hybrid Cloud
D. Azure Cloud

答案與解析

題目 1

答案：A

解析：雲端運算主要是透過網際網路來提供運算服務。

題目 2

答案：B

解析：雲端服務提供了幾乎無限的原始運算、儲存和網路元件，以利我們快速提供創新的使用者體驗。

題目 3

答案：B

解析：對於運營費用（OpEx），我們只需對使用的計算資源負責。

題目 4

答案：D

解析：我們能夠選擇在單個區域中建立資源，但是雲端運算的主要優勢之一就是地理分佈。

題目 5

答案：A

解析：這題主要考雲端服務模型的基本觀念。

題目 6

答案：B

解析：這題主要考雲端服務模型的基本觀念。

題目 7

答案：D

解析：這題是考當我們開始使用 SaaS 軟體即服務時的責任為何，這很簡單，主要就是設定 SaaS 的解決方案。

題目 8

答案：C

解析：這題是考當我們開始使用 SaaS 軟體即服務時的責任為何，這很簡單，主要就是設定 SaaS 的解決方案。

題目 9

答案：B

解析：這題是考當我們開始使用 IaaS 基礎結構即服務時的責任為何，主要就是管理在虛擬機器中的資料安全。

題目 10

答案：C

解析：這題主要是考地端和雲端的連線主要採用混合雲的雲端模型。

組織階層

當企業組織開始要使用 Azure 雲端服務之前，我們必須要先了解 Azure 雲端服務中資源的組織階層，其中主要為由上而下的四個層級，分別為管理群組（Management Group）、訂用帳戶（Subscriptions）、資源群組（Resource Group）和資源（Resource），請參考下圖。

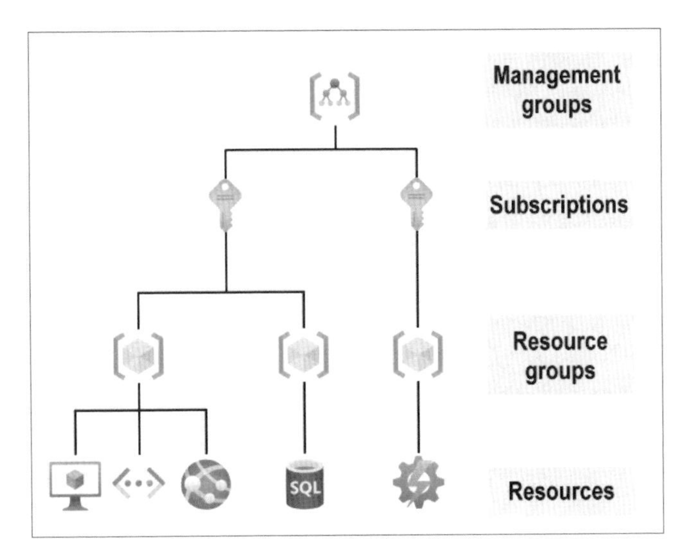

▲ 組織階層示意圖

這非常重要，我們從底層往上來了解每個層級：

- **資源**：主要是建立雲端服務的執行個體。
- **資源群組**：主要是將資源合併到資料群組中作為邏輯容器，能夠部署和管理資源。
- **訂用帳戶**：主要是將使用者帳戶和相關資源群組分成一組，針對每個訂用帳戶，我們將能夠建立和使用的資源數量之限制和配額，此時企業組織就能夠使用訂用帳戶來管理成本，以及由使用者、群組或專案所建立的資源。
- **管理群組**：主要是協助管理多個訂用帳戶的存取、原則和合規性，並且管理群組內的所有訂用帳戶皆會自動繼承套用至管理群組的條件。

資源主要會建立在區域中，Azure 雲端服務主要是由分散在全球的資料中心所組成，當我們需要使用雲端服務時，將會使用在區域位置中資源相關的實體設備。所謂區域是指在地球上的地理區域，其中鄰近緊密相連的資料中心將會有網路低延遲的特性，Azure 雲端服務主要會以智慧的方式指派和控制每個區域內的資源，以利確保工作負載得到適當的平衡，請注意某些服務只有在特定區域才會提供。

當我們想要確保雲端服務具有備援，以利我們能夠在服務發生問題時確保資訊的安全，並且透過可用性區域來協助讓應用程式具備高可用性。所謂可用性區域（Availability Zone）主要是 Azure 雲端服務區域中實際獨立的資料中心，每個可用性區域將會由一個或多個資料中心所組成，同時被設為隔離界限，如果一個區域故障，則另一個區域就會繼續運作，請參考下圖。

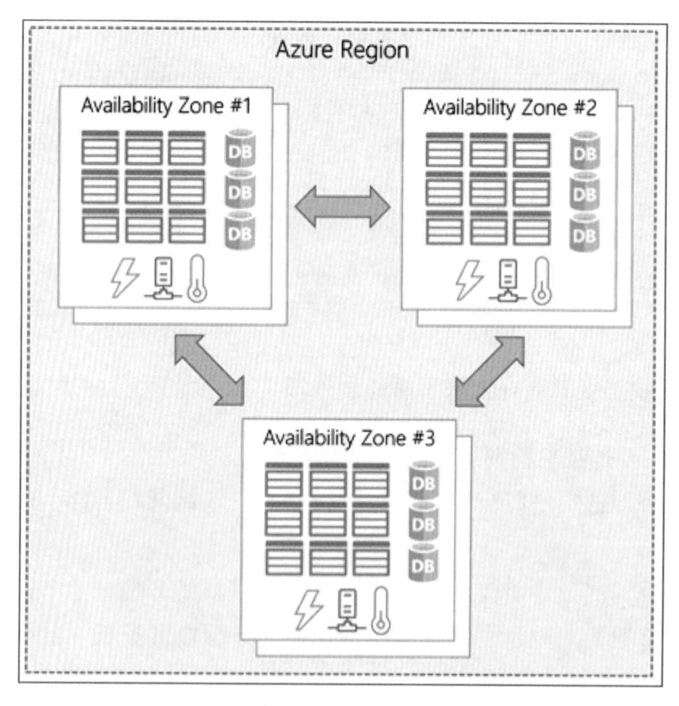

▲ Azure 雲端平台可用性區域來協助讓應用程式具備高可用性

Azure 單一地區至少會有三個可用性區域所組成，並且可用性區域主要是一個或多個資料中心所建立，每個可用性區域主要與相同地理位置內最少 300 英哩，也就是 482.8 公里的另一個可用性區域進行配對，以利降低因為自然災害所導致的中斷事件，並且當發生時將會自動容錯移轉至地區中的另一個可用性區域。

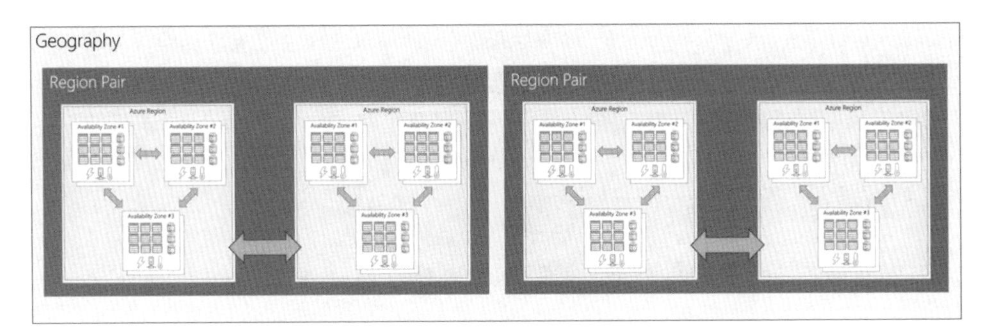

▲ Azure 雲端平台地理位置來協助讓應用程式具備高可用性

資源群組主要適用於部署在 Azure 雲端服務中資源的邏輯容器，其主要是為了協助管理和組織資源，所謂資源將會是我們在 Azure 訂用帳戶中建立的任何項目，所有資源皆必須位於資源群組中，並且一個資源只能是單一資源群組的成員。

當我們刪除資源群組，則會將其中所有資源進行刪除，像是我們能夠新增一個資源群組進行實驗，並且當完成之後，刪除資源群組之後，也會一次性的移除所有資源，同時資源群組也能夠套用角色型存取控制權限的範圍，以利我們能夠減少管理作業，並且限制相關的存取。

Azure Resource Manager 主要是 Azure 雲端服務的部署和管理服務，其主要能夠讓我們建立、更新和刪除 Azure 雲端服務帳戶中的資源，我們將能夠使用存取控制、鎖定和標籤等管理功能，以利在部署之後，讓我們能夠更有效率的保護和組織資源。

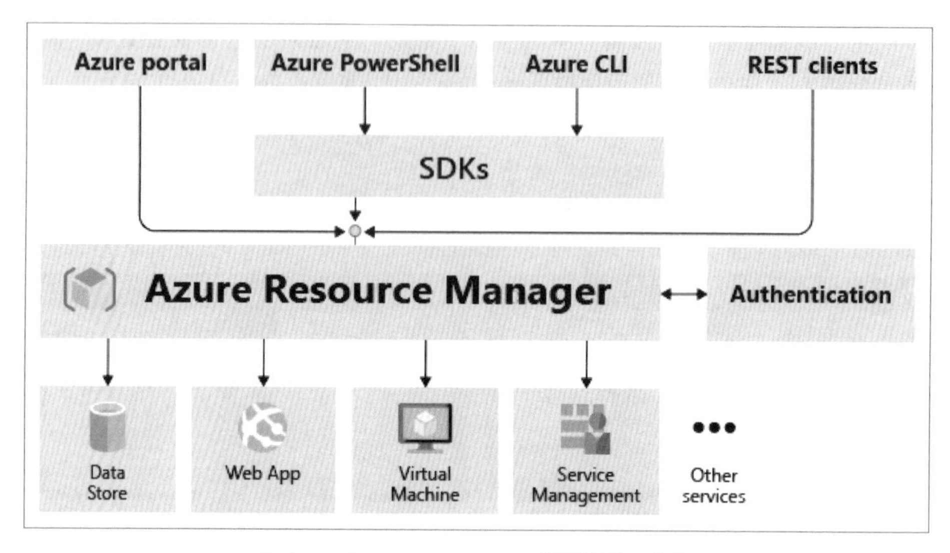

▲ Azure Resource Manager 資源管理示意圖

開始使用 Azure 雲端服務的第一步就是需要建立 Azure 雲端服務之訂用帳戶，我們將會使用此訂用帳戶在 Azure 雲端服務中建立資源，訂用帳戶主要能夠提供 Azure 雲端服務的經驗驗證和授權存取。一個 Azure 帳戶將能夠有一個或多個訂用帳戶，以利套用不同計費模型和不同存取管理原則，此時我們將會使用計費界限和存取控制界限的類型。所謂計費界限主要是會判斷 Azure 帳戶使用 Azure 時要如何進行計費，我們能夠為不同的計費需求類型建立多個訂用帳戶，同時 Azure 將會為每個訂用帳戶產生個別的帳號報告和發票，以利我們組織和管理成本。請注意每個訂用帳戶會有一些固定限制，所以當我們在帳戶建立時需要考慮相關限制，當超出限制，則會需要額外的訂用帳戶。

如果我們有多個訂用帳戶，我們將能組織為發票區段，每個發票區段在發票上皆會顯示為明細項目，並且顯示在該月份產生的相關費用，同時根據不同的需求，每個帳單設定檔皆會有每個月發票和付款方式，有關計費結構的概觀，請參考右圖。

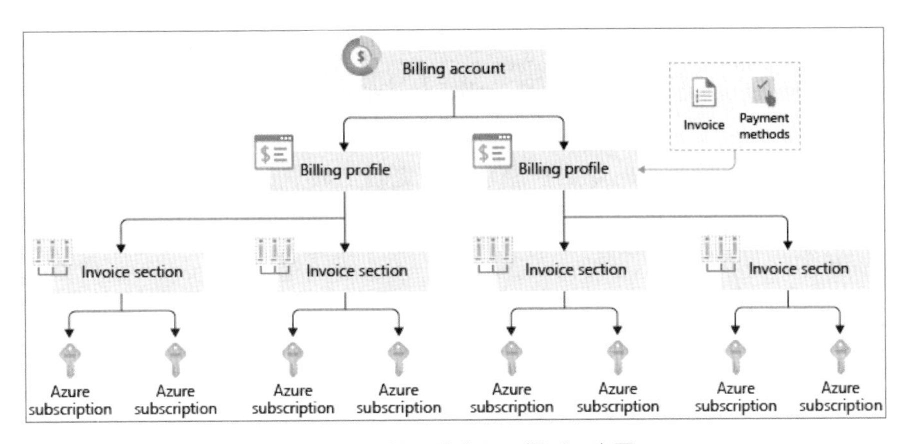

▲ Azure 雲端服務之訂用帳戶示意圖

當企業組織有許多訂用帳戶時，則我們將會需要有效管理相關訂用帳戶的存取權、原則和合規性的方法，此時 Azure 雲端服務的管理群組就能夠提供訂用帳戶之上的範圍層級，我們能夠將訂用帳戶組織層稱為管理群組的容器，並且將企業治理的相關條件套用至管理群組中，當然管理群組內所有訂用帳戶皆會自動繼承和套用至管理群組的條件。所以我們能夠透過建立管理群組和訂用帳戶的彈性結構，將資源組織至一個治理階層中，以利執行統一原則和存取的管理，請參考下圖。

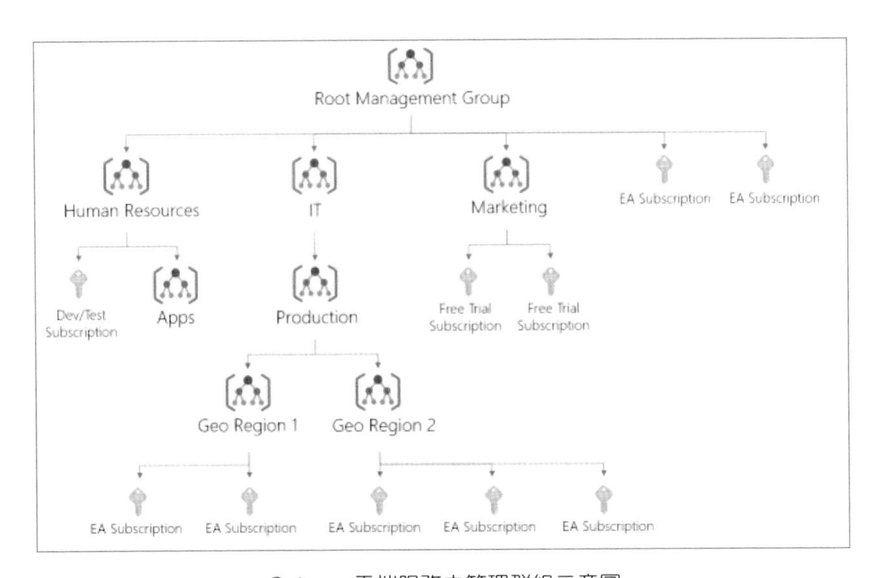

▲ Azure 雲端服務之管理群組示意圖

模擬練習題

請切記，Azure 證照考試的題目會隨時進行更新，故本書的考題「僅提供讀者熟悉考題使用」，請讀者準備證照考試時，必須以讀懂觀念為主，並透過練習題目來加深印象。

題目 1

Which of the following can be used to manage governance across multiple Azure subscriptions?

A. Azure initiatives
B. Management groups
C. Resource groups

題目 2

Which of the following is a logical unit of Azure services that links to an Azure account?

A. Azure subscription
B. Management group
C. Resource group

題目 3

Which of the following features does not apply to resource groups?

A. Resources can be in only one resource group.
B. Role-based access control can be applied to the resource group.
C. Resource groups can be nested.

題目 4

Resource groups provide organizations with the ability to manage the compliance of Azure resources across multiple subscriptions.

A. No change is needed
B. Management groups Most Voted
C. Azure policies
D. Azure App Service plans

題目 5

Your company plans to migrate to Azure. The company has several departments. All the Azure resources used by each department will be managed by a department administrator.
What are two possible techniques to segment Azure for the departments?

A. multiple subscriptions
B. multiple Azure Active Directory（Azure AD）directories
C. multiple regions
D. multiple resource groups

題目 6

A company has just set up an Azure subscription and an Azure tenant. They want to start deploying resources on the Azure platform. They want to implement a way to group the resources logically. Which of the following could be used for this requirement?

A. Availability Zones
B. Azure Resource Groups
C. Azure Resource Manager
D. Azure Regions

題目 7

Which of the following is used to group subscriptions together?

A. Resource groups
B. Region pairs
C. Management groups
D. Availability sets

題目 8

A company has a requirement to deploy 10 Azure resources for several departments. All of the resource types and configurations are the same. Which of the following could be used to automate the deployment of the resources using infrastructure as code?

A. Azure Resource Manager Templates
B. Virtual Machine Scale Sets
C. Azure API Management Service
D. Management Groups

題目 9

A company is planning to deploy resources to Azure. Which of the following in Azure provides a platform for defining the dependencies between resources so they' re deployed in the correct order?

A. Azure Resource Groups
B. Azure Polices
C. Azure Management Groups
D. Azure Resource Manager

題目 10

A company wants to host a mission-critical application on a set of Virtual Machines in Azure. They want to ensure that they can set up the infrastructure in Azure to guarantee the maximum possible uptime for the application, which of the following can you make use of in Azure to fulfill this requirement? Choose 2 answers from the options given below.

A. Resource Groups
B. Availability Zones
C. Availability Sets
D. Resource Tags

答案與解析

題目 1

答案：B

解析：管理群組有助於將 Azure 資源分層排序到集合中，其範圍層級高於訂閱，並且我們能夠將不同的治理條件與 Azure 策略和基於角色的存取控制一起應用於每個管理群組，並且有效地管理 Azure 訂閱，分配給管理群組的資源和訂閱會自動繼承應用於管理群組的條件。

題目 2

答案：A

解析：Azure 訂閱主要是連結到 Azure 帳戶的 Azure 服務的邏輯單元，其主要是是一個物件，代表能夠放置資源的容器，訂閱綁定到租戶，因此一個租戶可以有多個訂閱，但反之亦然。

題目 3

答案：C

解析：請注意資源群組不支援巢狀架構。

題目 4

答案：C

解析：這題主要考 Azure 資源的合規性，主要會透過 Azure Policy在資源群組中讓組織能夠跨多個訂閱管理 Azure 資源的合規性。

題目 5

答案：A、D

解析：這題主要是考 Azure 資源的管理方式，公司計劃移轉至 Azure，公司下設多個部門。每個部門使用的所有 Azure 資源將由部門管理員管理，此時我們會根據訂閱和資源群組進行細分。

題目 6

答案：B

解析：公司剛剛設定了 Azure 訂閱和 Azure 租戶，此時我們想要開始在 Azure 雲端平台上部署資源，主要會透過 Azure Resource Groups 針對資源進行邏輯分組。

題目 7

答案：C

解析：如果組織有多個訂用帳戶，我們可能需要一個方法來有效率地管理這些訂用帳戶的存取、原則和相容性，此時 Azure 管理群組可以在訂用帳戶之上提供範圍層級。

題目 8

答案：A

解析：公司需要為多個部門部署許多 Azure 資源，並且所有資源類型和配置都是相同，此時我們主要能夠透過 Azure Resource Manager Templates來自動部署。

題目 9

答案：D

解析：公司計劃將資源部署到 Azure，此時我們能夠透過 Azure Resource Manager來定義資源之間依賴關係的平台，並且以正確的順序進行部署。

題目 10

答案：B、C

解析：一家公司希望在 Azure 雲端平台中的一組虛擬機器上執行關鍵任務的應用程式，並且確保能夠在 Azure 雲端平台中設定基礎結構，以利確保應用程式最大可能正常執行時間，此時我們就能夠透過 Availability Zones 和 Availability Sets來滿足此要求。

2.2 核心服務基本概念

計算服務

計算服務通常是讓公司移至 Azure 平台的主要原因之一，Azure 提供各種應用程式和服務的選項，像是我們將能夠 Azure 虛擬機器在 Azure 中裝載的 Windows 或 Linux 虛擬機器，最重要的是雲端資源通常會在幾分鐘或幾秒鐘之內就能夠開始使用，同時我們只需要支付所使用的資源費用。一些最重要的服務主要有：

1. Azure Virtual Machine
2. Azure App Service
3. Azure Container Instances
4. Azure Kubernetes
5. Azure Functions
6. Azure Virtual Desktop

➔ Azure Virtual Machine

透過 Azure 虛擬機器（Virtual Machine），我們可以在雲端中建立和使用虛擬機器。虛擬機器能夠以虛擬化伺服器的方式提供服務，以利我們自訂在虛擬機器上執行的所有軟體，最大的好處在於不需要購買和維護執行虛擬機器的實體硬體，但是我們仍需要設定、更新和維護虛擬機器上執行的軟體。

此外當我們選取預先設定的虛擬機器映像檔時，只需要數分鐘就能夠建立和佈建虛擬機器，當建立虛擬機器時，選取映像檔將會是最重要的決定之一，映像檔指的是一種用於建立虛擬機器的範本，這些範本中已經包括作業系統和其它相關軟體，這就是基礎結構即服務（IaaS）。

我們能夠執行單一虛擬機器以利進行測試和開發的工作，這時可以搭配多個虛擬機器，以利提供高可用性 可擴展性和備援機制。無論執行時間的需求為何，我們都能夠透過虛擬機器擴展集和 Azure Batch 來滿足此需求。所謂虛擬機器擴展集主要能夠讓我們建立和管理一組完成相同和已經有設定負載平衡的虛擬機器，它可以使我們在數分鐘內集中管理、設定和更新大量的虛擬機器，以利提供高度可用的應用程式，虛擬機器的執行個體數量將能夠自動增加或減少，以利因應需求或已定義的排程。至於 Azure Batch 主要是提供大規模平行處理和高效能運算的批次作業，並且擁有能夠調整數千台虛擬機器的能力。

Azure App Service

Azure App Service 可以讓我們使用所選擇的程式語言來建立網站應用程式或後端 API 伺服器。它的好處是我們不需要管理基礎結構，因為 Azure App Service 提供自動調整規模和高可用性，並且更能夠支援 Windows 和 Linux 作業系統，並支援 ASP.NET、ASP.NET Core、Java、Ruby、Node.js、PHP 或 Python 等程式語言，以利我們專注在於網站應用程式或後端 API 伺服器的業務邏輯上，並且能夠讓 Azure 處理用於執行和縮放網站應用程式的基礎結構，這就是所謂平台即服務（PaaS）。

每個開發小組針對部署來源、建置管線和部署機制皆會有獨特需求，可能會讓在任何雲端服務上實作有效率部署管線變得困難。部署來源主要是我們應用程式程式碼的位置，針對正式環境的應用程式，部署來源通常是由版本控制軟體所裝載的儲存庫，像是 GitHub、BitBucket 或 Azure Repos，針對開發和測試案例，部署來源可能是本機電腦上的專案。

決定部署來源之後，下一個步驟是選擇建立管線，建立管線會從部署來源讀取我們的原始程式碼，並且執行一系列步驟，像是編譯程式碼、執行測試和封裝元件，讓應用程式處於可執行的狀態，組建管線執行的特定命令取決於我們所使用的程式語言，這些作業可以在建置伺服器上執行，像是 Azure Pipelines 或在本機執行。

部署機制是用來將內建應用程式放入 Web 應用程式的 /home/site/wwwroot 目錄的動作，/wwwroot 目錄是 Web 應用程式所有實例共用的掛接儲存位置。當部署機制將你的應用程式放在此目錄中時，我們的執行實體主要會收到通知來同步處理新的檔案，App Service 支援下列部署機制，分別為 Kudu、FTP 和 WebDeploy。Kudu 是開放原始碼開發人員生產力工具，可在 Windows App Service 中以個別程式的形式執行，並且在 Linux App Service 中作為第二個容器執行。Kudu 會處理持續部署，並提供 HTTP 端點以進行部署，至於 FTP 和 WebDeploy 主要使用我們的網站或使用者認證，我們能夠透過 FTP 或 WebDeploy 上傳檔案，這些機制不會透過 Kudu，此外 Azure Pipelines、Jenkins 和編輯器外掛程式等部署工具會使用這些部署機制之一。

在部署新的正式環境組建時使用部署位置（Deployment Slot），使用標準 App Service 時，我們能夠將應用程式部署到預備環境、驗證變更，以及進行冒氣測試，準備好時，我們能夠交換預備和生產位置。交換作業會準備必要的背景工作實例，以符合我們的正式環境的規模，進而消除停機時間。

如果我們的專案已指定用於測試、QA 和預備的分支，則每個分支都應該持續部署到預備位置，這主要能夠讓我們專案關係人輕鬆評估及測試已部署的分支。我們的正式環境位置不應啟用持續部署。反之我們正式環境的分支，通常會將主要的應用程式會先部署至非正式境境中，當我們準備好釋放基底分支時，請將它交換至正式環境位置。當交換至正式環境，而不是部署到正式環境，可防止停機，並且能夠讓我們再次交換來復原變更。

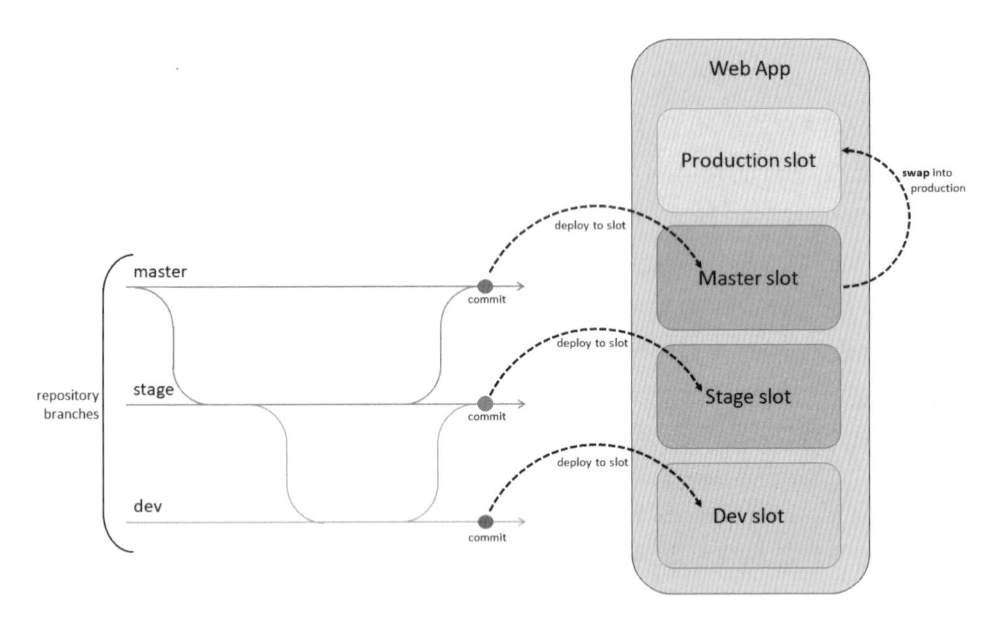

▲ 應用程式部署示意圖

針對來自 Docker 或其它容器登錄的自訂容器，請將映像檔部署到預備位置，並且交換至正式環境，以利避免停機，自動化比程式碼部署更為複雜，因為我們必須將映像檔推送至容器登錄，並在 Web App 上更新映射檔的標籤。針對我們想要部署至位置的每個分支，設定自動化以在每個認可分支上執行下列動作。

建置並且標記映像檔，在建置管線中，使用 git 認可識別碼、時間戳記或其他可識別資訊標記映像檔，最好不要使用預設的「最新」標籤。否則將會很難追蹤目前部署的程式碼，這會使偵錯更為困難。推送已標記的映像檔，建置並標記映像檔之後，管線會將映像檔推送至我們的容器登錄，在下一個步驟中，部署位置會從容器登錄提取標記的映射檔，使用新的映像檔標籤更新部署位置。更新此屬性時，此時會自動重新開機並提取新的容器映像檔。

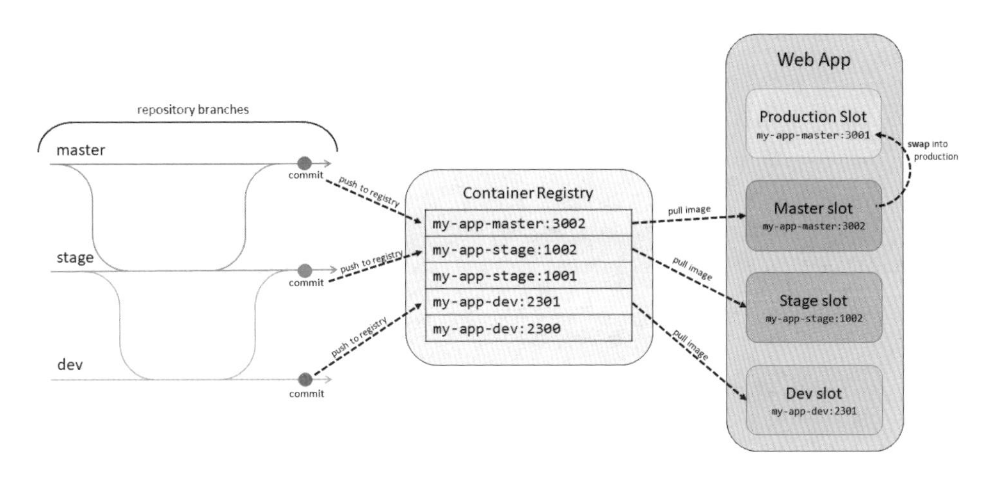

▲ 應用程式透過映像檔部署操作的示意圖

Azure Container Instances

Azure Container Instances 主要提供最簡單快速的方式，並且不需要管理任何虛擬機器或採用其它服務，我們就能夠在 Azure 雲端服務中執行容器。所謂容器主要是虛擬化環境，主要是在單一實體主機上執行多個虛擬機器，並且在虛擬機器上執行多個容器。其中容器與虛擬機器不同之處，主要在於我們不需要管理容器的作業系統，所以容器比較屬於輕量和動態建立而設計，設計旨在允許回應需求變更，並且透過容器我們將能夠在發生當機或硬體中斷時快速重新啟動，這就是平台即服務（PaaS）。

Azure Functions

Azure Functions 主要是無伺服器計算，其實就是伺服器、基礎結構與作業系統的抽象概念，我們能夠透過無伺服器計算，來根據需求針對資源進行配置和解除配置，Azure 雲端服務主要會管理伺服器的基礎結構，像是自動根據效能進行擴展，此時我們只需要為所使用的資源支付相關費用，這就是平台即服務（PaaS）。

然而除了 Azure Functions 之外，我們可能還會聽到 Azure Logic Apps，這兩種都能建立複雜的協調流程，使用 Azure Functions 能透過撰寫程式碼來完成每個步驟，至於 Azure Logic Apps 則主要能透過 GUI 來定義動作和其之間的關聯性。兩者的常見差異，請參考下表。

	Azure Functions	Azure Logic Apps
狀態	無狀態 （Durable Functions 為有狀態）	有狀態
部署	程式碼優先（命令式）	設計工具優先（宣告式）
連接性	約有十幾個內建連結類型，需要撰寫自訂連結的程式碼	大量連接器，適用於 B2B 案例的企業整合套件，建立自訂連接器
動作	每個活動都是 Azure 函式，撰寫活動函式的程式碼	大量現有的動作
監視	Azure Application Insights	Azure 入口網站、Log Analytics
管理性	REST API、Visual Studio	Azure 入口網站、REST API、PowerShell、Visual Studio
執行內容	在本機或雲端中執行	在雲端中執行

Azure Virtual Desktop

Azure Virtual Desktop 主要是在雲端上執行桌面與應用程式虛擬化服務，這可以讓我們從任何裝置上遠端存取雲端託管版本的 Windows 中的桌面應用程式，像是 Windows、Mac、iOS、Android 與 Linux 等。但是為什麼需要使用 Azure Virtual Desktop 呢？主要原因就是能夠讓使用者自由地使用任何裝置，並且透過網際網路連線至 Azure Virtual Desktop 已發佈的 Windows 中的桌面應用程式，其更能夠簡化管理為多工作階段的 Windows 提供更加一致性的體驗操作。

Azure 提供了多種方式提供運算資源，我們可以透過下列流程圖來選取適當運算服務。

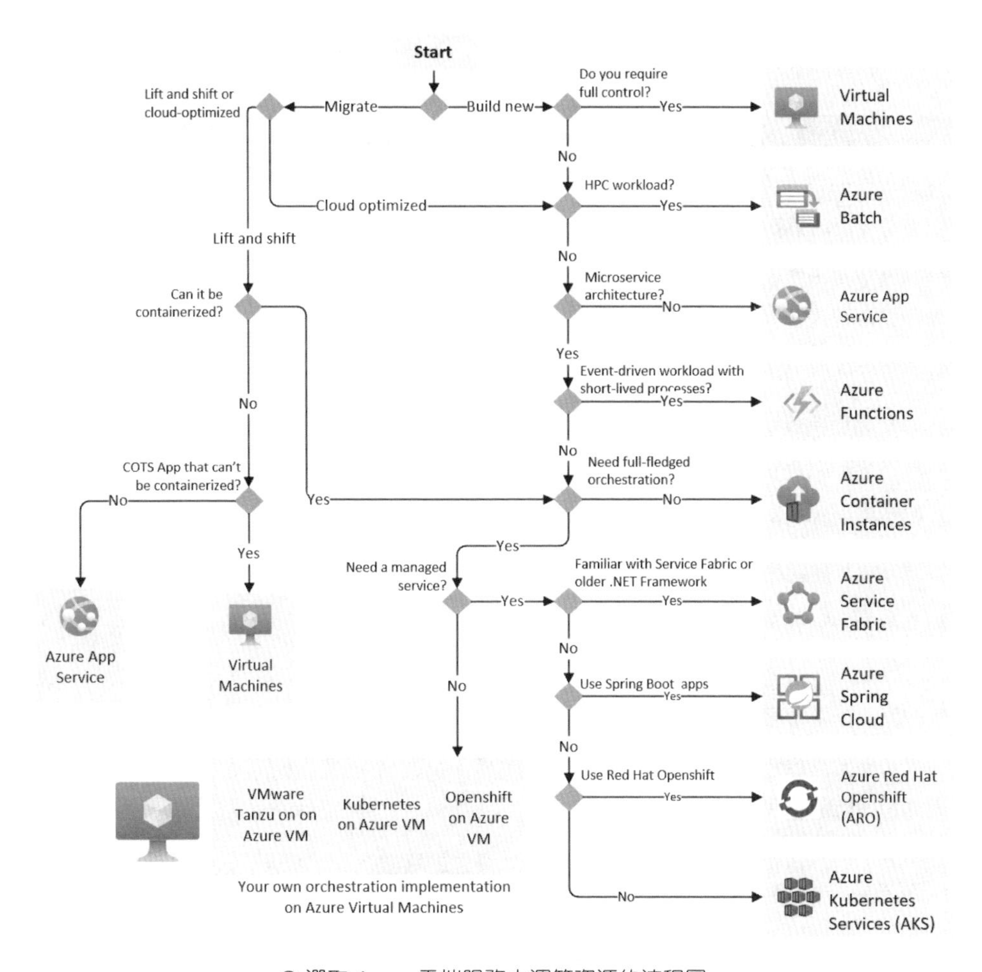

▲ 選取 Azure 雲端服務中運算資源的流程圖

我們來了解一下如何按照流程圖選取適當的計算服務。像是我們需要先判斷是要新建或升級，當我們要新建一個能夠完全控制的雲端服務，則建議使用 Azure 虛擬機器。

網路服務

Azure 網路服務主要由不同的網路功能和產品服務所組成，所以我們需要根據不同的案例來識別最適合的 Azure 網路服務，請參考下表。

案例	網路服務
我們需要網路基礎架構來進行連線，並且能夠透過虛擬機器進行 VPN 連線。	Azure Virtual Network
我們需要原生防火牆的功能，內建高可用性、具擴展性和方便進行維運。	Azure Firewall
我們需要確保 DNS 的快速回應和高可用性。	Azure DNS
我們需要加速傳送內容給全球的客戶，並且從應用程式和儲存內容到串流影片。	Azure CDN
我們需要保護應用程式不受到 DDoS 的攻擊。	Azure DDoS Protection
我們需要針對網路進行監控和診斷。	Azure Network Watcher
我們需要針對應用程式或網路服務提供負載平衡的連線要求。	Azure Load Balancer
我們需要針對微服務或網站應用程式加強其安全性。	Azure Front Door
我們需要將應用程式伺服器提供的服務進行最佳化傳輸，同時加強應用程式的安全性。	Azure Application Gateway Azure Front Door
我們需要以最佳化的方式將流量分散至全球區域的服務，同時提供高可用性和快速回應。	Azure Traffic Manager Azure Front Door
我們需要安全的連線至分公司、零售點和網站。	Azure Virtual WAN
我們需要透過 VPN 閘道，安全的使用網際網路存取虛擬網路。	Azure VPN Gateway
我們需要新增私人網路連線能力，以利從公司網路存取 Microsoft 雲端服務，就像和部署在企業的資料中心一樣。	Azure ExpressRoute

Azure 虛擬網路，簡稱 VNet，其主要是私人網路在 Azure 中的基本建立模組。VNet 可以讓我們建立類似內部部署網路的複雜虛擬網路，同時又有 Azure 基礎結構的特點，像是規模調整、可用性和隔離性。

簡單來說，VNet 是網路在雲端中的身分，它是專屬於我們訂用帳戶的 Azure 雲端邏輯隔離，我們能夠使用 VNet 在 Azure 中建立和管理虛擬私人網路（VPN），也能夠選擇性地連結 VNet 與其它 Azure 中的 VNet，或者連結我們內部部署 IT 基礎結構，以利建立跨單位的混合雲解決方案。

請注意我們建立的每個 VNet 皆具有專屬的 CIDR 區塊，並且只要 CIDR 區塊沒有重疊，就能夠連結至其它 VNet 和內部部署網路，此外針對 VNet 和分隔 VNet 的子網路將會擁有 DNS 的伺服器設定。

Azure VNet 將能夠讓 Azure 中的資源安全地進行網路通訊，以及與網際網路和內部部署網路通訊，在 VNet 中的所有資源都能夠進行對網際網路的輸出的網路通訊，我們將能夠藉由指定公用 IP 位址或公用負載平衡器，對於該項資源進行輸入方向的網路通訊，當然我們也能夠使用公用 IP 或公用負載平衡器來管理輸出方向的網路通訊。

Azure 資源之間的通訊，Azure 資源主要透過下列三種主要機制進行通訊，分別為 VNet、VNet 服務端點和 VNet 對等互連，虛擬網路不僅能夠與虛擬機器進行連線之外，也能夠與 App Service Environment、Azure Kubernetes Service 和 Azure 虛擬機器擴展集等其它 Azure 雲端資源進行連線。

如果我們需要在內部部署資源之間進行網路通訊，並且安全地擴充資料中心時，則我們能夠將內部部署電腦和網路連線到虛擬網路，分別為點對站虛擬私人網路（VPN）、站對站虛擬私人網路 VPN 和 Azure ExpressRoute。

當我們已經建立完成網路通訊之後，再來我們就會需要考慮篩選網路流量，此時我們將能夠使用網路安全性群組和網路虛擬設備，像是防火牆、閘道、代理伺服器以及網路位址轉譯（NAT）服務等組合，來篩選子網路之間的網路流量。此外我們針對網路流量的傳送還需要考慮路由，預設 Azure 主要設定路由子網路、連線的虛擬網路、內部部署網路和網際網路之間的流量，更進一步我們能夠實作路由表或邊界閘道協定（BGP）路由，其將會覆寫 Azure 所建立的預設路由。

有關 Azure 虛擬網路的設計考量，一開始我們需要先了解網路位址空間和子網路，我們主要能夠為每個訂用帳戶在每個區域建立多個虛擬網路，並且我們還能夠在每個虛擬網路內建立多個子網路。當建立 VNet 時，建議使用 RFC 1918 中列出的位址範圍，該位址範圍已針對私人、無法路由傳送的位址空間與 IETF 一起設定，分別為：

- 10.0.0.0 - 10.255.255.255（10.0.0.0/8）
- 172.16.0.0 - 172.31.255.255（172.16.0.0/12 ）
- 192.168.0.0 - 192.168.255.255（192.168.0.0/16）

但是請注意，我們將無法新增下列位址範圍：

- 多點傳送：224.0.0.0/4
- 廣播：255.255.255.255/32
- 回送：127.0.0.0/8
- 連結 - 本機：169.254.0.0/16
- 內部 DNS：168.63.129.16/32

Azure 雲端平台主要會從建立的位址空間，將私人 IP 位址指派給虛擬網路中的資源，如果我們在位址空間為 10.0.0.0/16 的 VNet 中部署虛擬機器，則系統就會核對虛擬機器指派像是 10.0.0.4 等的私人 IP 位置。請注意，Azure 雲端平台會在每個子網路中保留 5 個 IP 位址，分別為 x.x.x.0-x.x.x.3 和子網路的最後一個位址。

- 網路位址：x.x.x.0
- Azure 保留給預設閘道：x.x.x.1
- 由 Azure 保留將 Azure DNS IP 對應至 VNet 空間：x.x.x.2, x.x.x.3
- 網路廣播位址：x.x.x.255

通常我們在規劃實作虛擬網路時，需要考量下列事項，分別為：

1. 確保不會與組織的其他網路範圍重疊。
2. 是否需要任何安全性隔離？
3. 是否需要減輕任何 IP 位址限制？
4. VNet 與內部部署網路之間是否有連線？
5. 管理用途是否需要任何隔離？
6. 是否使用會建立 VNet 的任何 Azure 服務？

子網路將能夠根據 IP 位址建立的最小單位，並且我們能夠使用網路安全性群組（NSG）來控制子網路的存取，我們可以將零個或一個 NSG 與虛擬網路中的每個子網路建立關聯，並且將相同或不同的網路安全性群組關聯至每個子網路，更進一步分割網路，每個網路安全性群組皆包括規則，並且能夠允許或拒絕進出來源與目的地的流量。

當我們設計 Azure 網路時，我們需要考量可用性區域，並且規劃支援可用性區域的服務，支援「可用性區域」的 Azure 服務分成三個類別，分別為：

1. 區域服務：資源可以專屬於特定區域。例如，虛擬機器、受控磁碟或標準 IP 位址可以專屬於特定區域，使資源的一個或多個執行個體分散到多個區域，而提高復原能力。
2. 區域備援服務：自動跨區域覆寫或分散資源。Azure 將資料覆寫到三個區域，一個區域失效不影響其可用性。
3. 非區域服務：一律可從 Azure 地理位置取得服務，不論是區域全面或地區全面性停機，服務都不中斷。

公開網路主要會使用公開 IP 位址進行網站通訊，Azure 虛擬網路（私人網路）將會使用無法在公用網路上路由傳送的私人 IP 位址，如果需要支援同時存在於 Azure 和內部部署中的網路，則我們就必須設定這兩種網路類型的 IP 位址。

公用 IP 位址可讓網際網路資源與 Azure 資源進行網路通訊，並且可讓 Azure 資源與網際網路和公開 Azure 服務進行輸出網路通訊，Azure 中的公用 IP 位址專屬於特定資源，直到解除指派為止，未指派公用 IP 位址的資源可以透過網路位址轉譯服務進行輸出通訊，其中 Azure 會以動態方式指派未專屬於資源的可用 IP 位址。在 Azure 資源管理員中，公用 IP 位址是有自己的屬性的資源。我們能夠將公用 IP 位址資源與之建立關聯的資源：

1. 虛擬機器網路介面
2. 虛擬機器擴展集
3. 公用負載平衡器
4. 虛擬網路閘道（VPN/ER）
5. NAT 閘道
6. 應用程式閘道
7. Azure 防火牆
8. 防禦主機
9. 路由伺服器

公開 IP 位址是使用 IPv4 或 IPv6 位址所建立，可以是靜態或動態位址。

所謂動態公開 IP 位址是指派的位址，其能夠在 Azure 資源的生命週期內變更，動態 IP 位址會在我們建立或啟動虛擬機器時配置，此 IP 位址會在停止或刪除 VM 時釋出。在每個 Azure 區域中，系統會從唯一的位址集區指派公用 IP 位址，預設的設定方法是動態配置。

所謂靜態公用 IP 位址是指派的位址，不會在 Azure 資源的生命週期內變更。若要確保資源的 IP 位址維持不變，請明確地將配置方法設定為靜態，在此情況下會立即指派 IP 位址。只有在刪除資源或將其 IP 位設定方法變更為動態時，才會釋出 IP 位址，針對公用 IP 位址，有兩種類型的 SKU 可選擇基本與標準，所謂基本 SKU 公用 IP 可使用靜態或動態配置方法來指派，所謂標準 SKU 的公用 IP 位址一律使用靜態配置方法。

當我們需要允許虛擬網路中所部署的虛擬機器與其它資源能夠進行彼此之間的網路通訊，雖然可以透過 IP 位址來進行網路通訊，但是使用能夠輕鬆記住，並且不會變更的網域名稱將會更加簡單，此時我們能夠透過 DNS 服務來存取網路資源。

DNS 服務主要分為公用 DNS 服務和私用 DNS 服務，所謂公用 DNS 服務主要會解析能夠透過網際網路存取的資源和服務名稱和 IP 位址，至於 Azure DNS 主要是 DNS 網域的主機服務，其主要能夠使用 Microsoft Azure 基礎結構來提供網域名稱的解析，為網域提供快速的效能和高可用性。

Azure DNS 提供了可靠且安全的 DNS 服務，讓我們不需要新增自訂 DNS 解析，就能在虛擬網路中管理和解析網域名稱。此外在 Azure DNS 中，我們能夠在相關區域內手動建立位址記錄，最常使用的記錄主要為：

A. 主機記錄：A/AAAA（IPv4/IPv6）
B. 別名記錄：CNAME

如果我們需要將網域委派給 Azure DNS，則我們必須先知道區域的名稱伺服器名稱，當每次建立 DNS 區域時，Azure DNS 就會從集區配置名稱伺服器，當指派名稱伺服器之後，Azure DNS 就會自動在區域中建立權威 NS 記錄。一旦建立 DNS 區域，並且我們擁有名稱伺服器，此時我們就必須更新父系網域。

請注意每個註冊機構都有不同的 DNS 管理工具，可變更網域的名稱伺服器記錄，在註冊機構的 DNS 管理頁面中，需要編輯 NS 記錄，並且將 NS 記錄取代為 Azure DNS 建立的記錄。

如果我們想要設定個別的子區域，則我們將能夠在 Azure DNS 中委派子網域，像是在 Azure DNS 中設定 contoso.com 之後，我們就能夠為 partners.contoso.com 設定個別的子區域。設定子網域的程序跟一般委派的程序相同，唯一的差異在於，NS 記錄必須建立於 Azure DNS 的上層區域 contoso.com 中，而不是在網域註冊機構中進行喔！

私人 DNS 服務主要會解析資源和服務的名稱和 IP 位址，當我們部署在虛擬網路中的資源需要將網域名稱解析為內部 IP 位址時，將會使用下列三種方法，分別為 Azure DNS 私人區域、Azure 提供的名稱解析，以及使用專屬 DNS 伺服器的名稱解析。

Azure 中的私人 DNS 區域僅供內部資源使用。其範圍是全域的，因此你可以從任何區域、任何訂用帳戶、任何 VNet 和任何租用戶加以存取。如果你有讀取區域的權限，你可以使用其來解析名稱。私人 DNS 區域具有高度復原能力，會覆寫到世界各地的區域。網際網路上的資源無法使用。

在需要比內部 DNS 所允許更多彈性的情況下，你可以建立自己的私人 DNS 區域。這些區域可讓你：

- 為區域設定特定的 DNS 名稱。
- 視需要手動建立記錄。
- 解析不同區域之間的名稱和 IP 位址。
- 解析不同 VNet 之間的名稱和 IP 位址。

在 Azure 中，VNet 代表 1 個或多個子網路的群組，如 CIDR 範圍所定義，VM 之類的資源會新增至子網路。在 VNet 層級，預設 DNS 設定是 Azure 所進行 DHCP 指派的一部分，指定特殊位址 168.63.129.16 以使用 Azure DNS 服務，我們可以在 VM NIC 上設定替代的 DNS 伺服器，以覆寫預設設定，有兩種方式可將 VNet 連結至私人區域：

- 註冊：每個 VNet 都可以連結至一個私人 DNS 區域進行註冊，不過，最多 100 個 VNet 可以連結至相同的私人 DNS 區域進行註冊。
- 解析：不同的命名空間可能有許多其他私人 DNS 區域。你可以將 VNet 連結到每個區域，以進行名稱解析，每個 VNet 最多可連結至 1000 個私人 DNS 區域，以進行名稱解析。

如果你有外部 DNS 伺服器（例如內部部署伺服器），你可以使用 VNet 上的自訂 DNS 設定來整合兩者，外部 DNS 可以在任何 DNS 伺服器上執行：BIND on UNIX、Active Directory Domain Services DNS 等等。如果你想要使用外部 DNS 伺服器，而不是預設的 Azure DNS 服務，你必須設定所需的 DNS 伺服器。

組織通常會使用內部 Azure 私人 DNS 區域進行自動註冊，然後使用自訂設定從外部 DNS 伺服器轉送查詢外部區域。

轉送採用兩種形式：

- 轉送：指定另一部 DNS 伺服器（SOA 作為區域），如果初始伺服器無法，則會解析查詢。
- 條件式轉送：指定命名區域的 DNS 伺服器，以便將該區域的所有查詢都路由傳送至指定的 DNS 伺服器。

如果 DNS 伺服器在 Azure 之外，就無法在 168.63.129.16 上存取 Azure DNS。在此案例中，請在你的 VNet 內設定 DNS 解析程式、將查詢轉送至該解析程式，然後將查詢轉送至 168.63.129.16（Azure DNS）。基本上，你正在使用轉送，因為 168.63.129.16 無法路由傳送，因此無法供外部用戶端存取。

具有大規模作業的組織，通常需要在其虛擬網路基礎結構的不同部分之間建立連線。虛擬網路對等互連可讓你順暢地以最佳網路效能來連線個別 VNet，不論其位於相同的 Azure 區域（VNet 對等互連）或不同區域（全域 VNet 對等互連）。對等互連虛擬網路之間的網路流量為私用。基於連線目的，虛擬網路會顯示為一個。已對等互連虛擬網路中虛擬機器之間的流量會使用 Microsoft 骨幹基礎結構，而虛擬網路之間的通訊不需要公用網際網路、閘道或加密。

虛擬網路對等互連可讓你完美地連線兩個 Azure 虛擬網路。經過對等互連後，所有虛擬網路就可以作為一個整體來進行連線。VNet 對等互連有兩種類型：

- 區域 VNet 對等互連會連線相同區域中的 Azure 虛擬網路。
- 全域 VNet 對等互連會連線不同區域中的 Azure 虛擬網路。在建立全域對等互連時，對等互連的虛擬網路可以存在於任何 Azure 公用雲端區域或中國雲端區域中，但並非在 Government 雲端區域中。你只能將 Azure Government 雲端區域中相同區域內的虛擬網路對等互連。

使用虛擬網路對等互連（不論是本機還是全球）的優點包括：

- 不同虛擬網路的資源之間具有低延遲、高頻寬連線。
- 將網路安全性群組套用至任一個虛擬網路的功能，可以封鎖其他虛擬網路或子網路的存取權限。

- 可以跨越 Azure 訂用帳戶、Azure Active Directory 租用戶、部署模型和 Azure 區域，在虛擬網路之間傳輸資料。
- 可以將透過 Azure Resource Manager 建立的虛擬網路進行對等互連。
- 可以將透過 Resource Manager 建立的虛擬網路，對等互連至透過傳統部署模型建立的虛擬網路。
- 在建立對等互連時或對等互連建立之後，任一虛擬網路中的資源都不會停機。

當虛擬網路已對等互連時，我們能夠將對等互連虛擬網路中的 VPN 閘道設定為傳輸點。在此情況下，對等互連虛擬網路會使用遠端閘道來取得其他資源的存取權，虛擬網路只能擁有一個閘道，VNet 對等互連和全域 VNet 對等互連都支援閘道傳輸。

當我們允許閘道傳輸時，虛擬網路可以與對等互連以外的資源進行通訊，像是子網路閘道可以：

- 使用站對站 VPN 連線至內部部署網路。
- 使用 VNet 對 VNet 連線至另一個虛擬網路。
- 使用點對站 VPN 來連線至用戶端。

在這些情況下，閘道傳輸可讓對等互連虛擬網路共用閘道，並取得資源的存取權。這表示我們不需要在對等虛擬網路中部署 VPN 閘道。

Azure 會在 Azure 虛擬網路內自動為每個子網路建立路由表，並將系統的預設路由新增至該表格。你可以使用自訂路由覆寫某些 Azure 的系統路由，並將其他自訂路由新增至路由表。Azure 會依據子網路路由表中的路由，來路由子網路的輸出流量。

Azure 會自動建立系統路由，並將路由指派給虛擬網路中的每個子網路。你無法建立或移除系統路由，但是你可以使用自訂路由覆寫某些系統路由。當你使用特定 Azure 功能時，Azure 會為每個子網路建立預設的系統路由，並將其他選擇性預設路由新增至特定子網路或每個子網路。

每個路由會包含「位址首碼」和「下一個躍點類型」。當流量離開子網路並傳送至具有路由位址首碼的 IP 位址時，包含該首碼的路由就是 Azure 使用的路由。每次建立虛擬網路時，Azure 會在虛擬網路內自動為每個子網路建立下列預設系統路由：

來源	位址首碼	下一個躍點類型
預設	虛擬網路	虛擬網路
預設	0.0.0.0/0	網際網路
預設	10.0.0.0/8	無
預設	192.168.0.0/16	無
預設	100.64.0.0/10	無

在路由傳送方面，躍點是整體路由的導航點。因此，下一個躍點是下一個導航點，會將流量導向其最終目的地的旅程。上表列出的下一個躍點類型，代表 Azure 如何路由上述位址首碼指定的流量。下一個躍點類型的定義如下：

- 虛擬網路：在虛擬網路位址空間內的位址範圍之間路由傳送流量。Azure 建立路由所用的位址首碼，會與每個虛擬網路位址空間中定義的位址範圍相對應。Azure 會使用針對每個位址範圍建立的路由，來自動路由子網路之間的流量。
- 網際網路：將位址前置詞所指定的流量路由傳送到網際網路。系統預設路由會指定 0.0.0.0/0 位址首碼。除非目的地位址適用於 Azure 服務，否則 Azure 會將虛擬網路內位址範圍未指定的任何位址流量路由傳送到網際網路。Azure 會透過骨幹網路將其服務的任何流量直接路由傳送到服務，而不是將流量路由傳送到網際網路。你可以使用自訂路由，來覆寫位址首碼為 0.0.0.0/0 的 Azure 預設系統路由。
- 無：路由傳送到下一個躍點類型為「無」的流量會遭到捨棄，而不是路由傳送到子網路以外的地方。Azure 會為下列位址首碼自動建立預設路由：

- 10.0.0.0/8 和 192.168.0.0/16：在 RFC 1918 中保留以作為私人用途。
- 100.64.0.0/10：在 RFC 6598 中保留。

如果你在虛擬網路位址空間內指派上述任何位址範圍時，Azure 會自動將路由的下一個躍點類型從無變更至虛擬網路。如果你對其指派位址範圍的虛擬網路位址空間中，包含四個保留位址首碼的其中一個（但不是完全相同）時，Azure 會移除該首碼的路由，並針對你新增的位址首碼來新增路由（使用虛擬網路作為下一個躍點類型）。

強制通道可讓你透過站對站 VPN 通道，重新導向或「強制」所有網際網路繫結流量傳回內部部署位置，以便進行檢查和稽核。這是多數企業 IT 原則的重要安全性需求。如果你未設定強制通道，則 Azure 中來自 VM 的網際網路繫結流量會永遠從 Azure 網路基礎結構直接向外周遊到網際網路，而你無法選擇檢查或稽核流量。未經授權的網際網路存取可能會導致資訊洩漏或其他類型的安全性漏洞，因此你可以使用 Azure PowerShell 來設定強制通道（Azure 入口網站是無法進行設定的）。

前端子網路不會使用強制通道。前端子網路中的工作負載可以直接從網際網路繼續接受並回應客戶要求。中間層和後端的子網路會使用強制通道。任何從這兩個子網路到網際網路的輸出連接會強制或重新導向回站對站（S2S）VPN 通道的其中一個內部部署網站。

Azure 中的強制通道處理，會使用虛擬網路自訂使用者定義的路由進行設定。

- 每個虛擬網路的子網路皆有內建的系統路由表。系統路由表具有下列 3 個路由群組：
  - 本機 VNet 路由：直接路由傳送到相同虛擬網路中的目的地 VM。
  - 內部部署路由：路由傳送到 Azure VPN 閘道。
  - 預設路由：直接路由傳送到網際網路。系統將會捨棄尚未由前兩個路由涵蓋之私人 IP 位址目的地的封包。

- 若要設定強制通道處理，你必須：
  - 建立路由表。
  - 將使用者定義的預設路由新增至 VPN 閘道。
  - 將路由表關聯至適當的 VNet 子網路。
- 強制通道必須與具有路由型 VPN 閘道的 VNet 相關聯。
  - 你必須在連線到虛擬網路的跨單位本機站台之間設定預設網站連線。
  - 內部部署 VPN 裝置必須使用 0.0.0.0/0 設定為流量選取器。

使用強制通道處理，可讓你限制和檢查 Azure 中 VM 和雲端服務的網際網路存取，同時繼續啟用網際網路存取所需的多層服務架構。以全球來說，IPv4 位址範圍供應相當短缺，而且授與網際網路資源存取權可能相當昂貴。網路位址轉譯（NAT）引領出私人網路上內部資源的需求，才能共用可路由傳送的 IPv4 位址，以取得公用網路上外部資源的存取權。你可以使用 NAT 服務，將來自內部資源的傳出要求對應到外部 IP 位址以進行通訊，而不需要為每個需要存取網際網路的資源購買 IPv4 位址。

NAT 服務提供單一 IP 位址的對應、IP 前置詞所定義的 IP 位址範圍，以及與 IP 位址相關聯的連接埠範圍。NAT 與標準 SKU 公用 IP 位址資源、公用 IP 前置詞資源或兩者的組合相容。你可以直接使用公用 IP 前置詞，或將前置詞的公用 IP 位址散發到多個 NAT 閘道資源。NAT 會將所有流量對應到前置詞的 IP 位址範圍。NAT 可讓你建立從虛擬網路到網際網路的流量。只有在回應作用中流量時，才允許從網際網路傳回流量。

106 頁的示意圖顯示從子網路到 NAT 閘道的輸出流量，以對應至公用 IP 位址或公用 IP 前置詞，我們能夠為 VNet 中的每個子網路定義 NAT 設定，藉由指定要使用的 NAT 閘道資源來啟用輸出連線能力。設定 NAT 之後，來自任何虛擬機器執行個體的所有 UDP 和 TCP 輸出流量都會使用 NAT 進行網際網路連線。不需要進一步的設定，而且你不需要建立任何使用者定義的路由。NAT 優先於其他輸出案例，並可取代子網路的預設網際網路目的地。

NAT 與下列標準 SKU 資源相容：

- 負載平衡器
- 公用 IP 位址
- 公用 IP 首碼

NAT 和相容的標準 SKU 功能可感知流量的開始方向。輸入和輸出案例可以共存。這些案例將會收到正確的網路位址轉譯，因為這些功能可感知流量方向。搭配 NAT 使用時，這些資源會提供連到子網路的輸入網際網路連線能力。

當企業需要將應用程式移至 Azure 雲端平台之前，除了根據不同需求選擇合適的計算服務之外，我們需要考慮網路的相關設定，首先 Azure 虛擬網路主要能夠讓 Azure 資源彼此進行溝通，其中我們主要需要了解如何進行網路的隔離、分割和通訊。

所謂隔離和分割主要能建立多個隔離的虛擬網路，同時我們為了讓 Azure 資源能夠更安全的進行通訊，所以我們主要會透過虛擬網路和服務端點來執行此相關設定，此外現今許多企業將會期望 Azure 虛擬網路能夠和企業內部部署環境進行連線，此時我們就會透過 VPN 和 Azure ExpressRoute 來進行通訊。

更進一步當我們建立多個虛擬網路之後，需要將其進行連線，此時我們就會透過對等互連的功能進行連線，至於要如何更有效的控制網路流量呢？我們主要會透過使用者定義路由（User defined route, UDR）其主要是讓網路系統的管理員控制 VNet 之間和 VNet 內子網路之間的路由表。所謂路由表主要是定義流量傳送的規則，當然如果我們需要整合 Azure 雲端環境和企業內部部署環境，則會透過邊界閘道通訊協定（Border Gateway Protocol, BGP）與 VPN 和 Azure ExpressRoute 來進行通訊，它主要是將內部部署環境的 BGP 路由傳送至 Azure 虛擬網路中。

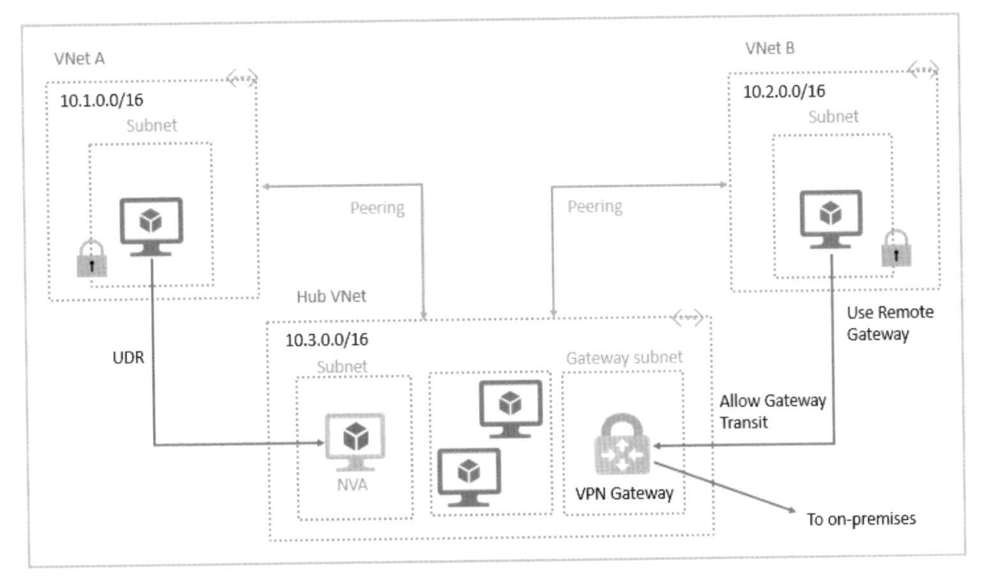

▲ Azure 雲端服務之虛擬網路彼此關係示意圖

什麼是 VPN 呢？所謂 VPN，我們簡稱虛擬私人網路，主要是建立兩個或多個受信任的網路連線，當資訊流量在網路上傳送時會進行加密，以利防止被進行惡意攻擊。當我們要進行 VPN 的設定時，會需要先設定 VPN 閘道，VPN 閘道主要是虛擬網路的閘道，其主要會部署在虛擬網路的專用子網路中，通常會有三種連線方式，分別為站對站、點對站和網路對網路。

- 站對站連線：將內部資料中心連線至 Azure 雲端服務中的虛擬網路中。
- 點對站連線：將個別裝置連線至 Azure 雲端服務中的虛擬網路中。
- 網路對網路連線：將 Azure 雲端服務中的虛擬網路連線至其它虛擬網路。

為何透過 VPN 能夠防止被進行惡意攻擊呢？因為所有資料傳送在通過網際網路時皆會在專用通道中進行加密，其中主要會使用預先共用金鑰作為唯一的驗證方式，此時我們需要了解網際網路金鑰交換（IKE）和網際網路通訊協定安全性（IPSec），所謂網際網路金鑰交換主要是用於兩個端點之間建立安全性關聯性的加密協定，接著會透過網際網路通訊協定安全性將在 VPN 通道中的資料進行加解密。

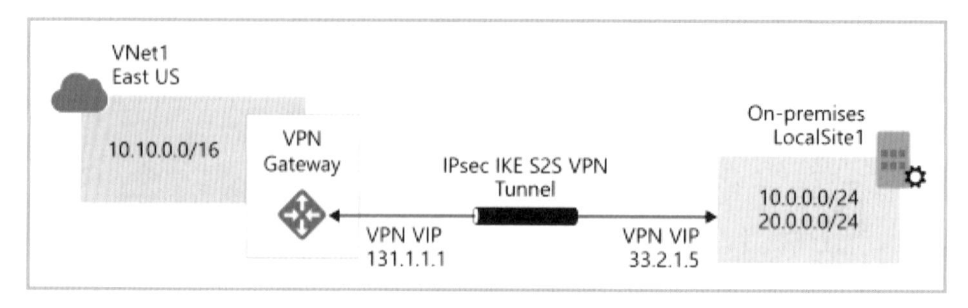

▲ VPN 設定示意圖

如果我們有位於不同位置的辦公室業務，則我們能夠透過網路建立區域網路（LAN）之間的安全連線，站對站 VPN 閘道會在不同位置的電腦資源之間建立安全連線，此時部署站對站 VPN 閘道的主要步驟如下：

1. 建立將連線到內部部署網路的虛擬網路。
2. 在你的虛擬網路上建立閘道子網。
3. 建立 VPN 閘道。
4. 建立區域網路閘道。
5. 設定內部部署閘道。
6. 在 Azure 中，為 Azure 與局域網路閘道之間的站對站連線建立連線。

如果我們遵循一開始的明確指導方針，則其將有助於針對站對站或點對站連線進行疑難排解，像是：

1. 有一個資源群組名，其主要能夠清楚識別設定的網路，因為無法修改。
2. 採用命名規則，可讓我們輕鬆識別所建立的不同元件。

當我們遇到問題時，請先檢查虛擬網路連線是否正確，再深入探討設定，請先了解以下的問題：

1. 我們是否已選取正確的訂用帳戶？
2. 我們是否已選取正確的區域？
3. 這兩個網路的 IP 位址範圍是否是唯一的？如果位址空間重疊，則無法連線。

4. 子網路位址範圍是否正確？此欄位通常會自動填入，而且如果我們變更 IPv4 位址範圍，則不會自動改變子網路值。

當我們部署 VPN 閘道時，我們需要指定 VPN 類型為原則型或路由型，這兩種 VPN 類型之間的主要差異在於如何指定要加密的流量。

所謂原則型 VPN 閘道主要會以靜態方式指定每個通道加密的封包 IP 位址，透過靜態路由將兩個網路的位址首碼組合來控制流量在 VPN 通道中的加解密方式，請注意 VPN 通道內的來源和目的皆宣告在原則中，而不需要宣告在路由表中，我們無法變更 VPN 類型，所以請檢查原則型閘道的限制不會影響系統。原則型 VPN 的主要限制，分別為：

1. 我們只能使用基本 SKU。
2. 我們只能使用一個通道。
3. 只有某些裝置允許以原則為基礎的連線。
4. 我們無法連線到點對站 VPN 閘道。

請注意，如果我們未正確設定 VPN 類型，則必須刪除虛擬閘道並建立新的閘道。

那如果我們需要使用路由型閘道時，則建議採用路由型 VPN，路由型 VPN 主要使用路由型閘道，透過動態路由通訊協定根據路由和轉送表將流量導向至不同的 VPN 通道，此時來源和目的之網路將不會以靜態的方式進行定義，而是資料封包將會根據使用路由通訊協定，像是常見的邊界閘道協定（BGP）動態建立網路路由表進行加密。

VPN 閘道主要有兩種類型，分別為主動 / 主動和主動 / 待命，如果我們已設定 VPN 使用中 / 主動，請確定符合下列專案：

1. 已使用兩個公用 IP 位址建立兩個閘道 IP 組態。
2. 確定已設定 EnableActiveActiveFeature 值。
3. 確定閘道 SKU 是 VpnGw1、VpnGw2 或 VpnGw3。

閘道傳輸是一種對等互連屬性，我們能夠讓一個虛擬網路使用對等互連虛擬網路中的 VPN 閘道來進行 VNet 對 VNet 連線，請參考下圖。

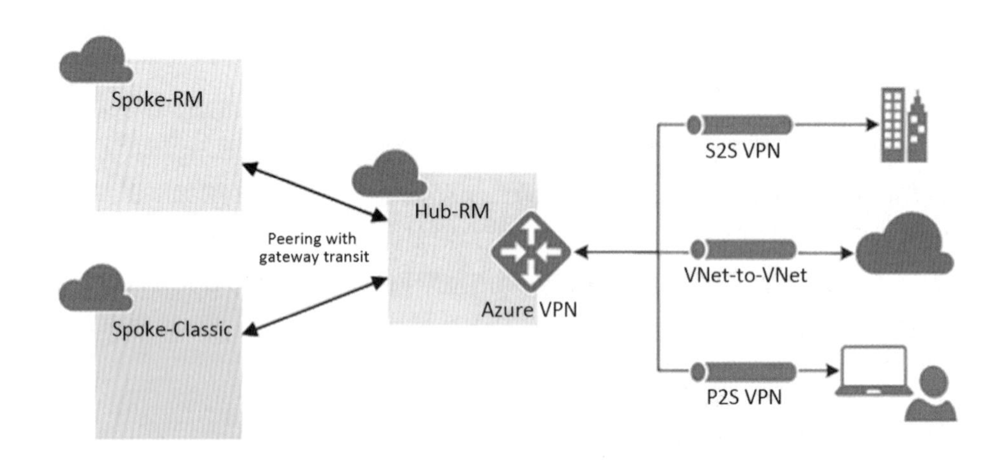

▲ 閘道傳輸與虛擬網路對等互連搭配運作的方式

為虛擬網路建立全域的對等互連時，會受到下列限制：

1. 單一虛擬網路中的資源無法與全域對等互連虛擬網路中的基本 ILB 前端 IP 位址通訊。
2. 使用基本負載平衡器的某些服務無法透過全域虛擬網路對等互連運作。

如要針對 VPN 閘道傳輸問題進行疑難排解，請嘗試執行下列動作：

1. 如果輪輻虛擬網路已有 VPN 閘道，則由於受到對等互連限制，因此輪輻虛擬網路不支援「使用遠端閘道」選項。
2. 針對相同區域中輪輻虛擬網路之間的中樞輪輻網路連線問題，中樞網路必須包含 NVA，在已將 NVA 設定為下一個躍點的輪輻中設定 UDR，並且在中樞虛擬網路中啟用「允許轉送的流量」。

更進一步我們能夠透過 Log Analytics 雲端服務來識別趨勢，並且分析 Azure 所收集的資料內容，並且提供閘道健康情況的重要見解。主動使用可能會找出潛在問題，而且能夠採取預防動作，而不是進行疑難排解，此時有一系列預先撰寫的查詢可讓我們使用，像是：

1. 4xx 錯誤率。
2. 應用程式規則記錄資料。
3. BGP 路由表。
4. 關閉監視狀態的端點。
5. 每小時失敗的要求。
6. 閘道組態變更。

請注意，當我們第一次設定查詢時，請預覽不同資料表中的資訊，以確保你存取正確的資訊，以協助瞭解網路上發生的情況。

如果我們的內部部署裝置正常運作，但是我們無法使用 Azure VPN 閘道建立 IPsec 通道，則需要重設它。此時主要有兩個可用的重設，分別為閘道重設和連線重設，閘道重設會重新開機閘道並保留目前的公用 IP 位址，因此我們不需要更新 VPN 路由器設定，此外重新開機之前，請使用下列檢查清單：

1. Azure VPN 閘道和內部部署 VPN 閘道的兩個 IP 位址是否在 Azure 和內部部署 VPN 原則中正確設定？
2. 這兩個閘道上的預先共用金鑰是否相同？
3. 我們是否已套用任何特定的 IPsec/IKE 設定，例如加密或雜湊對數？
4. 如果是，請檢查兩個閘道上的組態是否相符。

當我們發出命令以重新開機時，其不應該花費超過一分鐘的時間，但是如果問題未解決，而且我們發出命令來重新開機第二次，則最多可能需要 45 分鐘的時間。如果問題在兩次重新開機後仍存在，則應該使用 Azure 入口網站引發服務票證，重設可以透過入口網站或使用 PowerShell 進行啟動，請注意連線重設不會重新開機閘道，只會重設選取的連線。

BGP 主要是選擇性功能，其能夠與 Azure 路由型閘道搭配使用，BGP 具有在網際網路上使用的相同技術，但位於 Azure 內，這能夠讓 Azure VPN 閘道和任何已連線的內部部署閘道結算所使用 IP 範圍的相關資訊，我們主要透過下列檢查清單對 BGP 連線進行疑難排解：

1. 我們是否已在虛擬網路閘道上建立自發系統號碼（AS），以利啟用 BGP ？
2. 在 Azure 中，針對虛擬網路的「概觀」區段，檢查系統是否支援 BGN，如果 SKU 是基本的，則必須將它調整大小為 VpnGw1，然後新增 AS 編號。
3. 我們是否使用 PowerShell 來提供具有 AS 號碼和 BGP 對等位址的局域網路閘道？
4. 是否已啟用連線閘道 BGP ？

當我們需要開始部署 VPN 時，將會需要不同的 Azure 資源，請對照參考下面內容及右圖對應編號。

1. 虛擬網路：主要部署具有足夠位址空間的虛擬網路，以利提供 VPN 閘道所需要的子網路使用，請注意此虛擬網路的位址空間不能夠與將會連線的內部部署網路重疊，並且我們只能夠部署單一 VPN 閘道。
2. 閘道子網路：主要為 VPN 閘道部署子網路，至少需要使用 /27 位址遮罩，以利確保在子網路中提供足夠的 IP 位址來因應未來的成長，請注意我們將無法將此子網路用於其它服務。
3. 公開 IP 位址：主要是為內部部署 VPN 裝置提供路由傳送的公開 IP 位址，此 IP 位址是動態的目標，請注意除非我們將 VPN 閘道刪除之後，再重新建立，否則將不會被進行變更。
4. 區域網路閘道：主要定義內部部署網路的設定，像是 VPN 閘道將會連線的位置和對象，此設定主要包括內部部署 VPN 裝置的公開 IP 位置，以及內部部署路由傳送的網路，VPN 閘道將會使用區域網路閘道資訊，透過 VPN 通道將路由傳送至內部署網路中。
5. 虛擬網路閘道：主要在虛擬網路和內部部署資料中心或其它虛擬網路之間透過路由進行傳送。
6. 連線：主要建立連線資源，在 VPN 閘道和區域網路閘道之間建立連線。

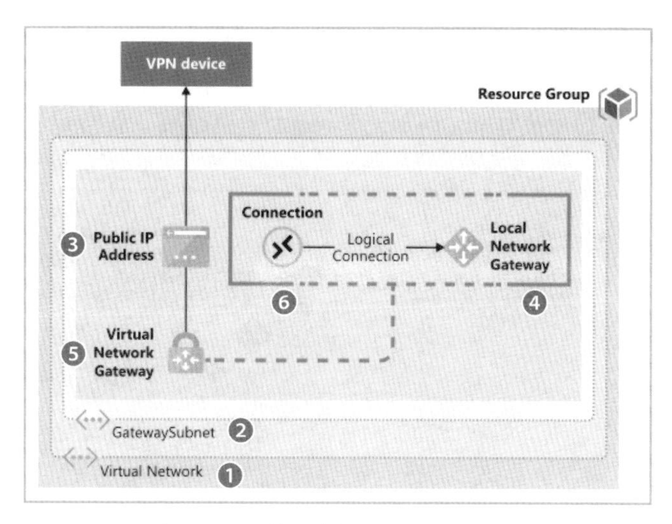

▲ 在 Azure 雲端平台部署 VPN 設定示意圖

如果我們需要將資料中心連線至 VPN 閘道，則我們將會需要一個支援原則型或路由型 VPN 閘道的 VPN 裝置，以及一個公開網際網路對應的 IP 位址。此外我們透過兩種方式來確保容錯設定，分別為「使用中 / 待命」和「主動 / 主動」，VPN 閘道預設將會以「使用中 / 待命」的設定為主。

所謂主動 / 待命的設定主要是部署為兩個執行個體，當計劃性維護或非計劃性中斷影響到使用中的執行個體時，待命的執行個體就會自動負責連線的相關工作，請注意對於計劃性維護來說，通常會在幾秒內還原，但是對於非計劃性中斷來說，則會在 90 秒內還原，請參考下圖。

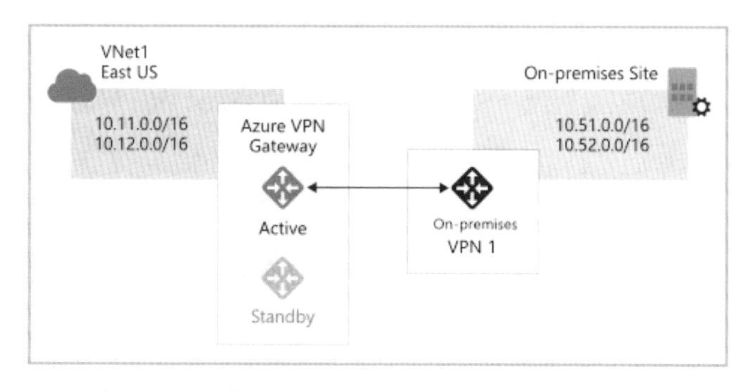

▲ 在 Azure 雲端平台部署 VPN 設定示意圖（主動 / 待命）

所謂主動 / 主動的設定主要是部署為每個執行個體指派唯一的公用 IP 位址，接著我們將會建立從內部部署裝置到每個 IP 位址的個別通道，此時我們將能夠藉由在內部部署環境中部署額外的 VPN 裝置來擴展高可用性，請參考下圖。

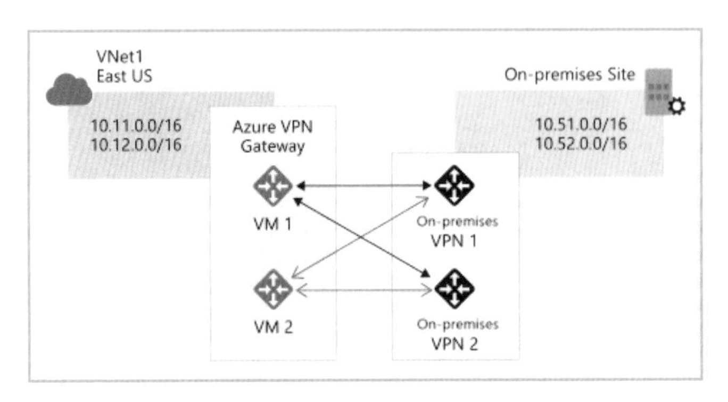

▲ 在 Azure 雲端平台部署 VPN 設定示意圖（主動 / 主動）

IPsec 和 IKE 通訊協定標準支援各種不同的密碼編譯演算法的各種組合，在使用這些原則時，請注意下列重要事項：

1. IPsec/IKE 原則只適用於 Standard 和 HighPerformance（路由式）閘道 SKU。
2. 只能針對給定的連線指定一個原則組合。
3. 必須同時對 IKE（主要模式）和 IPsec（快速模式）指定所有的演算法和參數，系統不允許只指定一部分原則。
4. 請洽詢 VPN 裝置廠商規格，確認內部部署 VPN 裝置是否支援此原則。

至於我們要如何建立和設定 IPsec/IKE 原則，並且將其套用至新的或現有的連線，請遵循以下步驟來設定站對站（S2S）VPN 連線的 IPsec/IKE 原則，分別為：

1. 建立並設定 IPsec/IKE 原則。
2. 使用 IPsec/IKE 原則建立新的站對站 VPN 連線：
   - 步驟 1 - 建立虛擬網路、VPN 閘道和局域網路閘道。
   - 步驟 2 - 使用 IPsec/IKE 原則建立站對站 VPN 連線。
3. 更新連線的 IPsec/IKE 原則。

此外另一個高可用性選項主要是將 VPN 閘道設定為 ExpressRoute 連線的安全容錯移轉路徑，所謂 ExpressRoute 將能夠讓我們藉由連線提供者的協助，透過私人連線將內部部署網路延伸至 Microsoft 雲端，我們透過 ExpressRoute 就能夠建立 Microsoft 雲端服務的連線，像是 Microsoft Azure 和 Microsoft 365，ExpressRoute 連線不會透過公開網際網路。

相較於一般網際網路連線，這將能夠讓 ExpressRoute 連線提供更高的可靠性、更快的速度、一致的延遲和更高的安全性。

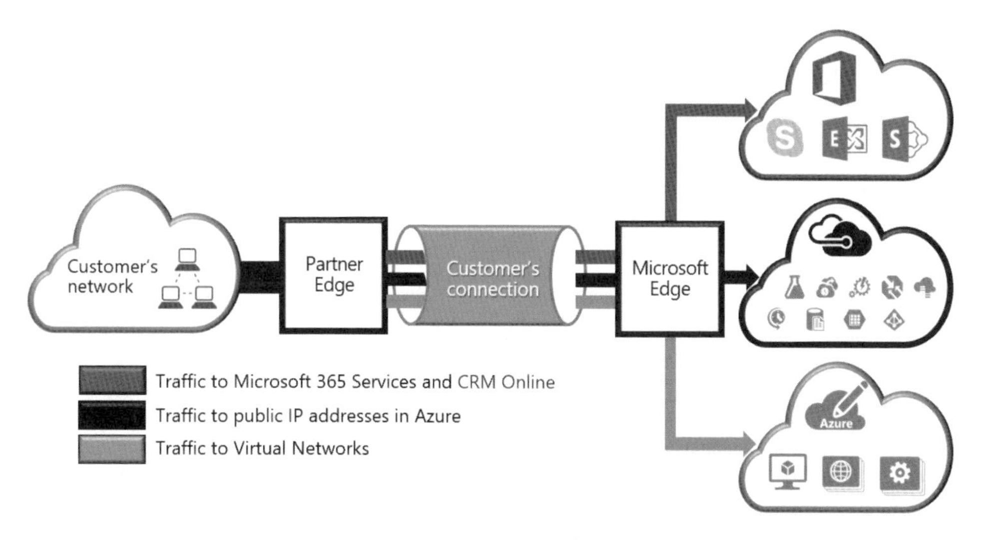

▲ ExpressRoute 示意圖

ExpressRoute 主要能夠為了企業提供最佳的網路效能，我們將著重於 OSI 七層模型中的第二層和第三層，所謂第二層主要是資料連結層，其能夠在相同網路上的兩個節點之間提供節點對節點的通訊，所謂第三層主要是網路層，其能夠在多個節點網路上的節點之間提供位址和路由進行傳送。

當我們透過 ExpressRoute 來進行 Azure 雲端服務與內部部署網路之間連線服務時，則有許多不同的優點，分別為只需透過乙太網路交換經由虛擬交叉連接就能夠進行連線，跨地理區域連線至 Azure 雲端服務，透過邊界閘道協定（BGP）進行動態路由，並且每個對等址皆內建備援性和可靠性，所有備連線皆設定了第三層，以利符合服務等級協定，請參考下圖。

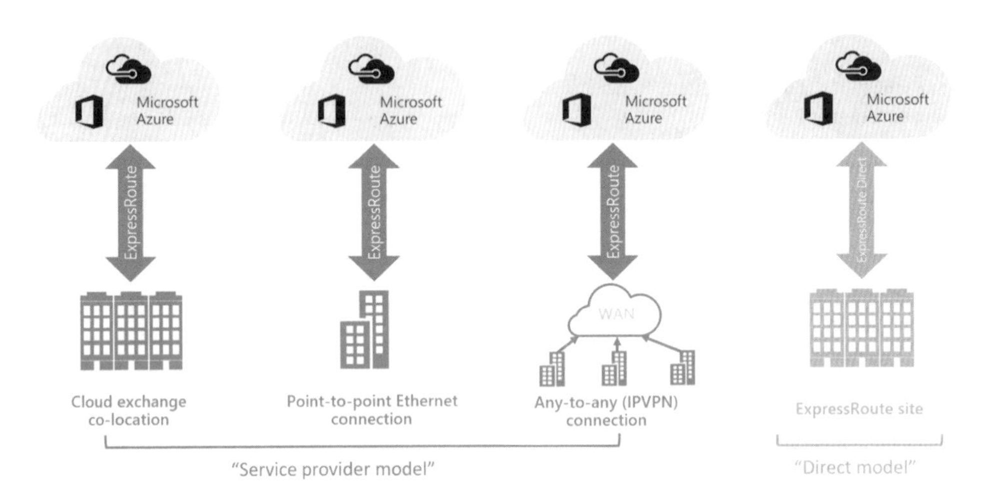

▲ ExpressRoute 連線模型

ExpressRoute 主要支援以下模型將本地端的網路連線至 Azure 雲端平台，分別為：

1. Cloud exchange co-location：主要是在基礎結構之間提供第二層和第三層的連線，如果我們資料中心共置於網際網路服務提供商（ISP），則我們將能夠要求與 Azure 雲端平台的虛擬交叉連線。

2. Point-to-point Ethernet connection：主要是在內部部署網站和 Azure 雲端平台之間提供第二層和第三層的連線，此時我們能夠透過點對點乙太網路連線方式將內部部署的資料中心連線至 Azure 雲端平台。

3. Any-to-any connection：主要透過任意對任意連線方式，透過廣域網路（WAN）與 Azure 雲端平台進行連線，當我們透過廣域網路連線之後，就像資料中心與任何分公司之間的連線一樣，請注意廣域網路連線主要提供第三層連線能力。

4. ExpressRoute site：主要透過策略性分散於世界各地的對等互動位置，直接連線至 Azure 雲端平台的全球網路，並且提供 100 Gbps 或 10 Gbps 連線，以及支援大規模主動 / 主動連線。

最後當我們使用 ExpressRoute 時，資料將不會透過公開網際網路進行傳輸，而是從內部部署的基礎結構到 Azure 雲端平台的基礎結構之私人連線，所以不會將機敏資訊在網際網路被中途竊取。

ExpressRoute 主要會透過私人光纖連線來執行，相較於直接透過網際網路連線，透過 ExpressRoute 主要能夠提供更快速的 Azure 連線。在使用 ExpressRoute 之前，我們必須先有作用中的 Microsoft Azure 帳戶，如果我們也想要連線到 Microsoft 365 服務，則至少需要一個 Microsoft 365 帳戶，不過 Microsoft 365 已針對透過網際網路進行連線優化，因此僅適用於特定案例。

ExpressRoute 主要會使用虛擬閘道，將 Azure 虛擬網路與內部部署網路連線，虛擬網路閘道主要是部署至閘道子網的兩個或多個虛擬機器，閘道虛擬機器主要包含路由表，並且執行特定的閘道服務，閘道主要有兩種類型，分別為 VPN 和 ExpressRoute，其中 VPN 閘道會透過網際網路傳送加密流量，ExpressRoute 閘道主要會透過私人、未加密的連線傳送流量。

ExpressRoute 主要能夠設定想要使用的閘道 SKU，SKU 是指配置給閘道的頻寬，較高的閘道 SKU 允許更多 CPU 和網路頻寬輸送量，請注意並非所有閘道 SKU 皆能夠升級或降級，如果不支援升級或降級，請刪除並重新建立閘道，並且我們必須先建立包含子網 IP 位址的閘道子網，才能夠建立 ExpressRoute 閘道。當我們設定閘道子網的 IP 位址範圍時，使用 ExpressRoute 閘道和 VPN 閘道並存的設定將需要大型閘道子網，我們也應該確定閘道子網包含足夠的 IP 位址，以利包括未來的其它設定，Microsoft 建議 /27 或更大的閘道子網，當然還有請多的注意事項，分別為：

- 閘道子網僅適用於 ExpressRoute，請勿將任何其它專案指派給閘道子網。
- 其必須命名為 GatewaySubnet。
- 不支援具有 0.0.0.0/0 目的地的使用者定義路由。

- 不支援 GatewaySubnet 上的 NSG。
- 將 BGP 路由傳播 設定為已啟用，否則閘道將無法運作。

當我們建立虛擬網路閘道時，閘道虛擬機器會部署到閘道子網，並使用必要的 ExpressRoute 閘道設定進行設定，至於建立閘道並準備好使用最多可能需要 45 分鐘的時間。

每個 ExpressRoute 線路都可以有 Azure 私人對等互連和 Microsoft 對等互連。Azure 私人對等互連是 Azure 中私人虛擬網路的流量，Microsoft 對等互連是 PaaS 和 SaaS 公用端點的流量，服務提供者主要會設定對等互連，如果入口網站中的對等互連仍然空白，請嘗試使用重新整理從線路提取目前的路由設定。如果對等互連啟用失敗，請檢查指派的主要和次要子網路是否符合連結 CE/PE-MSEE 上的設定，當然也需要檢查 MSEE 上是否使用正確的 VlanId、AzureASN、PeerASN，以及這些值是否對應至連結 CE/PE-MSEE 上使用的項目，如果我們選擇 MD5 雜湊，則 MSEE 和 PE-MSEE/CE 配對上的共用金鑰應該相同，基於安全性考慮，不會顯示先前設定的共用金鑰。當然我們也能夠藉由計算抵達的封包和離開 Microsoft Enterprise Edge（MSEE）裝置來測試私人對等互連連線，透過相關工具我們將能夠回答封包是否進入 Azure 和是否回到我的內部部署網路的問題來確認連線能力，像是透過 Azure 入口網站存取此診斷工具。

非對稱路由是在傳回網路流量採用與原始傳出流程不同的路徑時，像是如果我們有網際網路路徑和進入相同目的地的私人路徑，當我們有多個私人路徑連線到相同的目的地時，也會發生這種情況，至於路徑追蹤主要是確保網路流量會周遊預期路徑的最佳方式。當我們透過 Azure ExpressRoute 連線時，則會有多個 Microsoft 連結，我們有現有的網際網路連線和 ExpressRoute 連線，以 Microsoft 為目標的流量可能會通過網際網路連線，但是會透過 ExpressRoute 連線傳回，以及流量可能會通過 ExpressRoute，但是會透過網際網路路徑傳回。請注意我們能夠從 ExpressRoute 線路收到更特定的 IP 位址，因此當來自於網路的流量前往 Microsoft 以取得透過 ExpressRoute 提供的服務時，流量將會路由傳送至 ExpressRoute 連線。

解決非對稱路由時有兩個選項，分別為使用路由或來源類型 NAT（SNAT），使用路由選項，將我們的公用 IP 位址公告至適當的廣域網路（WAN）連結，像是如果我們要將網際網路用於驗證流量，而 ExpressRoute 用於郵件流量，則不需要透過 ExpressRoute 公告你的 Active Directory 同盟服務（AD FS）公用 IP 位址。此外請務必不要將內部部署 AD FS 伺服器公開至路由器透過 ExpressRoute 接收的 IP 位址，透過 ExpressRoute 接收的路由更具體，因此 ExpressRoute 成為 Microsoft 驗證流量的慣用路徑。

若要使用 ExpressRoute 進行驗證，請在沒有 NAT 的 ExpressRoute 上公告 AD FS 公用 IP 位址，這會將來自 Microsoft 的流量透過 ExpressRoute 傳送至內部部署 AD FS 伺服器，從我們前往 Microsoft 的網路傳回流量將會使用 ExpressRoute，因為它主要是透過網際網路的慣用路由。使用 SNAT 來防止非對稱式路由，像是如果我們想要透過網際網路傳送 SMTP 流量，請勿透過 ExpressRoute 公告內部部署 SMTP 伺服器的公用 IP 位址，因為源自於 Microsoft 的要求，其將會前往你的內部部署 SMTP 伺服器周遊網際網路，我們主要會對內部 IP 位址的連入要求進行 NAT 處理，SMTP 伺服器的傳回流量會移至 NAT 而不是透過 ExpressRoute 使用的邊緣防火牆，以利確保傳回流量將會採用網際網路的路徑。

當我們在 ExpressRoute 線路上設定對等互連時，邊緣路由器會透過連線提供者建立一對邊界閘道通訊協定（BGP）工作階段，此時不會向網路公告任何路由。如果要啟用路由公告到網路，則我們必須設定路由篩選準則。路由篩選將能夠讓我們識別想要取用的服務，這是允許的 BGP 社群值清單。定義路由篩選資源，並且附加至 ExpressRoute 線路之後，對應至 BGP 社群值的所有前置詞都會公告至網路。

針對備援設定進行疑難排解，此時每一個 ExpressRoute 線路都有一對備援的交叉連線，以利確保高可用性，如果其中一個交叉連線失敗，我們就不會失去連線能力。備援連線提供連線能力，以及高可用性。至於每一個 Azure VPN 閘道都是由兩個執行實體所組成，兩個執行實體皆處於作用中 - 待命狀態，當作用中執行實體發生維護或非計劃性中斷時，待命執行實體會自動接管容錯移轉。

針對路由更新進行疑難排解，此時網路路由是網路流量判斷其到達目的地路徑的方式，其中路由表可用來列出網路拓撲資訊來協助判斷路由路徑，如果我們的虛擬網路包含網路虛擬裝置（NVA），則我們必須手動設定及更新路由表。Azure 路由伺服器主要能夠讓我在虛擬網路中設定、維護及部署 NVA，路由伺服器也會讓虛擬網路位址資訊保持最新狀態，路由伺服器可消除維護路由表的系統管理負載。當然我們也能夠定義覆寫 Azure 預設路由的靜態路由，或者我們能夠將其它路由新增至子網的路由表中，我們也能夠建立使用者定義的路由，或交換邊界閘道通訊協定（BGP）內部部署網路閘道與 Azure 虛擬網路閘道之間的路由來產生自訂路由，如果要針對路由更新進行疑難排解，請嘗試下列動作：

1. 請勿將虛擬裝置部署在與路由表相同的子網路中，以路由傳送流量。這可能會導致路由迴圈，這表示流量永遠不會離開子網路。
2. 請確定下一個躍點私人 IP 位址具有直接連線能力，而不需要透過 ExpressRoute 閘道或 Virtual WAN 路由，將下一個躍點設定為沒有直接連線的 IP 位址會導致使用者定義路由設定無效。

最後如果我們需要針對 ExpressRoute 的延遲問題進行疑難排解，Azure 連線工具組包含名為 iPerf 的工具，我們主要能夠藉由將檔案複製至資料夾中，以利使用 iPerf 工具進行基本效能測試。如果效能測試未提供我們預期的結果，則請使用逐步程式來解決問題。

首先，如果我們有 1 TB ExpressRoute 線路和 100 毫秒的延遲，則由於 TCP 在高延遲連結的特性下，預期完整的 1 TB 流量並不合理。其次，從路由網域之間的邊緣開始，嘗試將問題隔離到單一主要路由網域，我們能夠從公司網路、WAN 或 Azure 網路開始，請確定你有合理的原因連絡服務提供者或 ISP，因為這在我們控制之外，當你識別出似乎包含問題的主要路由網域時，請建立圖表，查看圖表中的區域可讓你透過規劃要測試的點，以利有方法地運作，將網路分割成區段，以縮小問題範圍，並在你取得結果時更新圖表。此外別忘了查看其它層的 OSI 模型，將焦點放在網路和第 1 層至第 3 層，也就是實體層、資料層和網路層，但是問題可能位於應用層的第 7 層的應用層。請保持開放的心態，並且進行假設的驗證。

請注意端點之間的地理延遲是延遲的最大元件，其主要涉及具有實體和虛擬元件的設備等待時間，以及躍點數目，但是地理已顯示對處理 WAN 連線時的整體延遲產生更大的影響，請記住光纖執行的距離不是直線或藍圖距離。使用城市距離計算機，雖然不正確，但足夠好。

閘道傳輸主要是一個對等互連屬性，其主要能夠讓虛擬網路在對等互連虛擬網路中使用 VPN 閘道，以利進行 VNet 對 VNet 連線，閘道傳輸如何與虛擬網路對等互連搭配運作，請參考下圖。

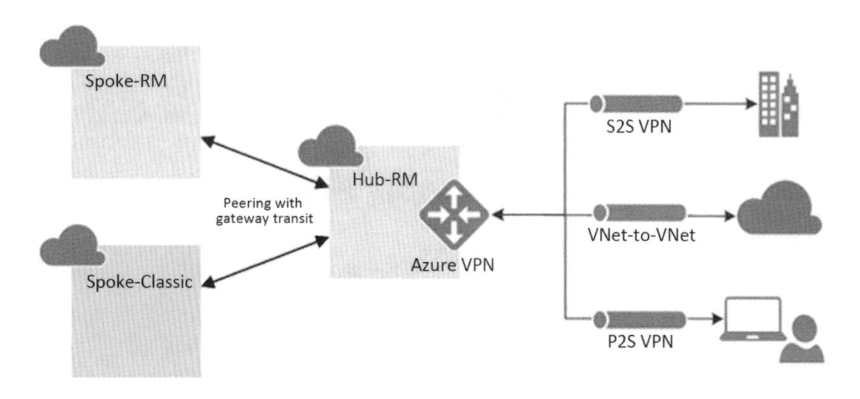

▲ 虛擬網路進行對等連接示意圖

為虛擬網路建立全域的對等互連時，主要會受到下列限制：

- 一個虛擬網路中的資源無法與全域對等互連虛擬網路中基本 ILB 的前端 IP 位址通訊。
- 使用基本負載平衡器的某些服務無法透過全域虛擬網路對等互連運作。

如果要針對 VPN 閘道傳輸問題進行疑難排解，請嘗試下列動作：

- 如果輪輻虛擬網路已經有 VPN 閘道，則輪輻虛擬網路不支援使用遠端閘道選項，因為對等互連限制。
- 針對相同區域中輪輻虛擬網路之間的中樞輪輻網路連線問題，中樞網路必須包含 NVA，在輪輻中設定 NVA 設定為下一個躍點的 UDR，並且啟用允許中樞虛擬網路中的轉送流量 。

使用中樞和輪輻設定時，中樞虛擬網路會作為許多輪輻虛擬網路的連線中心點，中樞也可以用來作為內部部署網路的連線點，支點是與中樞對等互連的虛擬網路，其主要能夠用於工作負載的隔離。

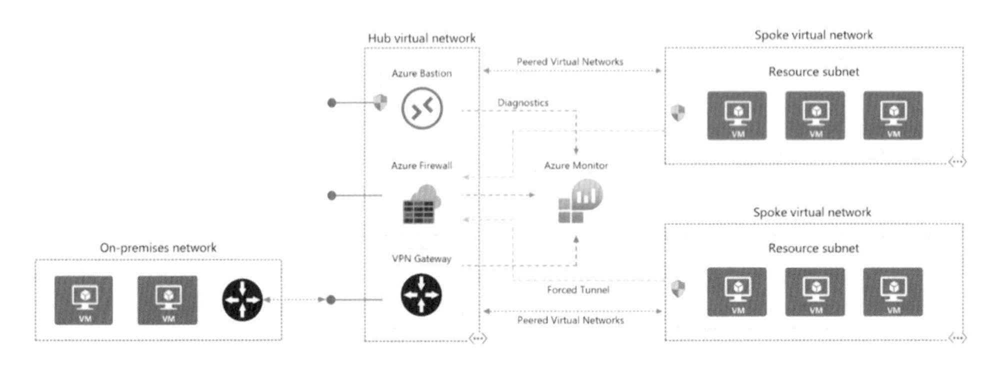

▲ 網路中樞輪輻虛擬網路連線示意圖

針對中樞輪輻虛擬網路與內部部署資源之間的連線進行疑難排解，如果我們的網路使用協力廠商 NVA，請檢查下列項目，分別為：

1. 軟體更新。
2. 服務帳戶的設定和功能。
3. 虛擬網路子網路上將流量導向至 NVA 的使用者定義路由（UDR）。
4. 虛擬網路子網路上從 NVA 導向流量的 UDR。
5. NVA 內的路由表和規則（例如，從 NIC2 到 NIC1）。
6. 追蹤 NVA NIC 以確認是否接收和傳送網路流量。
7. 使用標準 SKU 和公用 IP 時，必須建立 NSG 和明確規則，以允許將流量路由傳送至 NVA。
8. Azure 上 NVA 的最低設定。

如果我們網路使用 VPN 閘道，請檢查下列各項：

- 閘道必須位於 Resource Manager 模型中的虛擬網路中。
  如果我們的網路未使用協力廠商 NVA 或 VPN 閘道，中樞虛擬網路和輪輻虛擬網路是否有 VPN 閘道？如果輪輻虛擬網路已有 VPN 閘道，則輪輻虛擬網路不支援「使用遠端閘道」的選項，這是因為有虛擬網路對等互連限制。

如果需要站對站或 Azure ExpressRoute 連線，請檢查下列從內部部署連線到遠端。虛擬網路的連線問題原因：

- 如果虛擬網路有閘道，請確認已選取「允許轉寄的流量」核取方塊。
- 如果虛擬網路沒有閘道，請確認已選取「使用遠端閘道」核取方塊。
- 要求網路系統管理員檢查你的內部部署裝置，以確認它們都已新增遠端虛擬網路位址空間。

針對點對站連線：

- 在具有閘道的虛擬網路上，確認已選取「允許轉送的流量」核取方塊。
- 在沒有閘道的虛擬網路上，確認已選取「使用遠端閘道」核取方塊。
- 下載並重新安裝點對站用戶端套件，新建立的對等互連虛擬網路路由並不會自動新增點對站用戶端的路由。

從來源虛擬機器到目的地虛擬機器使用連線疑難排解和 IP 流量驗證，以利判斷是否有 NSG 或 UDR 造成流量的流動受到干擾。如果我們使用防火牆或 NVA，則建議記錄 UDR 參數，以利能夠在完成此步驟之後將這些參數還原。從指向 NVA 以作為下一個躍點的來源虛擬機器子網路或 NIC 中移除 UDR，以及確認能否從來源虛擬機器直接連線到略過 NVA 的目的地。此外我們也能夠進行網路追蹤，主要就是在目的地虛擬機器上啟動網路追蹤，並且針對 Windows 使用 Netsh。針對 Linux 使用 TCPDump，從來源執行 TcpPing 或 PsPing 到目的地 IP 進行網路流量的追蹤和分析，當執行完成相關工具之後，請停止目的地上的網路追蹤，如果封包從來源抵達，就表示沒有網路問題，此時檢查虛擬機器防火牆和在該連接埠上接聽的應用程式，以利找出設定問題。

針對 VNet 對 VNet 連線進行疑難排解，我們主要透過檢查閘道是否已使用動態路由來設定，而不是靜態路由，因為不支援靜態路由，以及檢查 VPN 連線數目，針對基本和標準動態路由閘道，特定 VNet 可以連線到的最大 VPN 連線數目和 VNet 目前為 10。這是高效能閘道的 30 個，再來檢查這兩個 VNet 上的位址前置詞，以利確保兩個 VNet 之間沒有位址空間重疊。

針對服務鏈結進行疑難排解，我們主要透過使用者定義的路由，將流量從一個虛擬網路傳送至對等互連網路中 NVA 的能力，在對等互連虛擬網路中，我們能夠設定使用者定義的路由，以利指向虛擬機器作為下一個躍點 IP 位址，我們必須設定路由表，並且將它與子網產生關聯，當然我們也能夠使用 PowerShell 中的 tracert 工具來測試網路流量的路由。

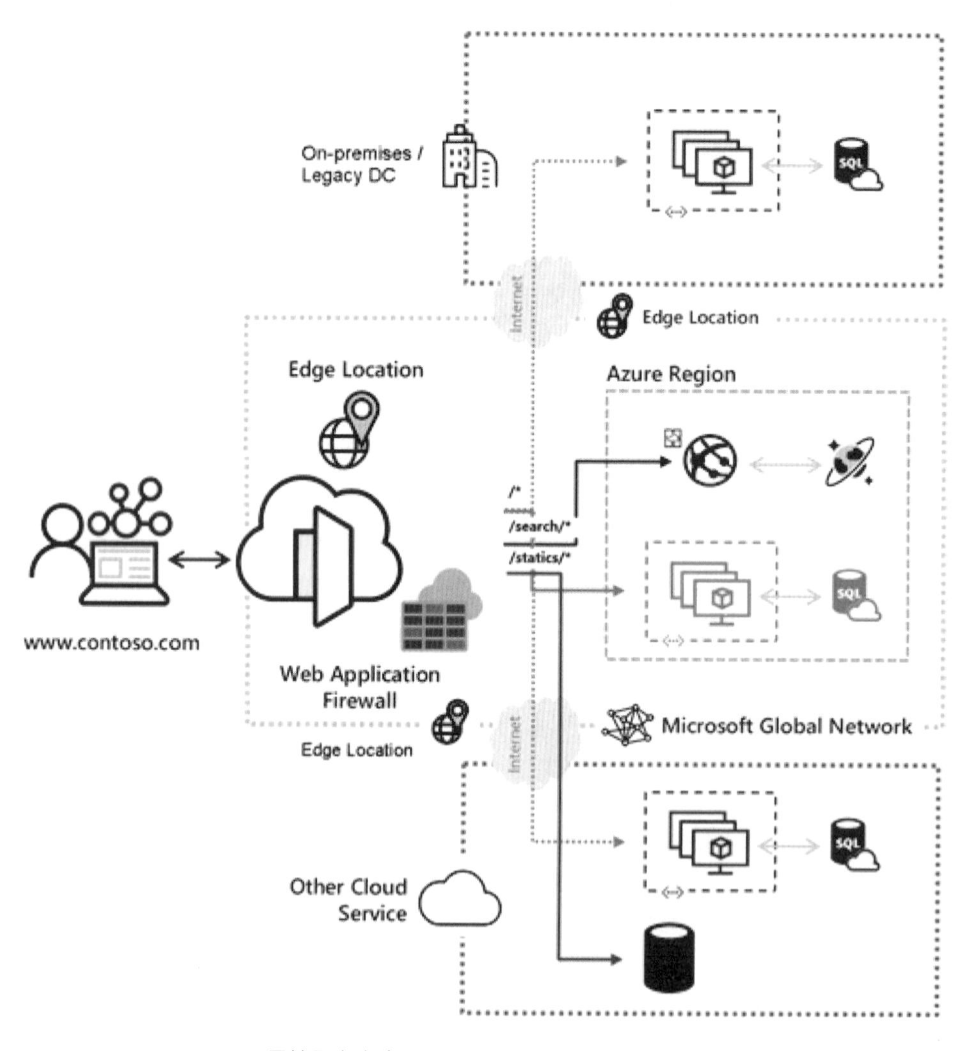

▲ Azure 雲端平台之應用程式防火牆 Azure Front Door 示意圖

無論我們是要傳送內容和檔案，還是需要建立應用程式和 API，此時我們皆能夠透過 Azure Front Door。所謂 Azure Front Door 主要是雲端內容傳遞網路（CDN），同時其也是應用程式傳遞網路（ADN）服務，能為應用程式提供各種第七層負載平衡功能，並且提供動態網站加速（DSA），以及具有近乎即時容錯移轉的全域負載平衡。我們能夠在使用者與全球應用程式的靜態和動態網站內容之間提供快速、可靠和安全的存取，其主要會使用全域邊緣網路提供內容，其中包括數百個全域和本機 POP 在世界各地，同時這是高度可用且可調整的服務，其完全由 Azure 管理，請參考上圖。

Azure 主要提供負載平衡解決方案，流量管理員主要透過使用 DNS 為任何協定將用戶端請求重定向到最合適的終結點，來提供高可用性和快速回應時間，Front Door 主要透過對 HTTP 請求使用代理，來提供高可用性和快速回應時間，流量管理器和 Front Door 在網路和傳輸層實現負載平衡。應用程式閘道在應用程式層實現負載平衡，而不是在網路和傳輸層。這代表著可以基於傳入 URL 路由流量，像是我們可以將包含 /web 的 URL 的流量路由到一組特定伺服器。負載平衡器主要在網路層和傳輸層工作，以利為使用任何協定的入站和出站流量提供內部和外部負載平衡，每個負載平衡解決方案需要不同的故障排除步驟。

若要測試 Azure 流量管理器設置是否正確，需要在多個位置具有多個客戶端，隨後可以使用以下步驟驗證 DNS 解析是否可進行故障轉移：

1. 透過執行 ipconfig /flushdns 更新 DNS 快取。
2. 為公司網域運行 nslookup，以利驗證它是否解析為主終結點。
3. 關閉主終結點，等待流量管理器設定檔的存留時間，並且多等待兩分鐘。
4. 透過執行 ipconfig /flushdns 刷新 DNS 快取。
5. 重複 nslookup 請求，並且驗證它是否解析為輔助終結點。
6. 對每個終結點重複這些步驟。

此外還能夠測試加權流量路由，具體方法是使所有終結點都啟動，重複刷新快取並運行 nslookup，以利驗證流量是否循環通過每個終結點，以及能夠透過從不同的地理位置進行連接並測試 nslookup 是否回傳相應的終結點來測試效能路由。

Azure 負載平衡器使用運行狀況探測來檢測實例是否正常，如果執行狀況探測無法建立連線，則負載平衡器將會停止向該執行實體發送連線，如果負載平衡器集中的虛擬機器未回應執行狀況探測，則該怎麼辦？此時可能會有多種可能的原因：

1. **後端集區中的虛擬機器未處於正常狀態**

   若要解決此問題，請登入參與的 VM，檢查 VM 的健康狀態是否良好，而且可以從集區中的另一個 VM 回應 PsPing 或 TCPing。如果 VM 的健康狀態不良，或無法回應探查，你必須修正問題並且讓 VM 回復健康狀態，VM 才能再參與負載平衡。

2. **負載平衡器後端集區 VM 未接聽探查連接埠**

   從後端的虛擬機器執行行 netstat -an，檢查正確的連接埠是為為 LISTENING，必須將後端的虛擬機器和負載平衡器設定為使用相同的連埠。

3. **防火牆或網路安全性群組封鎖負載平衡器後端集區 VM 上的連接埠**

   如果後端的虛擬機器和負載平衡器在使用相同的連接埠，請驗證防火牆或網路安全群組是否未阻止此連接埠。

4. **負載平衡器中的其他設定錯誤**

   如果前面的測試全部成功，請分析網路中來自負載平衡器後端集區多個虛擬機器的傳入和傳出資料封包，以利嘗試隔離問題。

負載平衡器通常用於平均分配流量，然而如果發現負載平衡器進行的流量分配不平均時，則主要有兩個原因，分別為：

1. **工作階段持續性已打開**

   工作階段持續性會讓每個客戶端和伺服器配對持續存在，因此負載平衡不會按預期方式執行。

2. **客戶端在代理伺服器的後面**

   代理伺服器能夠讓多個客戶端顯示為單個客戶端，因此負載平衡不會按預期方式執行。

如果負載平衡後端集區中的 VM 看上去正常，但是沒有回應請求，則可能有多種原因，分別為：

1. 後端集區中的 VM 可能未偵聽正確的連接埠，或者該連接埠可能未打開。
2. 網路安全群組將可能會阻止連接埠。
3. 後端集區中的 VM 上的應用程式嘗試透過同一網路介面存取另一個應用程式。
4. 後端集區中的 VM 在嘗試通過負載平衡器存取資源。

此外當負載平衡器用於外部連線時，應該要注意連接埠的耗盡，其主要有 64,000 個連接埠可用，但是在使用負載平衡器時，每個連接都使用 8 個埠，所以如果有許多後端執行實體，則可能會耗盡可用連接埠。

如果將 Azure Front Door 用於負載平衡，並且要對常見路由問題進行故障排除，此時首先請求 Front Door 回傳附加除錯 HTTP 回應標頭，其主要能夠用於 Azure Front Door 的一些回應進行測試。當我們收到 503 狀態代碼代表著常規請求會在不經過 Azure Front Door 的情況下到達後端。若要解決此問題，請設定終結點的來源回應超時，並且延長預設超時，後端伺服器回傳的憑證與 Azure Front Door 後端集區完全限定的網域名稱無法進行對應。將請求發送到自定義網域時。當我們收到 400 狀態代碼代表著在將自定義網域增加為前端主機時，尚未為該網域建立路由規則。當我們收到 411 狀態代碼代表著 HTTP 請求不完全符合 RFC 時，會生成這些狀態代碼。

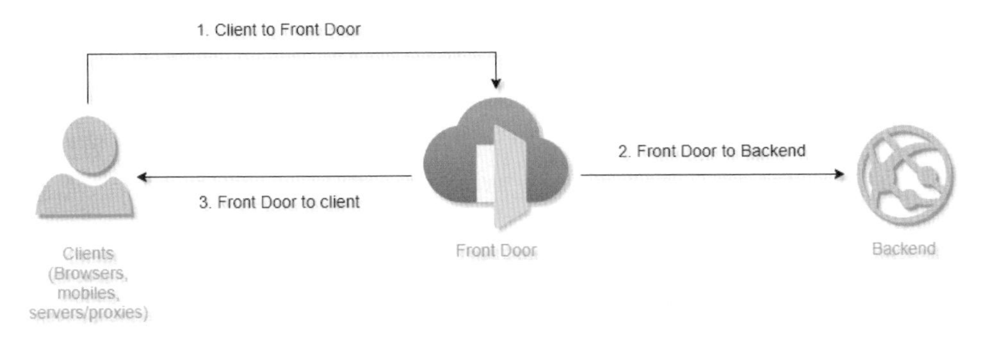

▲ Front Door 雲端服務示意圖

Azure 流量管理員使用六種流量路由方法。這些方法為優先順序、加權、效能、地理、多值和子網，如果選擇不正確的流量路由方法，則可能將會無法實現預期行為，針對任何設定檔，流量管理員會將其相關的流量路由方法套用至它收到的每個 DNS 查詢，流量路由方法決定 DNS 回應中傳回哪一個端點，流量管理員可提供下列流量路由方法：

1. 優先順序：當我們想要擁有所有流量的主要服務端點時，請選取優先順序路由，我們能夠提供多個備份端點，以防主要或其中一個備份端點無法使用。
2. 加權：當我們想要根據其權數將流量分散到一組端點時，請選取加權路由，設定相同的加權以平均分散至所有端點。
3. 效能：當你有不同地理位置的端點時，請選取效能路由，而且我們希望終端使用者針對最低的網路延遲使用最接近的端點。
4. 地理：當你有不同地理位置的端點時，選取地理路由，根據使用者 DNS 查詢的來源，將使用者導向特定端點，透過此路由方法，將能夠讓我們符合資料主權要求、內容和使用者體驗的當地語系化，以及測量來自不同區域的流量。
5. 多重值：針對流量管理員設定檔選取多重值，其只能將 IPv4/IPv6 位址當作端點，當系統收到此設定檔的查詢時，會傳回所有狀況良好的端點。
6. 子網路：選取子網路流量路由方法，將使用者 IP 位址範圍集對應至特定端點，當收到要求時，將會傳回的端點會是對應至該要求來源 IP 位址的端點。

所有流量管理員設定檔都有端點的狀況監控和自動容錯移轉，在流量管理員設定檔中，我們一次只能設定一個流量路由方法，但是我們能夠隨時為設定檔選取不同的流量路由方法。並且變更將會在一分鐘內套用，完全不會停機，我們將能夠使用巢狀流量管理員設定檔來結合流量路由方法，巢狀設定檔可讓複雜的流量路由設定符合較大且複雜應用程式的需求。

若要針對應用程式或組織的需求微調嚴格的 Open Web Application Security Project（OWASP）法規，則 WAF 能夠協助我們自訂或停用規則，或者建立可能造成問題或誤判的排除，原則的變更只會影響特定網站，並且不會影響其它沒有相同問題的網站，WAF 記錄會符合或封鎖之所有已評估要求的語句，如果注意到誤判為真，當 WAF 封鎖不應該的要求時，則我們能夠尋找特定要求、檢查記錄以尋找要求的特定網站、時間戳記或交易識別碼和修正誤判。

OWASP 主要會使用異常評分模式來決定是否封鎖流量，在異常評分模式中，當防火牆處於防止模式時，不會立即封鎖符合任何規則的流量。規則具有特定準則，分別為重大、錯誤、警告或通知，其中每一個都有與其相關聯的數值，稱為異常分數，數值表示要求的嚴重性。如果要修正誤判，並且避免封鎖流量的問題，我們能夠使用排除清單，使用排除清單僅適用於要求的特定部分，或者正在停用的規則集。我們能夠決定排除特定條件，而不是排除整個要求，在全域設定環境中，特定排除範圍會套用至透過 WAF 的所有流量。

點對站（P2S）VPN 連線是由單一端點起始，當我們想要從遠端位置連線到 VNet 時很有用，當我們只有少數用戶端需要連線到 VNet 時，點對站是較佳的選項，P2S 連線不需要 VPN 裝置或公用網路或 IP 位址。P2S VPN 支援安全通訊端通道通訊協定（SSTP）和 IKEv2，我們能夠透過點對站連線，安全地將執行 Windows、Linux 或 macOS 的不同用戶端連線到 Azure VNet。

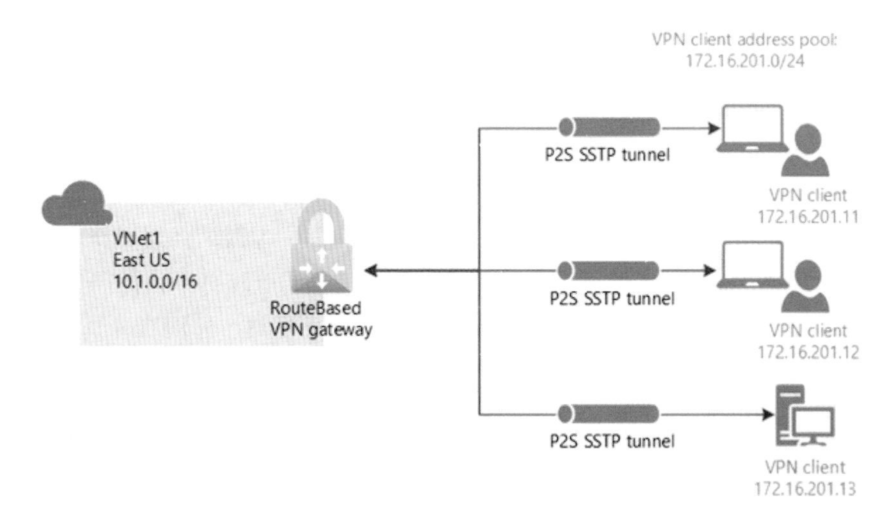

▲ VPN 安全連線示意圖

如果要使用 Azure 憑證設定點對站連線，則我們需要：

1. 新增 VPN 用戶端位址集區。
2. 指定通道類型和驗證類型。
3. 上傳根憑證公開金鑰資訊。
4. 安裝匯出的用戶端憑證。
5. 設定 VPN 用戶端的設定。
6. 連接到 Azure。

如果你無法透過 VPN 連線到虛擬機器，請閱讀下列內容：

1. 檢查你的 VPN 連線是否成功。
2. 請確定你正在連線到 VM 的私人 IP 位址。
3. 如果你可以使用私人 IP 位址連線到 VM，但是無法連線到電腦名稱，請檢查 DNS 設定。
4. 如需 RDP 連線的詳細資訊。
5. 請確認 VPN 用戶端設定套件是在針對 VNet 指定的 DNS 伺服器 IP 位址之後產生。如果你已更新 DNS 伺服器 IP 位址，請產生並安裝新的 VPN 用戶端設定套件。
6. 確定沒有重疊的位址空間，像是如果 IP 位址位於你要連線之 VNet 的位址範圍內，或者在 VPNClientAddressPool 的位址範圍內，使用「ipconfig」來檢查指派給你要連線之電腦上的乙太網路卡的 IPv4 位址。

Azure Private Link 將能夠讓我們存取各項 Azure PaaS 服務，並且透過虛擬網路中的私人端點載入 Azure 的客戶擁有 / 合作夥伴服務。虛擬網路與服務之間的流量主要會經由 Microsoft 骨幹網路進行傳輸，此時我們服務將不會再需要向公用網際網路進行公開，同時 Azure Private Link 提供以下優點，分別為：

1. 私下存取 Azure 平台上的服務：將你的虛擬網路連線至 Azure 中的服務，而不需要來源或目的地的公用 IP 位址。服務提供者可以在自己的虛擬網路中呈現其服務，而取用者可以在其本機虛擬網路中存取這些服務。Private Link 平台會透過 Azure 骨幹網路處理取用者與服務之間的連線。

2. 內部部署及對等互連的網路：使用私人端點透過 ExpressRoute 私人對等互連、VPN 通道及對等互連虛擬網路，從內部部署裝置存取在 Azure 中執行的服務。無須設定 ExpressRoute Microsoft 對等互連或經由網際網路來存取服務。Private Link 可安全地將工作負載遷移至 Azure。

3. 防止資料外洩：私人端點會對應到 PaaS 資源的執行個體，而不是整個服務。取用者只能連線至特定資源。服務中任何其他資源的存取都會遭到封鎖。此機制可防範資料外洩風險。

4. 觸及全球：私下連線至其他區域中執行的服務。取用者的虛擬網路可能在區域 A 中，但可以連線至區域 B 中 Private Link 後方的服務。

延伸至我們自己的服務：啟用相同的體驗和功能，將你的服務私下呈現給 Azure 中的取用者，藉由將服務放在標準 Azure Load Balancer 後方，我們就可以將其用於 Private Link。然後，取用者就可以使用本身虛擬網路中的私人端點，直接連線至你的服務。你可以使用核准呼叫流程來管理連線要求，Azure Private Link 可用於屬於不同 Azure Active Directory 租用戶的取用者和服務。

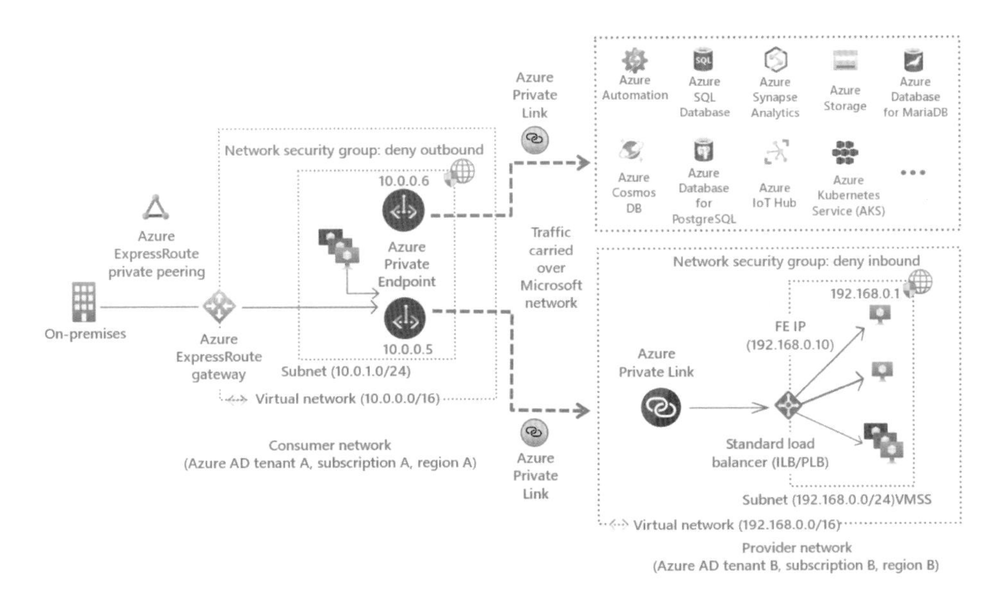

▲ Azure 雲端平台之私有連線 Private Link 示意圖

所謂私人端點主要是使用虛擬網路私人 IP 位址的網路介面，此網路介面安全地連線到由 Azure Private Link 提供的服務，並且藉由啟用私人端點，將服務帶入虛擬網路中。Hub and Spoke 主要是 Azure 雲端服務中主要使用的網路拓撲，此拓撲適用於更有效率地管理通訊服務，並且符合大規模的安全性需求，然而內部部署使用者如何連線到虛擬網路，並且使用 Private Link 來存取 Azure 雲端平台的資源呢？請參考上一頁的示意圖。

我們主要能夠在 Hub and Spoke 中部署私人端點，幾個因素將會決定每個情況中最適合部置在 Hub 或 Spoke 中，我們主要會考慮以下的幾個問題，分別為：

1. 有使用 vWAN 拓撲的網路連線解決方案嗎？
2. 有使用網路虛擬裝置或防火牆進行流量分析嗎？
3. 有需要從內部部署系統使用私人端點嗎？

簡單來說，如果有使用 vWAN 拓撲的網路連線解決方案，則主要會放置於 Spoke，反之將會放置於 Hub，此外需要從內部部署系統使用私人端點，並且是單一應用程式存取，則主要會放置於 Spoke，反之將會放置於 Hub 中，請參考下圖。

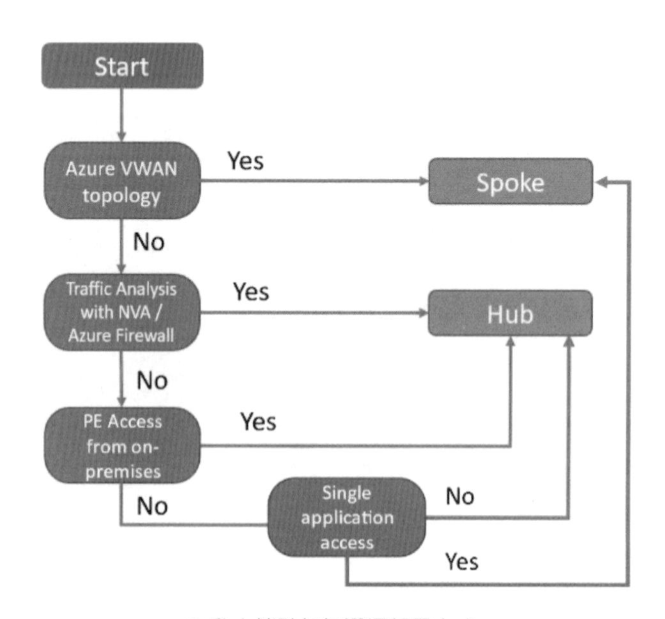

▲ 私人端點如何選擇部署方式

當我們開始導入 Azure 雲端服務時，設計和實作 Azure 網路功能將會是非常重要的事項，此時我們必須要進行最適合的網路設計決策，才能夠更有效地支援在雲端服務中執行的應用程式工作負載和服務，此時我們需要回答下列相關問題，以利進行網路服務的決策。

- **我們是否需要虛擬網路呢？**
  如果不需要虛擬網路，則可以選擇採用平台即服務（Platform as a Services, PaaS），因為其不一定需要使用基礎平台的虛擬網路功能，反之如果需要虛擬網路，則建議使用基礎結構即服務（Infrastructure as a Services, IaaS）。

- **我們是否需要多個虛擬網路呢？**
  使用虛擬網路對等互連來連線多個 Azure 虛擬網路，請注意對等互連只會提供兩個對等互連網路之間的連線能力，如果需要跨多個訂用帳戶所提供的共用服務和管理許多網路對等互連，則建議採用 Hub and Spoke 網路架構或使用 Azure Virtual WAN。

- **我們是否需要虛擬網路與內部部署資料中心之間的連線能力呢？**
  使用 Azure VPN 閘道和 Azure ExpressRoute 來建立混合式網路功能，Azure VPN 閘道主要會透過站對站 VPN 的方式將企業的內部環境連線至 Azure 雲端平台，但是 VPN 閘道頻寬上限為 10 Gbps，Azure Express Route 主要是 Azure 雲端平台會與企業內部部署的環境進行私人連線，以利提供更高的可靠性和低延遲，此時 ExpressRoute 頻寬範圍從 50 Mbps 至 100 Gbps。

- **我們是否需要使用內部部署網路裝置來檢查和稽核傳出的流量呢？**
  針對雲端原生的工作負載，我們能夠使用 Azure 防火牆或第三方廠商的網路虛擬裝置（NVA），像是 CISCO、F5、Fortinet 來檢查和稽核有關公用網際網路的流量，請注意許多企業 IT 安全性原則皆需要網際網路的連出流量，才能夠透組織內部部署環境進行集中式的統一管理。

- **我們是否需要透過網際網路進行存取呢？**

  主要透過 Azure Firewall、Azure Front Door、Azure Application Gateway 和 Azure Traffic Manager 來協助管理和保護應用程式與服務的外部網路存取。

- **我們是否需要支援自訂的 DNS 管理呢？**

  主要透過 Azure DNS 來進行 Azure 基礎結構的名稱解析，如果需要 Active Directory 的服務，請考慮使用 Azure Active Directory Domain Services 來加強 Azure DNS 的功能。

許多企業會有許多分公司，此時我們為了簡化公司在全球網路連線的方式，此時我們則能夠採用 Azure Virtual WAN，所謂 Azure Virtual WAN 主要是採用中樞和輪輻（Hub and Spoke）的連線模型，透過 Azure 網路預設的可轉移路由設定，以利建立簡單，並且具有彈性調整的雲端網路，請參考下圖。

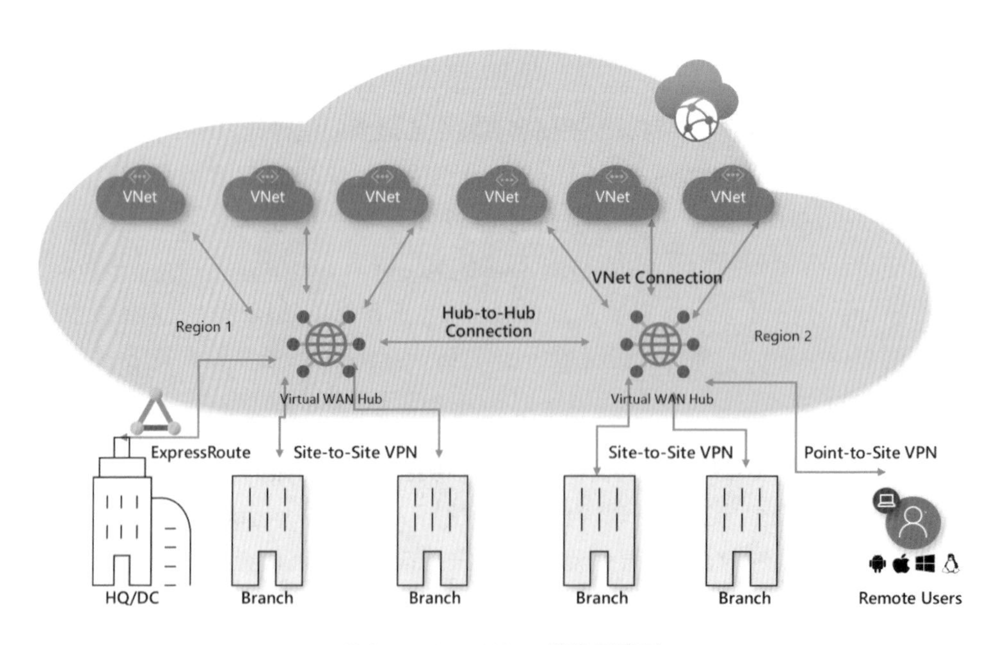

▲ Azure Virtual WAN 概念示意圖

Azure Virtual WAN 中樞輪輻網路拓撲主要能夠安全的混合式網路，所謂中樞主要是 Azure 中的虛擬網路，其主要是內部部署網路連線的中心點。輪輻是中樞對等互連的虛擬網路，其主要用於隔離工作負載，此時流量主要會透過 ExpressRoute 或 VPN 閘道和中樞之間進行流動，此方法的主要差異在於使用 Azure Virtual WAN 來取代中樞作為 vWAN 的受控服務，其優點主要有降低額外的作業負擔，移除網路虛擬裝置需求，以利節省成本，透過整合 Azure 防火牆來降低因為錯誤設定導致的相關安全性風險，以利改善安全性。

我們要如何移專至 Azure Virtual WAN 呢？假設一家金融企業主要有歐洲和亞洲的辦公室，此時客戶有計劃現有的應用程式從內部部署資料中心移至 Azure 雲端平台，此時為了在成本、規模和效能方面進行最佳化，所以需要符合下列需求：

1. 為總公司（HQ）和分公司提供已最佳化的雲端裝載應用程式路徑。
2. 在保留下列連線路徑的同時，移除對現有內部部署資料中心的依賴：
   a. 分支對 VNet：VPN 連線辦公室必須能夠存取移轉至本機 Azure 區域中雲端的應用程式。
   b. 分支對中樞到中樞對 VNet：VPN 連線辦公室必須能夠存取移轉至遠端 Azure 區域中雲端的應用程式。
   c. 分支對分支：區域 VPN 連線辦公室必須能夠彼此通訊，以及 ExpressRoute 連線的 HQ/DC 網站。
   d. 分支對中樞對中樞：全域分隔的 VPN 連線辦公室必須能夠彼此通訊，以及任何 ExpressRoute 連線的 HQ/DC 網站。
   e. 分支對網際網路：連線的網站必須能夠與網際網路通訊。此流量必須經過篩選和記錄。
   f. VNet 對 VNet：相同區域中的輪輻虛擬網路必須能夠彼此通訊。
   g. VNet 對中樞到中樞對 VNet：不同區域中的輪輻虛擬網路必須能夠彼此通訊。
3. 為使用者提供筆電和手機不在公司網路上來存取公司資源的能力。

此時我們就能夠透過 Azure Virtual WAN 來滿足上述需求，請參考下一頁架構圖。

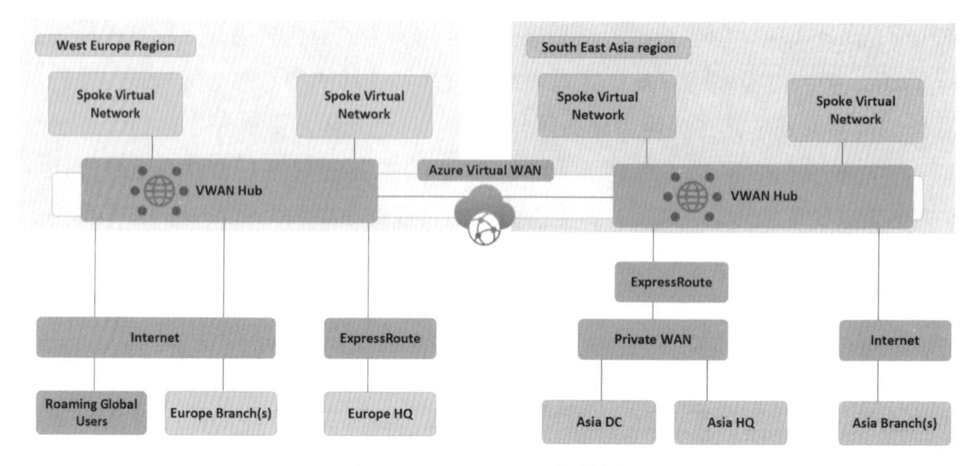

▲ Azure Virtual WAN 架構圖

其中歐洲的總部主要會維持與 ExpressRoute 連線，而歐洲的內部部署資料中心，則主要會完全移轉至 Azure 雲端平台，亞洲的總部和資料中心仍然會連線到私人 WAN，至於 Azure Virtual WAN 現在用來增強區域網路並提供全球連線能力，部署在西歐和東南亞 Azure 區域的 Azure Virtual WAN 中樞，以利提供 ExpressRoute 和 VPN 連線裝置的連線中樞，中樞也會提供全球網路的 OpenVPN 連線能力，針對跨多個客戶端類型的使用者提供 VPN 站點，讓我們不僅能夠存取轉移至 Azure 的應用程式，也能夠存取內部部署中剩餘的任何資源，Azure Virtual WAN 將會提供虛擬網路內資源的網際網路連線能力，同時透過合作夥伴整合支援的本機網際網路中斷，以優化 SaaS 服務的存取，像是 Microsoft 365。

我們經常會分不清楚網路安全性群組和應用程式安全性群組，所謂網路安全性群組（Network Security Groups, NSG）主要是在 Azure 虛擬網路中篩選進出 Azure 資源的網路流程，網路安全性群組主要包括安全性規則，其主要用於允許或拒絕進出多種 Azure 資源類型的輸入和輸出網路流量，我們主要能夠為每個規則指定來源和目的地、連接埠以及通訊協定。

我們主要會將多個 Azure 服務的資源部署至 Azure 虛擬網路中，每個虛擬網路中的子網路和虛擬機器中的網路介面將會關聯零個或一個網路安全性群組，此時系統將會依照優先權順序來處理規則，優先順序為 100 到 4096 之間的數字，較低的數字具有較高的優先順序，並且當流量符合規則就會停止處理，所以相同的規則不會處理二次，如下圖所示。

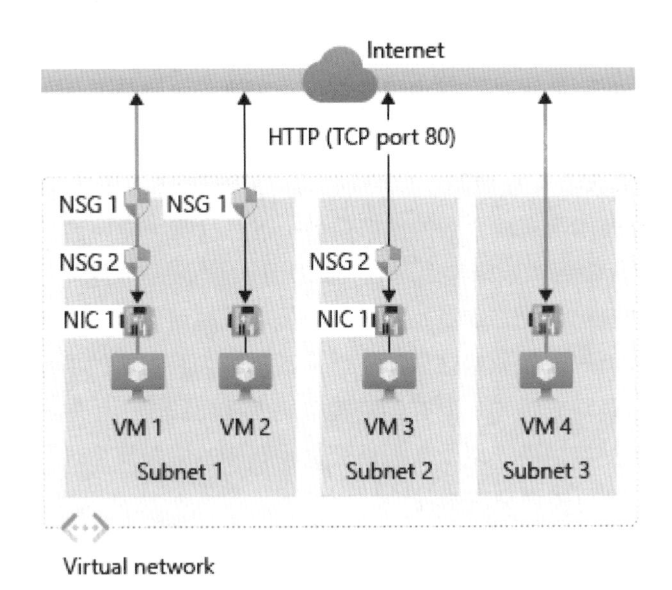

▲ 網路安全性群組

以上圖為例，針對輸入流量，Azure 主要會先針對與子網路相關聯的網路安全性群組，處理其中的規則，然後會再針對與網路介面相關聯的網路安全性群組處理其中規則。像是 VM1 主要會先針對 NSG1 中的安全性規則進行處理，因為它與 Subnet1 和 VM1 相關聯，並且位在 Subnet1 中，除非我們已經建立一個規則來允許連接埠 80 的輸入，否則流量只會遭到 DenyAllInbound 預設的安全性規則而遭到拒絕。同時 NSG2 主要是與網路介面相關聯，所以當 NSG1 具有允許連接埠 80 的安全性規則，流量接著會由 NSG2 進行處理，所以若要允許流量從連接埠 80 輸入至虛擬機器，則 NSG1 和 NSG2 皆必須要有對應的規則來允許從網際網路輸入流量的連接埠 80。

針對輸出流量，Azure 主要會先針對與網路介面相關聯的網路安全性群組，先處理其中的規則，然後再針對與子網路相關聯的網路安全性群組，並且處理其中的規則，像是 VM1 主要會先針對 NSG2 中的安全性規則進行處理，除非我們建立安全性規則來拒絕向網際網路輸出流量的連接埠 80，否則 NSG1 和 NSG2 中的 AllowInternetOutbound 預設安全性規則將會允許流量通過。如果 NSG2 具有拒絕連接埠 80 的安全性規則，則流量會遭到拒絕，並且永遠不會由 NSG1 進行評估。

請注意在 NSG 中與子網路相關聯的安全性規則可能會影響其內部虛擬機器之間的連線能力，像是新增至 NSG1 的規則是拒絕所有輸入與輸出流量，則 VM1 和 VM2 將無法再與彼此進行通訊，此時我們就能夠透過檢視網路介面的有效安全性規則，來檢視套用至網路介面的彙總規則，當然我們也能夠使用 Azure 網路監看員中的 IP 流量確認功能來判斷是否允許網路介面的雙向通訊，IP 流量驗證會告訴我們相關通訊已經允許或遭拒絕，以及是哪個網路安全性規則允許或拒絕流量。此外除非有特殊原因要這麼做，不然建議你讓網路安全性群組與子網路或網路介面的其中一個建立關聯，而非同時與這兩者建立關聯，因為如果與子網路相關聯的網路安全性群組中，以及與網路介面相關聯的網路安全性群組中都存在規則，則這兩個規則可能會發生衝突。

網路監看員中的 NSG 流量記錄功能可讓你記錄流經 NSG 的 IP 流量相關資訊，流程資料會傳送至 Azure 儲存體帳戶，我們能夠從該處將它匯出至任何視覺效果的工具。流量記錄在管理及監視雲端環境中的所有網路活動時非常重要，我們能夠使用它來優化網路流程、監視資料、驗證合規性、偵測入侵等等，一些常見的使用案例，分別為：

1. 網路監視
    a. 識別未知或未想要的流量。
    b. 監視流量層級和頻寬耗用量。
    c. 依 IP 和連接埠篩選流量記錄，以了解應用程式行為。
    d. 將流程記錄匯出至你選擇的分析和視覺效果工具，以設定監視儀表板。
2. 使用量監視和優化
    a. 識別網路中的熱門交談者。
    b. 結合 IP 資料來識別跨區域的流量。
    c. 了解流量成長來預測容量。

   d. 使用資料來移除太嚴格的流量規則。

3. 網路鑑識和安全性分析
   a. 分析來自遭入侵 IP 和網路介面的網路流程。
   b. 將流量記錄匯出至你選擇的任何 SIEM 或 IDS 工具。
4. 合規性
   a. 使用流程資料來驗證網路隔離與企業存取規則的合規性。

流量記錄主要會在第四層，也就是傳輸層運作，其主要會記錄所有進出 NSG 的 IP 流程。記錄會透過 Azure 雲端平台以一分鐘的間隔收集，而不會影響客戶資源或網路效能。記錄主要是以 JSON 格式寫入，它會根據每個 NSG 規則顯示輸出和輸入流程，每個記錄檔記錄都包含網路介面（NIC），請注意流量記錄會在建立後最多一年刪除。

IP 流量驗證會確認虛擬機器是否允許或拒絕封包，我們能夠使用 IP 流程驗證來診斷網際網路和內部部署環境的連線問題，其主要提供方向、通訊協定、本機 IP、遠端 IP、本機埠和遠端埠的相關資訊，如果安全性群組拒絕封包，則會傳回所使用的規則名稱。當然 IP 流量驗證主要會考慮套用至網路介面的所有 NSG 規則，例如子網路或虛擬機器 NIC，然後其主要會根據該網路介面的設定來驗證流量流程，IP 流量驗證會驗證 NSG 中的規則是否封鎖虛擬機器的輸入或輸出流量，它主要也會評估 Azure 虛擬網路管理員規則和 NSG 規則。

至於應用程式安全性群組可讓你將網路安全性設定為應用程式結構的自然擴充功能，讓我們能夠將虛擬機器進行分組，並且定義這些群組為基礎的網路安全性原則。當然我們可以大規模重複使用你的安全性原則，而不需要進行明確 IP 位址的手動維護，其能夠處理明確 IP 位址和多個規則集的複雜性，讓我們更專注於商業邏輯。

以下一頁示意圖為例，NIC1 和 NIC2 都是 AsgWeb 應用程式安全性群組的成員，NIC3 是 AsgLogic 應用程式安全性群組的成員，NIC4 是 AsgDb 應用程式安全性群組的成員，雖然在此範例中的每個網路介面都只是一個網路安全性群組的成員，但網路介面可以是多個應用程式安全性群組的成員。

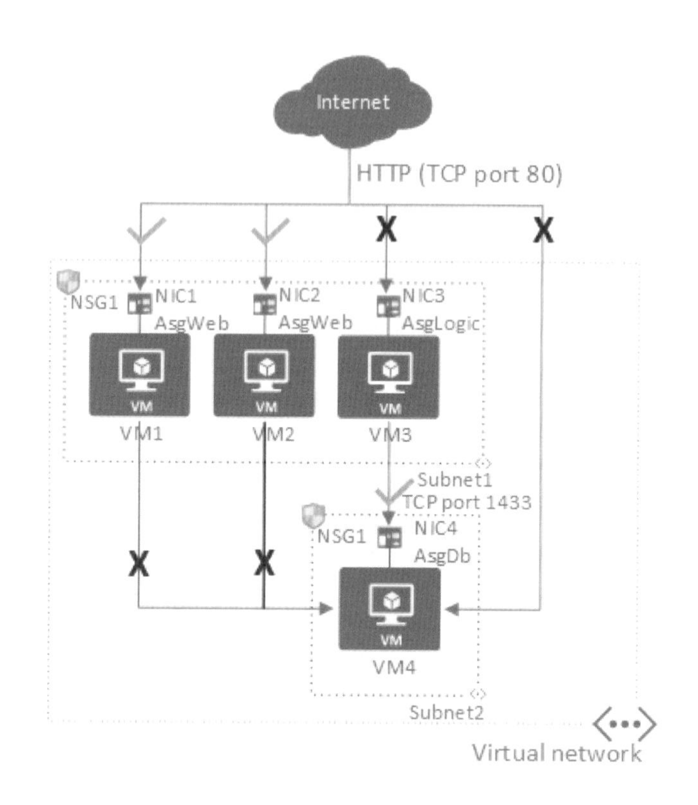

▲ 應用程式安全性群組

請注意應用程式安全性群組具有些限制條件，我們能夠在訂用帳戶中擁有的應用程式安全性群組數量，像是每個 NIC、每個 IP 組態的應用程式安全性群組為 20，可在網路安全性群組的所有安全性規則內指定的應用程式安全性群組為 100，指派給應用程式安全性群組的所有網路介面，都必須與指派給應用程式安全性群組的第一個網路介面位於相同虛擬網路中，像是如果指派給應用程式安全性群組 AsgWeb 的第一個網路介面位於名為 VNet1 的虛擬網路中，則後續所有指派給 ASGWeb 的網路介面都必須存在於 VNet1 中，我們無法將不同虛擬網路的網路介面新增至相同的應用程式安全性群組。如果我們指定安全性群組作為安全性規則中的來源和目的地，兩個應用程式安全性群組中的網路介面都必須在相同的虛擬網路中，像是如果 AsgLogic 包含來自 VNet1 的網路介面，而 AsgDb 包含來自 VNet2 的網路介面，則我們無法在規則中將 AsgLogic 指派為來源，將 AsgDb 指派為目的地，來源和目的地應用程式安全性群組的所有網路介面都必須位在相同的虛擬網路中。

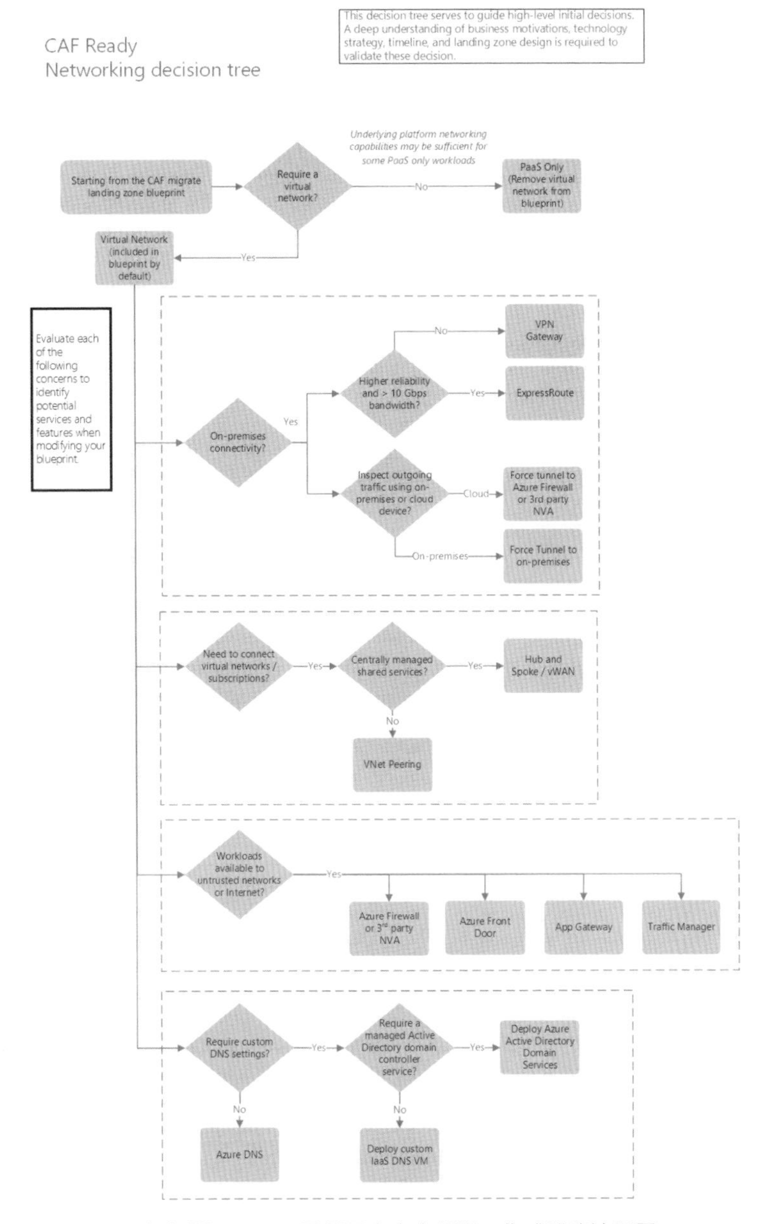

▲ 如何選取 Azure 雲端平台中之網路工作或服務流程圖

至於針對不同的案例需求我們要如何決定需要採用哪些相關的網路工作或服務，請參考上一頁流程圖。

負載平衡主要是將工作負載分散至多個運算資源中，其主要是將資源使用情況最佳化，然而在 Azure 雲端平台中提供不同的負載平衡相關服務，此時要如何根據情境選取適當的負載平衡服務呢？請參考下表。

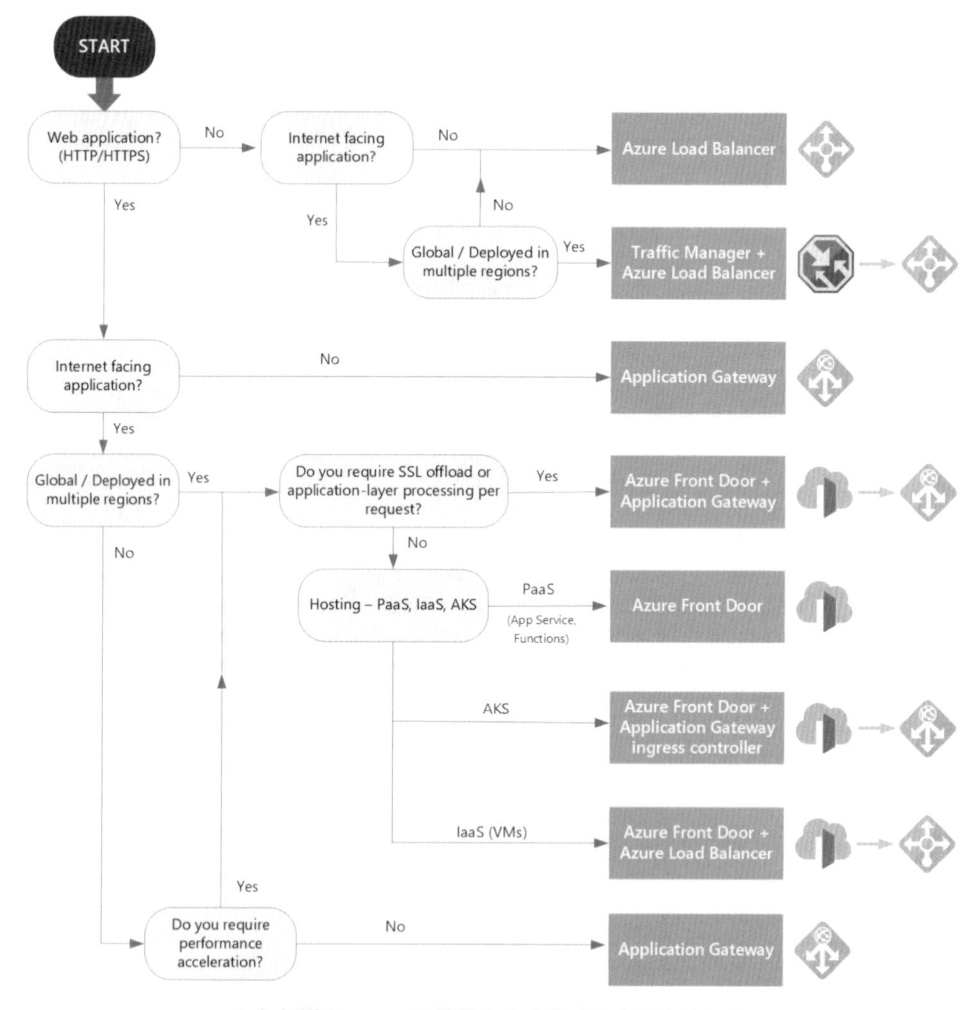

▲ 如何選取 Azure 雲端平台中之負載平台服務流程圖

儲存分析服務

當公司目前正在進行將應用程式移至 Azure 雲端平台，我們主要需要將行銷、業務和支援的相關檔案移至雲端，以利減少企業在資料中心維護的實體伺服器數量。此時我們將會透過 Azure 儲存體服務讓我們用於儲存檔案、訊息、資料表和其它類型的資訊，此外許多網站和應用程式也能夠從 Azure 儲存體中讀取和寫入資料。

Azure 儲存體帳戶主要包括所有 Azure 儲存體資料物件，像是 Blob、檔案和磁碟，像是 Azure VM 主要是使用 Azure 儲存體帳戶中的磁碟來儲存虛擬磁碟。儲存體帳卡會為 Azure 儲存體資料提供唯一的命名空間，以利我們透過 HTTP 或 HTTPS 從任何地方存取該資料，同時能夠確保資料的安全性和高可用性。

磁碟儲存體主要提供適用於 Azure 虛擬機器的虛擬磁碟，以利應用程式和其它服務能夠在需要存取時使用虛擬磁碟。磁碟有許多不同的大小和效能層級，搭配不同的效能層，我們能夠針對較不重要的工作負載使用標準的 SSD 和 HDD 磁碟，一般來說針對關鍵任務的執行我們主要會使用進階 SSD 磁碟。

Azure Blob 儲存體主要能夠用於儲存大量的資料，像是文字或二進位的資料，Azure Blob 儲存體主要為非結構化的資料，也就是能夠儲存任何類型的資料，並且能夠管理數千個視訊檔和記錄檔同時上傳，以利讓我們能夠透過網際網路進行連線。Azure Blob 儲存體主要適用於串流影片和音樂、備份和還原的封存資料、虛擬機器的資料……等。

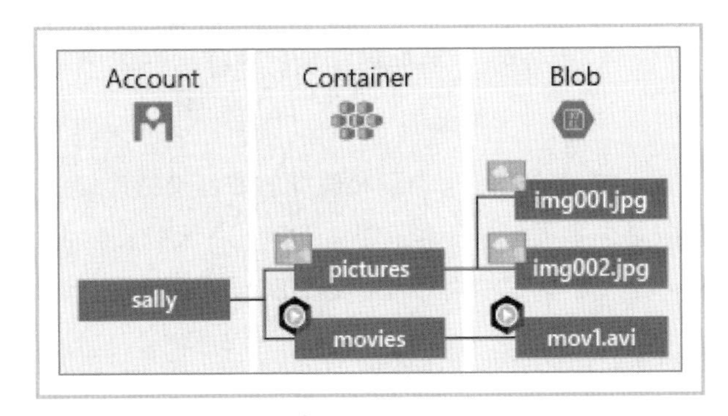

Ⓐ Azure 雲端平台中之儲存體服務示意圖

Azure 檔案儲存體主要提供檔案共用，我們主要能夠透過業界標準伺服器訊息區和網路檔案系統的通訊協定來進行存取、不論是任何作業系統皆能夠同時掛載 Azure 檔案儲存體進行共用。識別 Azure 檔案儲存體與公司檔案共用上檔案的方式就是使用指向檔案的網域，透過共用存取簽章權杖（Shared Access Signature, SAS）來允許存取特定時間內的私有檔案。

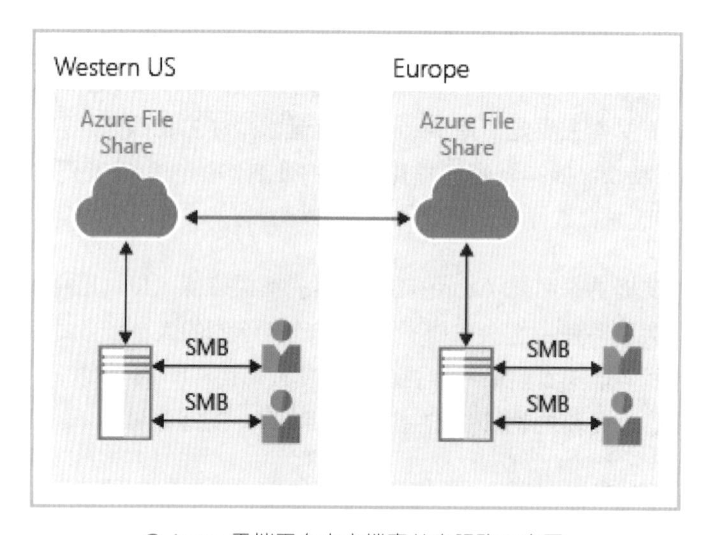

▲ Azure 雲端平台中之檔案共享服務示意圖

最後在雲端中的資料儲存將可能會呈指數型的成長，如果我們需要滿足不斷成長的儲存體需求，則我們將會需要根據存取頻率和計劃性保留期來進行資料的儲存規劃。一般來說儲存在雲端的資料將能夠依據其留存期間之內所產生、處理和存取的方式，而有所不同，Azure 主要提供數個存取層用於平衡儲存體成本與存取的需求，分別為：

- 經常性存取層：主要針對經常存取和儲存的資料進行最佳化。
- 非經常性存取層：主要針對不常存取和儲存 30 天的資料進行最佳化。
- 封存存取層：主要針對很少存取和儲存 180 天的資料進行最佳化。

目前應用程式將會需要具有快速回應的能力，以及為了達到延遲和高可用性的需求，所以應用程式需要部署在接近使用者的資料中心之內，應用程式需要即時回應尖峰時間之內使用量的變化，並且儲存不斷增加的資料量，以利在毫秒之內將這些資料提供給使用者。

當一家公司有許多開發人員使用不同的資料庫服務和不同類型的 API 來使用其資料，此時如果有計劃要將所有不同資料移動至通用的資料庫服務，則我們能夠透過 Azure Cosmos DB 來滿足此需求。Azure Cosmos DB 主要是全球的多模型資料庫服務，我們能夠彈性和獨立的調整跨任意的 Azure 區域中傳輸量和儲存體，我們將能夠利用數個熱門 API 中的任何一個來進行快速的資料存取，同時能夠確保傳輸量、延遲性、可用性和一致性符合服務等級協定。Azure Cosmos DB 主要支援無結構描述的資料，可以讓我們建立快速回應和隨時可用的應用程式，並且支援持續變更的資料，像是儲存全球使用者所更新和維護的資料。Azure Cosmos DB 具備彈性支援 SQL、MongoDB、Cassandra、Tables 和 Gremlin，所以當我們將公司的資料庫移至 Azure Cosmos DB 之後，開發人員將能夠繼續使用最熟悉的 API。

Azure SQL Database 主要要是關聯式資料庫，並且以最新的 Microsoft SQL Server 資料庫的穩定版本作為基礎，我們能夠使用所選擇的程式設計語言來建立資料導向的網站和行動 App，無需管理基礎結構。Azure SQL 資料庫主要是平台即服務（Platform as a Service, PaaS）資料庫引擎，其中像是升級、修補、備份和監控這些資料庫管理功能無需使用者進行管理，並且提供 99.99%，也就是 4 個 9 的可用性。此外我們更能夠使用 Azure 資料庫移轉服務，以最短停機時間來移轉企業內部現有的 SQL Server 資料庫，同時會使用 Microsoft Data Migration Assistant 來產生評定報告，以利提供建議協助指導在移轉之前需要完成的相關變更作業。Azure 主要支援廣泛的技術和服務將能夠提供巨量資料和分析的解決方案，像是 Azure Synapse Analytics、Azure HDInsight、Azure Databricks 和 Azure Data Lake Analytics。

Azure Synapse Analytics 主要是一種無限制的分析服務，其能夠整合用於企業的資料倉儲和巨量資料的分析，我們能夠使用無伺服器或是已佈建的資料來源，以利任意的方式進行大規模的查詢資料，同透過透過統一管理的導入、準備、管理和提供資料，以利滿足即時的商業智慧和機器學習的需求。至於針對不同的案例需求我們要如何決定需要採用哪些相關的儲存服務，請參考下一頁流程圖。

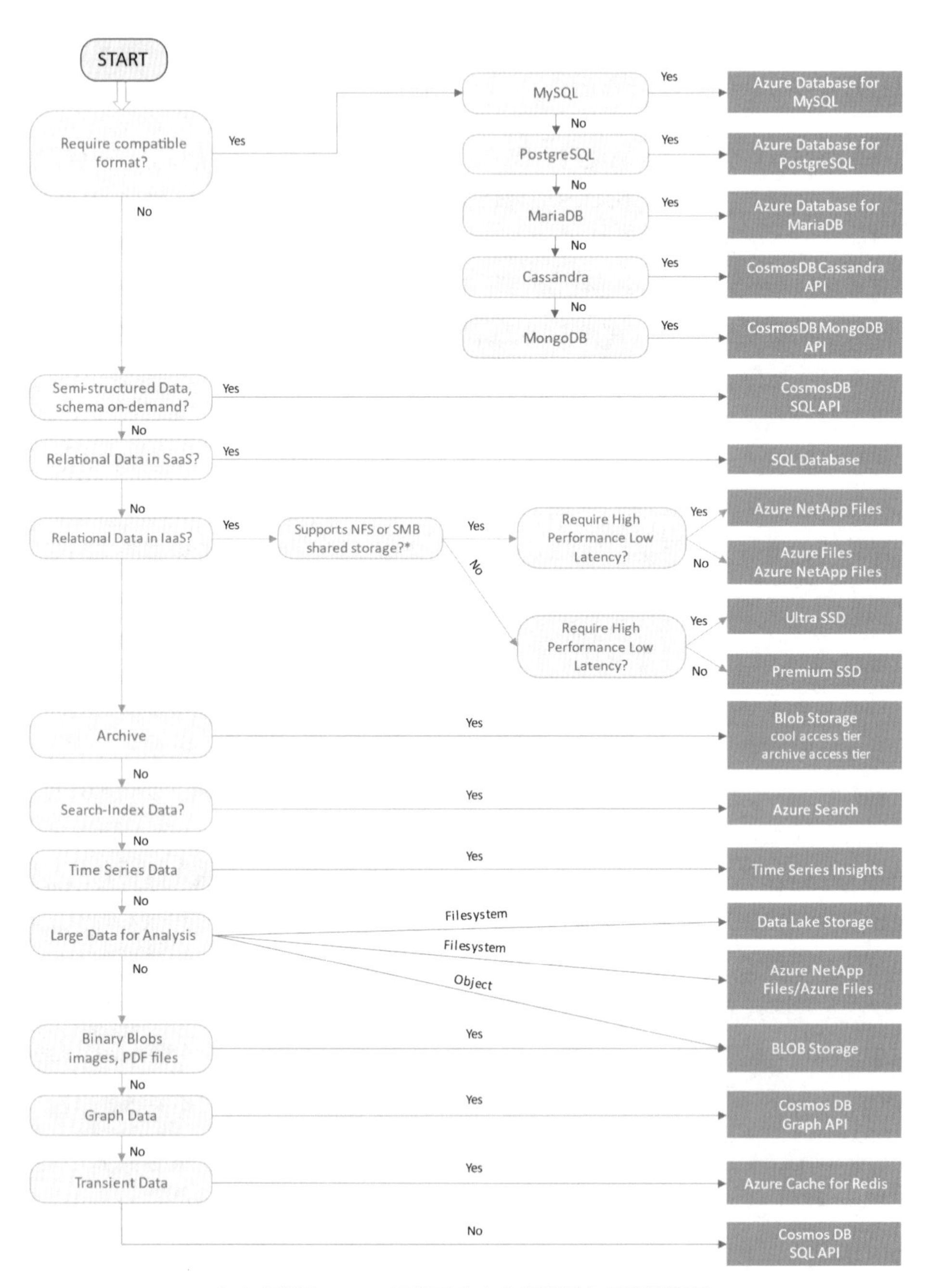

▲ 如何選取 Azure 雲端平台中之資料儲存服務流程圖

模擬練習題

請切記，Azure 證照考試的題目會隨時進行更新，故本書的考題「僅提供讀者熟悉考題使用」，請讀者準備證照考試時，必須以讀懂觀念為主，並透過練習題目來加深印象。

題目 1

Which Azure compute resource can be deployed to manage a set of identical virtual machines?

A. Virtual machine scale sets
B. Virtual machine availability sets
C. Virtual machine availability zones

題目 2

Which of the following services should be used when the primary concern is to perform work in response to an event（often via a REST command）that needs a response in a few seconds?

A. Azure Functions
B. Azure App Service
C. Azure Container Instances

題目 3

Your company has a team of remote workers that need to use Windows-based software to develop your company's applications, but your team members are using various operating systems like macOS, Linux, and Windows. Which Azure compute service would help resolve this scenario?

A. Azure App Service
B. Azure Virtual Desktop
C. Azure Container Instances

題目 4

wants to create a secure communication tunnel between its branch offices. Which of the following technologies can't be used?

A. Point-to-site virtual private network
B. Implicit FTP over SSL
C. Azure ExpressRoute
D. Site-to-site virtual private network

題目 5

wants to use Azure ExpressRoute to connect its on-premises network to the Microsoft cloud. Which of the following choices isn't an ExpressRoute model that Tailwind Traders can use?

A. Any-to-any connection
B. Site-to-site virtual private network
C. Point-to-point Ethernet connection
D. CloudExchange colocation

題目 6

Which of the following options can you use to link virtual networks?

A. Network address translation
B. Multi-chassis link aggregation
C. Dynamic Host Configuration Protocol
D. Virtual network peering

題目 7

Which of the following options isn't a benefit of ExpressRoute?

A. Redundant connectivity
B. Consistent network throughput
C. Encrypted network communication
D. Access to Microsoft cloud services

題目 8

Which of the following statements about Azure VNets is correct?

A. Outbound communication with the internet must be configured for each resource on the VNet.
B. Azure VNets enable communication between Azure resources.
C. Azure VNets cannot be configured to communicate with on-premises resources.

題目 9

Which of the following statements about Azure Public IP addresses is correct?

A. Standard Public IPs are Dynamically allocated.
B. Basic Public IPs are supported in Availability Zones.
C. Public IP addresses allow Internet resources to communicate inbound to Azure resources.

題目 10

What is the difference between a static public IP address and a dynamic public IP address?

A. A dynamic IP address remains the same over the lifespan of the resource to which it is assigned.
B. A static IP address can use an IPv4 address only.
C. A static IP address remains the same over the lifespan of the resource to which it is assigned.

答案與解析

題目 1

答案：A

解析：虛擬機器擴展集允許我們部署和管理一組相同的虛擬機器。

題目 2

答案：A

解析：當我們需要執行工作以REST 請求回應事件時，我們就能夠透過 Azure Function 在幾秒鐘或更短的時間內快速完成。

題目 3

答案：B

解析：Azure Virtual Desktop能夠讓我們在雲端平台中運行 Windows，並且能夠存取滿足公司需求所需的應用程式。

題目 4

答案：B

解析：FTP over SSL不能用於建立安全通訊的通道。

題目 5

答案：B

解析：站到站虛擬專用網路不是 ExpressRoute 模型。

題目 6

答案：D

解析：虛擬網路對等連結能夠用於連結虛擬網路。

題目 7

答案：C

解析：ExpressRoute 提供專用連接，但是未進行加密保護。

題目 8

答案：B

解析：虛擬網路可以連接 Azure 資源，包括 VM、應用服務環境、Azure Kubernetes 服務和 Azure 虛擬機規模集。可以使用服務終結點連接到其他 Azure 資源類型，例如 Azure SQL 資料庫和儲存帳戶。

題目 9

答案：C

解析：IP 位址是根據資源的位置從可用位址池中分配的。

題目 10

答案：C

解析：靜態公共IP位址是分配的位址，在 Azure 資源的生命週期內不會更改。若要配置靜態 IP 位址，請將分配方法顯式設置為靜態。

2.3 核心解決方案和管理工具

Azure 有提供許多核心解決方案和管理工具，分別有：

1. Azure IoT 服務
2. Azure AI 服務
3. Azure Serverless 服務
4. Azure DevOps 服務
5. Azure Advisor 服務
6. Azure Bastion 服務
7. Azure Data Factory 服務
8. Azure Synapse 服務
9. Azure Purview 服務

Azure IoT 服務

當我們開始使用 Azure IoT 服務時，主要會透過感應器連線到網際網路的裝置，並且能夠透過訊息將其感應器的資訊傳送至 Azure 的特定端點，然後收集，並且進行資料匯整，將其轉換成報告和警示，或者透過 Azure IoT 服務將軟體更新傳送到每部裝置，使用新的韌體來更新所有裝置，以達到修正問題或新增功能的目的。

假設自動販賣機的硬體能夠透過標準訊息收集並傳送相同資訊，我們就能使用 Azure IoT 服務來接收、儲存、整理以及顯示每部機器的資訊，並且從這些裝置收集的資料即可結合 Azure AI 服務，以協助進行預測。像是何時需要主動維護機器，何時需要補充庫存，並且向廠商訂購新產品以及有許多服務可協助並推動 Azure 的 IoT 端對端解決方案。

Azure IoT 中樞主要能夠作為 IoT 應用程式與其所管理裝置間雙向通訊的集中管理，我們能夠使用 Azure IoT 中樞，在數百萬部 IoT 裝置和一個雲端託管解決方案後端之間，建置安全可靠的 IoT 通訊解決方案，並且確保幾乎所有裝置都可連線到 IoT 中樞。

IoT 中樞服務主要支援裝置到雲端以及雲端到裝置的通訊，IoT 中樞收到裝置的訊息後，即可將該訊息路由至其它 Azure 服務。就雲端到裝置的觀點而言，IoT 中樞允許「命令和控制」。簡單來說，就是我們能夠手動遙控連線的裝置或將流程自動化，指示裝置開啟閥門、設定目標溫度、重新啟動裝置等「命令和控制」。

當然 IoT 中樞監視可追蹤裝置建立、裝置失敗，以及裝置連線等事件，以利協助我們維護解決方案的健康狀況。

Azure IoT 中心主要以 IoT 中樞為基礎來建置儀表板，其能夠提供連線、監控和管理 IoT 裝置，並且透過視覺化的使用者介面能夠提供輕鬆快速地與新裝置連線，並且在裝置傳送遙測或錯誤訊息時加以監控，以利我們統一監視所有裝置的整體效能，並且設定警示，當在特定裝置需要維護時傳送通知，更進一步我們能夠將韌體更新推送至裝置。

Azure Sphere 可為客戶建立端對端高度安全的 IoT 解決方案，其主要是從裝置的硬體與作業系統到裝置將訊息傳送至訊息中樞的安全方法等，Azure Sphere 具有內建的通訊與安全性功能，適合可連線到網際網路的裝置。請注意不是在每個案例中。製造商和客戶不想讓其裝置遭到惡意入侵並用於惡意用途，不過在某些情況下，確保完整性比其他部分更為重要，像是 ATM 非常重要，當安全性是產品設計時的重要考量時，最佳產品選項為 Azure Sphere，這項服務可為 IoT 裝置提供全方位的端對端解決方案。

Azure AI 服務

AI 是一種廣泛的運算分類，AI 的目標是要建立一套能自行調整或學習的軟體系統，無須明確地進行程式設計。一般來說，設計 AI 有兩種基本方法，第一種方法是採用「深度學習」系統，以人類心智的神經網路為模型，讓其能夠透過經驗探索、學習並成長。第二種方法是「機器學習」，這是一種資料科學技術，其會使用現有的資料來訓練模型、進行測試，然後將該模型套用到新的資料，以預測未來的行為、結果以及趨勢。

機器學習的預測可讓應用程式和裝置更聰明。例如，在線上購物時，機器學習會驅動產品建議系統，根據你所購買的商品，以及其他過去購買類似商品的顧客所購買產品，以此為基礎向該名顧客推薦其他產品。當然機器學習也可用來偵測信用卡詐騙，做法是分析每筆新交易，並利用透過分析數百萬筆詐騙交易所學到的內容。

Azure Machine Learning 主要是進行預測的平台，其包含工具與服務，其能夠提供連線至資料來進行模型的測試，以利找出最能精確預測未來結果的模型，當執行實驗以測試模型之後，我們就能夠進行部署，並且透過 Web API 端點進行即時的使用，我們主要使用 Azure Machine Learning 用於：

1. 建立定義如何取得資料、如何處理遺失或錯誤資料、如何將資料分割成訓練集或測試集的流程，並將資料傳遞至訓練流程。
2. 使用資料科學家所熟悉的工具與程式設計語言來訓練及評估預測模型。
3. 建立定義執行計算密集型實驗所需位置與時機的管線，以根據訓練與測試資料為演算法評分。
4. 將效能最佳的演算法以 API 形式部署至端點，讓其他應用程式可即時加以利用。

當資料科學家需要使用自有資料來完全控制演算法的設計與建立模型時，Azure Machine Learning 即為最佳選擇。Azure 認知服務的個人化工具服務會監看使用者在應用程式中的動作。你可以使用個人化工具來預測其行為，並在識別出其使用模式時提供相關的體驗。同樣地，你也可以擷取並儲存使用者行為，並建立自訂 Azure Machine Learning 解決方案來執行這些作業，但這種方法需要耗費大量的人力及費用。

當需要分析資料以預測未來結果時，請選擇 Azure Machine Learning。像是假設你需要分析年度財務交易以探索新的模式，其協助為公司的用戶端建立新產品與服務，然後在例行的客戶服務電話中提供這些新服務。當處理專利資料時，你可能需要建置更加專用且量身打造的機器學習模型。

Azure 認知服務提供預先建置的機器學習模型，可以使應用程式看到、聆聽、說話、理解，甚至是推理。因此使用 Azure 認知服務可以解決一般問題，像是分析文字的情感，或分析影像以辨識物件或臉部。你不需要具備機器學習或資料科學的專門知識，也可以使用這些服務。

開發人員可透過 API 存取 Azure 認知服務，而且只要短短幾行程式碼就能輕鬆地納入這些功能。雖然 Azure Machine Learning 要求你提供自己的資料並以該資料訓練模型，但是 Azure 認知服務在大部分情況下會提供預先訓練的模型，可讓你提供即時資料並進行預測。Azure 認知服務可分為下列類別：

1. 語言服務：可讓應用程式使用預先建置的指令碼來處理自然語言、評估情感，以及了解如何辨識使用者想要的內容。
2. 語音服務：將語音轉換成文字，或將文字轉換成自然發音的語音。從一種語言翻譯成另一種語言，並啟用說話者驗證和辨識。
3. 視覺服務：在你分析圖片、影片和其他視覺內容時，新增辨識與識別功能。
4. 決策服務：為每名使用者新增個人化建議，以在每次使用時自動改善，審核內容以監視並移除冒犯性或有風險的內容，並偵測時間序列資料中的異常狀況。

Azure Bot Service 與 Bot Framework 是用於建立虛擬助理的平台，可以像人類一樣理解並回覆問題。與 Azure Machine Learning 和 Azure 認知服務相比，Azure Bot Service 有點不同，此服務具有特定的使用案例。也就是它會建立可與人類進行智慧溝通的虛擬助理。Bot 可用於將簡單的重複性工作（例如預約晚餐或收集個人資料）轉移至自動化系統，無須直接人為操作。使用者可以使用文字、互動式卡片和語音來與 Bot 對話，當然 Bot 互動也能夠是快速的問與答，也可以是以智慧方式提供服務存取權的複雜對話。

當你需要使用 Azure Bot Service 建立虛擬助理以與人類互動時，請運用自然語言。Bot Service 整合知識來源、自然語言處理和外形規格，以透過不同管道來進行互動。Bot Service 解決方案通常仰賴其他 AI 服務來處理自然語言理解，或甚至將回覆以當地語系化方式翻譯為客戶的慣用語言。

在你開始使用 Bot Service 建置自訂聊天體驗前，建議你先搜尋涵蓋常見情況、預先建置的無程式碼解決方案。例如，你可以使用 Azure Marketplace 所提供的 QnA Maker 來建置、訓練及發佈複雜的 Bot，以透過簡單易用的 UI 或 REST API 使用常見問題集頁面、支援網站、產品手冊、SharePoint 文件或評論內容。同樣地，Power Virtual Agents 會與 Microsoft Power Platform 整合，讓你可以使用數百個預先建置的連接器來進行資料輸入。你可利用 Power Automate 來建置自訂工作流程，藉此擴充 Power Virtual Agents，如果覺得現成的體驗有太多限制，你仍然可以使用 Microsoft Bot Framework 來建置更複雜的互動。

Azure Serverless 服務

無伺服器運算是受雲端託管、可執行程式碼的執行環境，關鍵概念主要是我們將不需要負責設定或維護該伺服器，並且當需求增加時，我們不必擔心要進行縮放，也不必擔心中斷，雲端廠商會處理所有的維護與縮放問題。你會建立服務的執行個體，然後新增程式碼。不需要或甚至不允許進行基礎結構設定或維護，並且我們會設定無伺服器應用程式來回應事件，事件可能是 REST 端點、定期計時器，或者甚至是從另一個 Azure 服務接收的訊息。

無伺服器應用程式只有在由事件觸發時才會執行，縮放和效能都會自動處理，你只需為所使用的資源付費，所以我們不需要保留資源。

無伺服器運算一般會用來處理「後端」系統，無伺服器運算負責將訊息從某個系統傳送到另一個系統，或者處理從其它系統傳送的訊息，它不會用於使用者操作的「前端」系統，而是在背景中運作。Azure 無伺服器運算服務主要有兩個，分別為 Azure Functions 與 Azure Logic Apps。

Azure Logic Apps 都是以協調流程的方式來設計，Logic Apps 擅長透過其 API 來連線不同服務的大型陣列，以透過許多工作流程中的步驟來傳遞及處理資料。當然我們也能夠使用 Azure Functions 來建立相同的工作流程，但可能需要大量時間來研究所要呼叫的 API，以及呼叫的方式。透過 Azure Functions，你可透過精簡形式使用程式設計語言的完整表達能力。這可供簡潔地建置複雜演算法，或資料查閱和剖析作業。你將負責維護程式碼、彈性地處理例外狀況等。雖然 Azure Logic Apps 可執行邏輯（迴圈、決策等），但若有需要複雜演算法及大量邏輯的協調流程，則實作該演算法便可能會更為詳細，並且在視覺上也會令人相當不知所措。若已經有以 C#、Java、Python 或其他熱門程式設計語言表示的協調流程或商務邏輯，則將程式碼移植到 Azure Functions 函式應用程式的本文，可能會比使用 Azure Logic Apps 重新建立的方式更容易。

Azure DevOps 服務

軟體開發人員和維運人員都是在努力建立符合組織需求的工作軟體系統，但有時候兩者各有各的短期目標，以致於造成技術問題、延遲和停機。此時 DevOps 就是一種概念來促進技術團隊朝著共同目標一起努力。

同時為了完成自動開發、維運管理和軟體部署，我們將會採用相關的實務方式，其目標主要是加速軟體變更的發佈作業，以利確保系統的持續可部署性，同時確保所有變更皆符合高品質的標準碼，以利減少大量不必要的工作。

DevOps 要求從上而下改變基本的思維方式，所以我們就不能夠只想著安裝軟體工具或採用服務就能夠獲得 DevOps 承諾的所有優勢。微軟提供 DevOps 工具將會支援開發原始碼的管理、持續整合和持續部署，並且自動化建立測試環境，微軟主要提供三種 DevOps 產品或服務，分別為：

1. Azure DevOps：Azure DevOps Services 是可處理軟體開發週期每個階段問題的服務套件，其主要是具有大型功能集的成熟工具，從內部部署伺服器軟體開始，一路發展為微軟的軟體即服務（SaaS）項目，其提供以下套件：
    - Azure Repos：集中式原始程式碼存放庫，軟體開發、DevOps 工程和文件專業人員可在此發佈程式碼以供檢閱和共同作業。
    - Azure Boards：敏捷式專案管理套件，其包含看板、報告，以及追蹤從高階 Epic 到工作項目和問題的想法和工作。

- Azure Pipelines：CI/CD 管線自動化工具。
- Azure Artifacts：裝載已編譯原始程式碼等成品的億存庫，其可送入測試或部署管線步驟。
- Azure Test Plans：自動化的測試工具，其可用在 CI/CD 管線中以確保軟體發行前的品質。

2. GitHub：GitHub 是全球最受歡迎的開放原始碼軟體程式碼儲存庫，其中 GIT 是分散式原始程式碼管理工具，GitHub 則裝載為主要遠端使用的 GIT 版本。至於 GitHub 則是建置於 GIT 上，以利提供協調工作、回報和討論問題、提供文件等的相關服務。GitHub Actions 會利用許多生命週期事件觸發工作流程自動化，像是工具鏈，所謂工具鏈主要是軟體工具的組合，其可在整個系統開發生命週期中協助傳送、開發和管理軟體應用程式，其中某個工具的輸出，就是工具鏈中下一個工具的輸入，一般工具的功能範圍是從執行自動化相依性更新，到建置與設定軟體、將組建成品傳送至不同位置、測試等。一般來說，GitHub 比 Azure DevOps 更精簡，其重心在參與開放原始程式碼的個別開發人員。Azure DevOps 則更著重於大量專案管理和規劃工具，以及存取控制更精細的企業開發。

3. Azure DevTest Labs：Azure DevTest Labs 主要提供可管理建立程式、設定和卸載包含軟體專案組建的虛擬機器自動化的方法，以利讓開發人員和測試人員可對各種不同的環境和組建執行測試。而且這項功能並不限於虛擬機器，Azure 中主要能夠透過 ARM 範本部署的任何項目，都能夠透過 DevTest Labs 來建立，佈建已安裝必要設定和工具的預先建立實驗室環境，將能夠省下品質保證專業人員和開發人員大量的時間。

Azure Bastion 服務

Azure Bastion 服務能夠讓我們直接從 Azure 入口網站內使用 HTML5 網站類型的客戶端，此服務主要會透過 TLS 和 443 連接埠安全地連線到相同虛擬網路中的任何 Azure 虛擬機器。

Azure Bastion 主要是完全平台管理的 PaaS，我們能夠選擇在與企業組織中虛擬機器相同的虛擬網路內佈建，這種方法有許多優點：

1. 網站用戶端會透過埠 443 上的業界標準 TLS 連線 RDP 或 SSH 會話，瀏覽器會用於 HTTPS 連線，主要使用 TLS over 443 可以讓我們安全地進行連線，而不需要開啟任何其它連接埠。
2. 我們能夠強化虛擬機器，因為它們不再需要公開的 IP 位址，Azure Bastion 主要會透過私人 IP 位址連線。
3. 我們不再需要新增另一個 NSG，讓使用者能夠連線到 VM，此時我們只需要為 Azure Bastion 建立單一安全 NSG，即可透過其安全的私人 IP 位址進行連線。
4. 我們的虛擬機器不再有公開的 IP 位址，所以它們會自動受到虛擬網路外部惡意使用者的外部連接埠掃描保護。

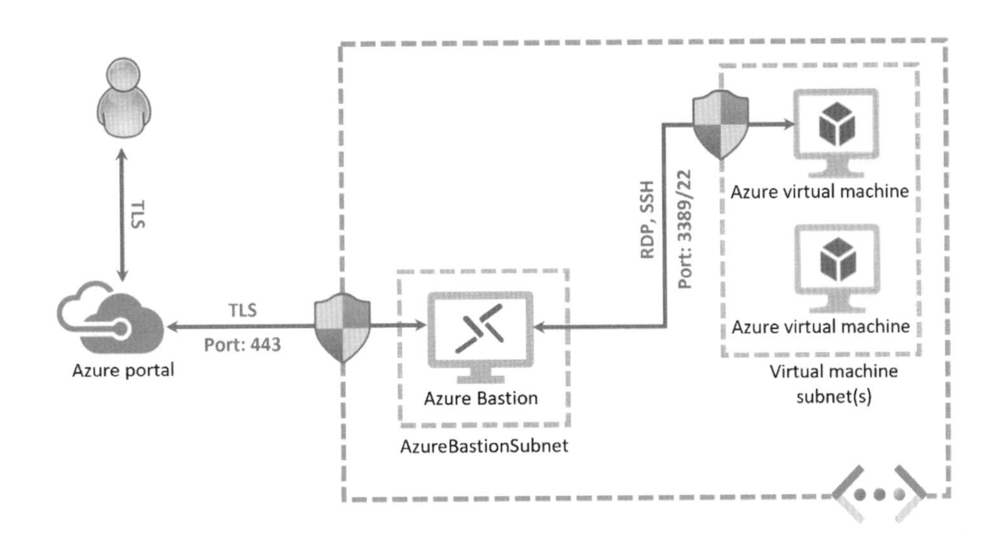

▲ Azure Bastion 連線方式示意圖

相較於 Azure Bastion，Just-In-Time VM 存取主要是適用於雲端的 Microsoft Defender 的功能，在訂用帳戶中啟用時，我們將能夠授權 JIT 存取特定 VM 一段時間。當該時間過期時，就會移除存取權，適用於雲端的 Microsoft Defender 透過自動變更 NSG 和 Azure 防火牆中的輸入連接埠規則，來允許此存取，此方法的優點包括：

1. 我們能夠使用選擇工具、遠端桌面或任何其他支援 RDP 的應用程式來連線到虛擬機器。
2. 我們能夠輕鬆地使用虛擬機器直接傳輸和管理檔案。
3. 我們虛擬機器未使用存取時，會自動鎖定輸入流量來保護。

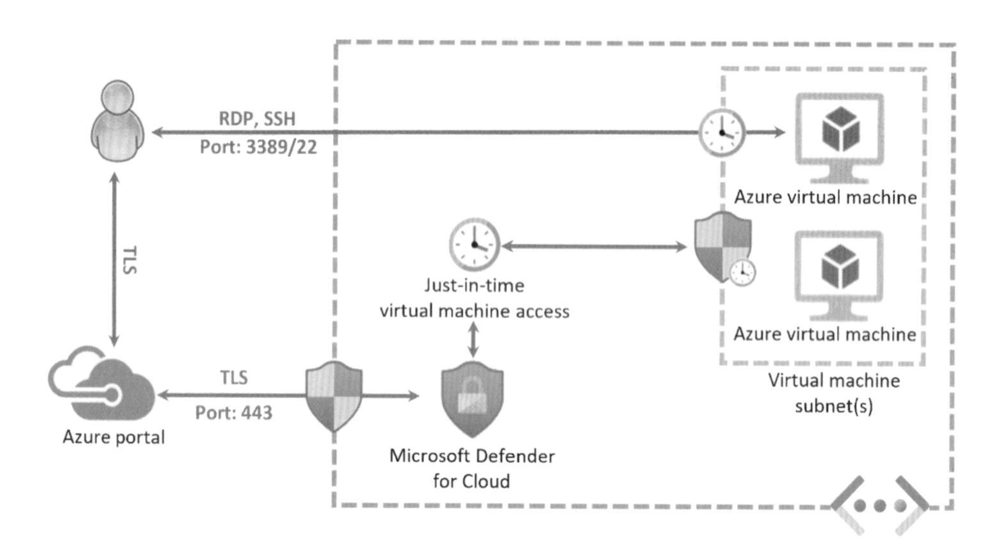

▲ 安全遠端連線示意圖

這兩個選項可大幅減少惡意使用者可能惡意探索的攻擊面，以下是一些使用案例，我們可以在其中選擇一個，請參考下表。

使用案例	Azure Bastion	JIT VM 存取
想要降低成本，因為虛擬機器將會存取，並且使用 24/7		是
客戶端電腦已鎖定且無法安裝 RDP 軟體	是	

使用案例	Azure Bastion	JIT VM 存取
我們必須能夠傳輸檔案		是
公司防火牆未開啟連接埠 3389 或 22	是	

如果我們想要最大的安全性，那麼可以結合 Azure Bastion 和 JIT VM 的存取，以利我們能夠取得瀏覽器型 SSL 連線到 Azure 虛擬機器的優點，並且未開啟公用 IP 位址或 RDP 埠，以及 Just-In-Time 存取的時間型限制。

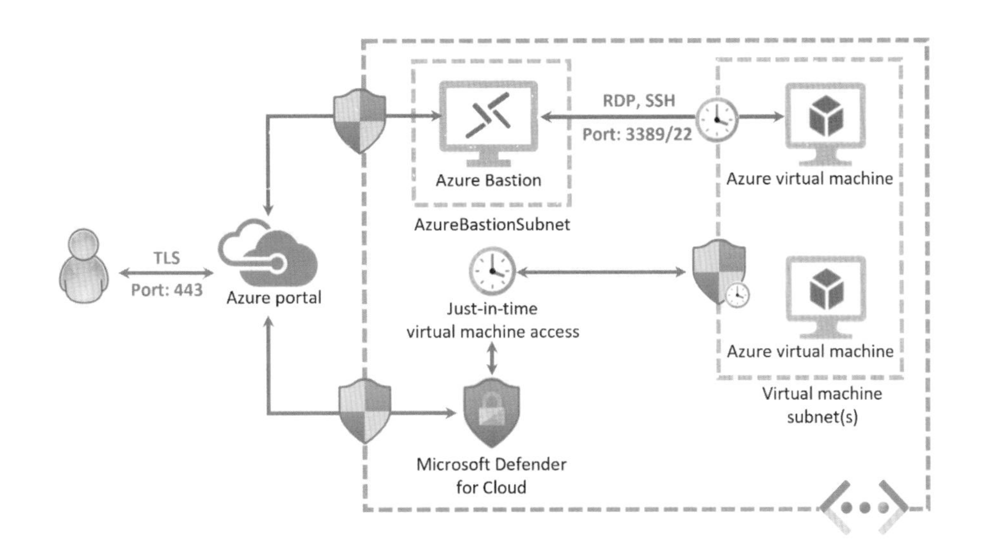

▲ 搭配 Azure Bastion 安全連線示意圖

排查 Azure Bastion 的問題時可能會看到三個主要的問題，分別為部署問題、連線能力問題和存取問題。當我們要進行部署時，請先檢查我們至少具有對虛擬機器的正確存取許可權，需要對虛擬機器、網路界面卡、專屬 IP 位址和虛擬網路的讀取者存取權限，我們至少有一個具有足夠額度的活動 Azure 訂閱，以及訂閱配額中留有足夠的公開 IP 位址。

如果要開始解決 Azure Bastion 服務和虛擬機器之間的連線問題，請先檢查虛擬機器是否正在運行，虛擬機器不需要具有公共 IP 位址，但是它必須位於支援 IPv4 的虛擬網路中，目前不支援僅限 IPv6 的環境。Azure Bastion 無法與位於後綴為 core.windows.net 或 azure.com 的 Azure 專用 DNS 區域中的虛擬機器一起使用，不支援此功能，因為它可能允許與內部終結點重疊，國家 / 地區雲端服務中的 Azure 專用 DNS 區域也不受支援。如果與虛擬機器的連接正常工作，但是無法登錄，請檢查它是否已加入網域，如果虛擬機器僅加入 Azure AD，這將無法解決問題，主要是因為不支援這種身份驗證。請注意預設情況下，AzureBastionSubnet 未分配 NSG，如果我們企業組織需要 NSG，則應確保正確的進行相關設定。

如果使用者遇到存取問題，請檢查他們是否具有授予他們對所有這些資源的讀取存取權限的角色，分別為虛擬機器、網路界面卡、Azure Bastion 服務和 AzureBastionSubnet，當是對等互連網路，則是要確認虛擬網路，如果所有這些資源都正確，並且當我們在嘗試使用 Azure Bastion 進行連接時仍然看到黑屏，則使用者的網站瀏覽器和 Azure Bastion 之間可能存在網路連線問題。

與 Azure Bastion 不同，可能只需要檢查即時虛擬機器存取的兩大問題，一是可用性問題，二是存取問題。JIT VM 存取主要是 Microsoft Defender for Cloud 的加強安全功能之一，我們的企業組織必須在訂閱層級別啟用增強的安全性。在虛擬機器上啟用 JIT VM 存取之後，使用者在請求存取特定受保護的虛擬機器時仍可能會遇到問題，如果使用者無法請求 JIT 存取，請檢查其角色的權限是否設定正確，以及我們能夠身份識別存取控制（IAM）來檢查哪些使用者已經被授予對虛擬機器的存取授權。請注意如果 Azure Bastion 具有子網與關聯的網路安全群組，則需要檢查其是否建立了所有入站和出站規則。

Azure Data Factory 服務

Azure Data Factory 主要是雲端資料整合服務，其主要能夠讓我們在建立以資料驅動的工作流程，以利協調資料移動和大規模轉換資料。當我們使用 Azure Data

Factory 建立和排程資料驅動的工作流程，稱為管線，它可以從不同的資料存放區擷取資料，以利我們以建立複雜的 ETL 流程，透過資料流程或使用計算服務，像是 Azure HDInsight Hadoop、Azure Databricks 和 Azure SQL Database 以視覺化方式轉換資料。

此外我們能夠將已轉換的資料發佈至資料存放區，像是 Azure Synapse Analytics，讓商業智慧的應用程式進行使用和分析，最後透過 Azure Data Factory 即能夠將未經處理資料組織到有意義的資料存放區和資料湖中，以利提供更佳的業務決策。

Data Factory 主要為資料工程師提供完整的端對端平台，分別為：

1. 連線和收集：企業有位於內部部署環境和雲端中完成不同來源的各種類型資料，像是結構化、非結構化和半結構化，將會面臨以不同的間隔和速度抵達。此時當我們建立資訊生產系統就會需要連線到所有必要的資料和處理來源，像是 SaaS 服務、資料庫、檔案共用和 FTP Web 服務，托著才會視需要將資料移至集中式的位置進行後續處理。如果沒有 Data Factory，則企業必須建置自訂的資料移動元件或撰寫自訂服務，以整合這些資料來源和處理，整合和維護這類系統相當耗費成本而且困難，同時這些系統經常會缺少企業等級監視、警示與完全受控服務可以提供的控制項。然而有了 Data Factory，我們就能夠使用資料管線中的複製活動，將內部部署和雲端來源資料存放區內的資料都移到雲端中的集中資料存放區，以利更進一步分析。

2. 轉換和擴充：在資料存在於雲端的集中式資料存放區之後，請使用 ADF 對應資料流程來處理或轉換所收集的資料，資料流程可讓資料工程師建立和維護在 Spark 上執行的資料轉換圖表，而不需了解 Spark 叢集或 Spark 程式設計。當我們如果我想要手動編寫轉換的程式碼，ADF 也支援外部活動，可供在 HDInsight Hadoop、Spark、Synapse Analytics 和 Machine Learning 等計算服務上執行轉換。

3. 持續整合和部署：使用 Azure DevOps 和 GitHub 為資料管線的 CI/CD 提供完整的持續整合和部署支援，這能夠讓我們在發佈成品之前，以累加方式開發和傳送 ETL 相關處理，在未經處理資料已精簡成符合業務需求的可取用形式之後，將該資料載入到 Azure SQL Database、Azure Cosmos DB，或業務使用者可從其商業智慧工具指向的任何分析引擎。

4. 監視：在我們順利建置和部署資料整合管線之後，從精簡資料提供業務價值，請監視所排定活動和管線的成功和失敗率，Azure Data Factory 主要提供內建支援，其能夠讓我們透過 Azure 監視器、API、PowerShell、Azure 監視器記錄及 Azure 入口網站上的健康情況面板監視管線。

整合執行階段（Integration Runtime, IR）主要是 Azure Data Factory 和 Azure Synapse 管線所使用的計算基礎結構，可在不同的網路環境中提供下列資料整合功能：

- 資料流：在受控 Azure 計算環境中執行資料流。
- 資料移動：針對內部部署或虛擬私人網路的資料存放區複製資料，此服務支援內建連接器、格式轉換、資料行對應，以及高效能且可調整的資料傳輸。
- 活動分派：分派和監視在各種計算服務上執行的轉換活動 Azure Databricks、Azure HDInsight、Azure SQL Database 等等。
- SSIS 套件執行：在受控 Azure 計算環境中，以原生方式執行 SQL Server Integration Services（SSIS）套件。

在 Data Factory 和 Synapse 管線中，活動會定義要執行的動作，連結服務可定義目標資料存放區或計算服務。整合執行時間提供活動與連結服務之間的橋樑，連結服務或活動會參考它，並且提供活動直接執行或分派的計算環境。這將能夠能讓活動在最接近目標資料存放區或計算服務的可能區域中執行，以最大化效能，同時允許彈性以符合安全性和合規性需求。

當你在 Data Factory 受控虛擬網路內建立 Azure 整合執行時間時，整合執行時間會佈建受控虛擬網路，其主要會使用私人端點安全地連線到支援的資料存放區。

在受控虛擬網路內建立整合執行時間將能夠確保資料整合程式隔離且安全，當我們使用受控虛擬網路的優點：

- 透過受控虛擬網路，我們能夠將管理虛擬網路負載卸載至 Data Factory，因此我們將不需要為整合執行時間建立子網，該執行時間最終可能會從虛擬網路使用許多私人 IP，而且需要先前的網路基礎架構的規劃。
- 不需要深入的 Azure 網路知識，就能安全地進行資料整合，反之對於資料工程師而言，開始使用安全的 ETL 會比較簡單。
- 受控虛擬網路以及受控私人端點可防止資料外流。

目前，只有與 Data Factory 區域相同的區域才支援受控虛擬網路，以及現有的全域整合執行時間無法切換到 Data Factory 受控虛擬網路中的整合執行時間，反之亦然。

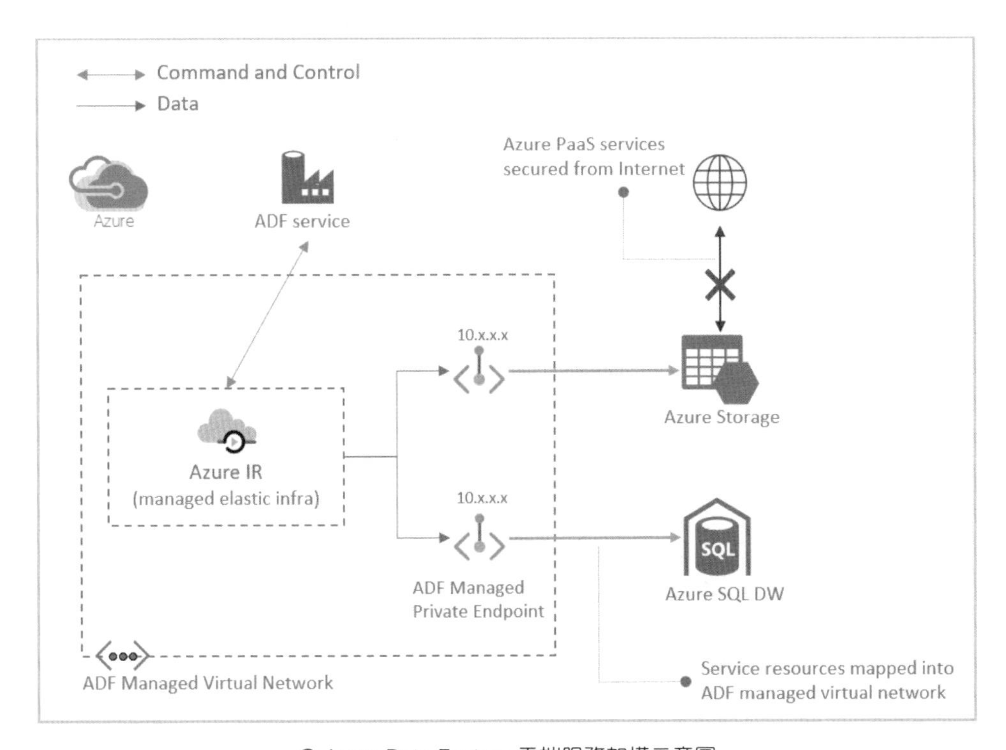

▲ Azure Data Factory 雲端服務架構示意圖

Data Factory 支援私人連結，你可以使用 Azure Private Link 來存取 Azure 平台即服務，像是 Azure Storage、Azure Cosmos DB 和 Azure Synapse Analytics。當我們使用私人連結時，資料存放區與受控虛擬網路之間的流量將會完全透過微軟的骨幹網路進行通訊，此時私人連結將能夠保護我們免受資料外洩風險，當然我們也能夠建立私人端點來建立資源的私人連結。

私人端點主要會使用受控虛擬網路中的私人 IP 位址，有效地將服務帶入其中，私人端點主要會對應至 Azure 中的特定資源，而不是整個服務，客戶將能夠限制其組織所核准之特定資源的連線能力。請注意如果平台即服務的資料存放區，像是 Azure Blob 儲存體、Azure Data Lake Storage Gen2 和 Azure Synapse Analytics 已建立私人端點，即使它允許從所有網路存取，Data Factory 還是只能使用受控私人端點來存取它。

當我們在 Data Factory 中建立受控私人端點時，私人端點連線會以擱置狀態建立，已起始核准工作流程，私人連結資源擁有者負責核准或拒絕連線。如果擁有者核准連線，就會建立私人連結，否則系統將不會建立私人連結，不論是哪一種情況，受控私人端點都會以連線的狀態進行更新，請注意只有處於核准狀態的受控私人端點可以將流量傳送至特定的私人連結資源。

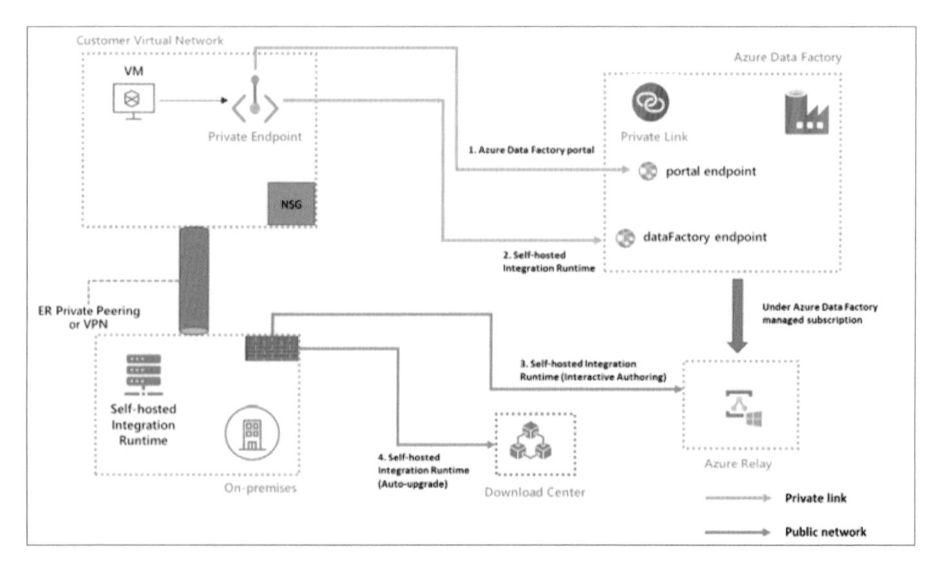

▲ Azure Data Factory 虛擬私人網路連線示意圖

Azure Synapse 服務

Azure Synapse Analytics 主要是一種整合式分析平台，其主要能夠資料倉儲、巨量資料分析、資料整合與視覺效果整合為單一環境，Azure Synapse Analytics 主要能夠讓使用者不分能力皆能夠存取，並且快速深入了解其所有資料，提供全新等級的效能和規模，根據 Gartner 定義了 Azure Synapse Analytics 可支援所有的分析類型，請參考下方：

1. **描述性分析**

   描述性分析主要回答在企業中發生什麼情況的問題，為了回答此問題，我們會透過建立資料倉儲提供回答，此時 Azure Synapse Analytics 具備專用 SQL 集區功能，我們能夠立持續性資料倉儲執行這種類型的分析，當然我們也能夠利用無伺服器的 SQL 集區，從資料湖中儲存的檔案準備資料，並且以互動方式來建立資料倉儲。

2. **診斷分析**

   診斷分析負責主要回答企業中為什麼會發生這種情況，為了回答此問題，我們會透過分析可能牽涉到探索資料倉儲中已存在的資訊，但是通常需要更廣泛地搜尋資料資產、找出更多資料以支援這種類型的分析。此時 Azure Synapse Analytics 中的相同 SQL 無伺服器功能，以互動方式探索資料湖中的資料，無伺服器 SQL 集區可以讓使用者快速地搜尋其它資料，以協助他我們了解為什麼會發生這種情況？

3. **預測性分析**

   Azure Synapse Analytics 主要能夠讓我們回答根據先前的趨勢和模式，未來企業中可能會發生什麼情況的問題，做法是使用其整合式 Apache Spark 引擎，Azure Synapse Spark 集區也可以與其他服務搭配使用，像是 Azure Machine Learning 服務或 Azure Databricks。

4. **指導性分析**

   Azure Synapse Analytics 主要透過 Apache Spark、Azure Synapse Link 及藉由整合串流技術（例如 Azure 串流分析）提供類型的分析使用預測性分析，根據即時或近乎即時的資料分析查看執行中的動作。Azure Synapse Analytics 讓該服務的使用者能夠依照自己的方式自由查詢資料，並大規模使用無伺服器或專用資源，Azure Synapse Analytics 使用 Azure Synapse 管線進行整合，並且提供統一的資料整合體驗，以內嵌、準備、管理及提供資料。此外我們也能夠使用整合到該服務中的 Power BI，以儀表板和報表的形式將資料視覺化供立即分析。

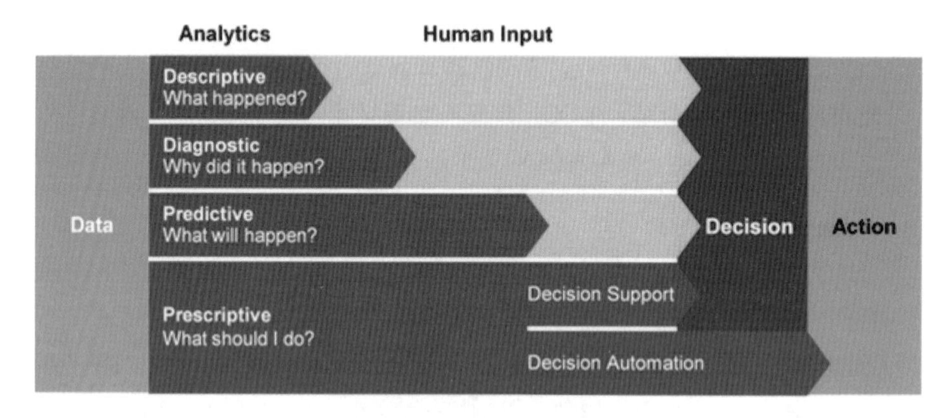

▲ 資料分析流程示意圖

Azure Synapse SQL 是一種分散式查詢系統，主要能夠讓我們利用資料工程師熟悉的標準 T-SQL 經驗，實作資料倉儲和資料虛擬化案例，並且 Synapse SQL 主要提供無伺服器和專用資源模型，以利處理描述性和診斷分析案例。

針對可預測的效能和成本，請建立專用 SQL 集區來為 SQL 資料表中所儲存的資料保留處理效能，以及針對未規劃或特定的工作負載，請使用永遠可用的無伺服器 SQL 端點。

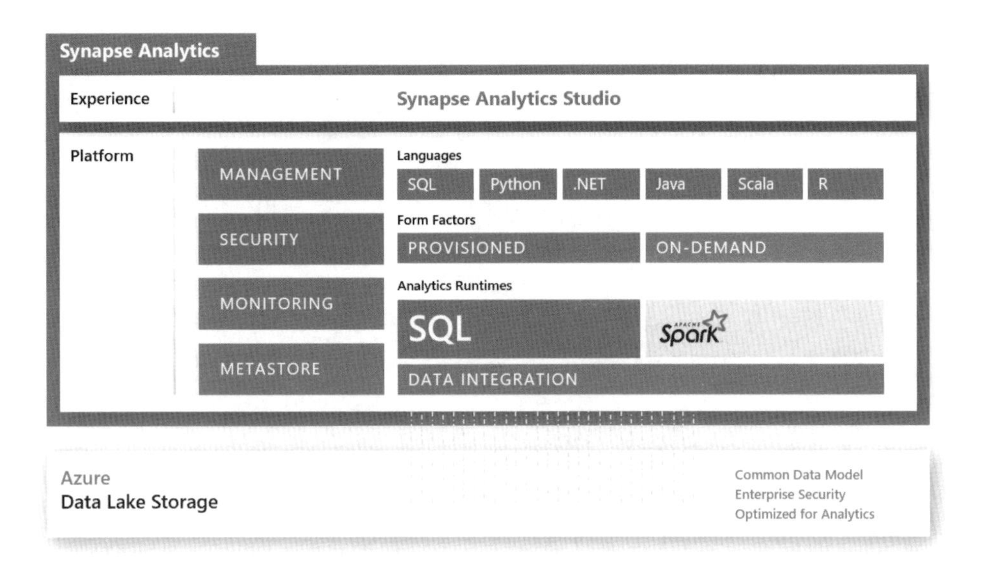

▲ Synapse Analytics 雲端服務示意圖

你可以使用適用於 Azure Synapse 的 Apache Spark，開發巨量資料工程和機器學習解決方案，我們能夠透過巨量資料運算引擎處理複雜的計算轉換，其主要會在資料倉儲中會花費太多時間。針對機器學習工作負載，我們能夠使用 Apache Spark 2.4 的 SparkML 演算法和 AzureML 整合，其內建 Linux Foundation Delta Lake 的支援，還有一個簡單的模型可佈建及調整 Spark 叢集，以利符合我們的運算需求，而不論想要對資料執行何種作業。

Azure Synapse 管線利用 Azure Data Factory 的功能，其主要是一項雲端式 ETL 和資料整合服務，其能夠讓我們建立資料驅動工作流程，以大規模協調資料移動及轉換資料。當使用 Azure Synapse 管線，我們能夠建立並且排程資料驅動工作流程（也稱為管線），從不同的資料存放區內嵌資料，我們能夠建立複雜的 ETL 程序，透過資料流程或使用計算服務，像是 Azure Databricks ，以視覺化方式來進行資料轉換。

此外 Azure Synapse Analytics 能夠使用 Azure Synapse Link 以連結到作業資料，並在不影響交易資料存放區效能的情況下達成。如果要進行這項操作，則我們必須同時在 Azure Synapse Analytics 及 Azure Synapse Analytics 要連接的資料存放區中啟用這項功能，在 Azure Cosmos DB 的情況下，這會建立分析資料存放區。當交易式系統中的資料變更時，系統會將變更的資料以資料行存放區格式送至分析存放區，而 Azure Synapse Link 可從中查詢，而不會中斷來源系統。簡單來說，利用 Azure Synapse Link 以近乎即時的混合式交易和分析處理以執行作業分析。

對於已有分析解決方案的組織，Azure Synapse Analytics 可與各種不同的技術整合加以補足，像是如果我們已使用 Azure Data Factory 建置資料整合管線，則可以使用這些管線將資料載入 Azure Synapse Analytics。當然我們也能夠在 Azure Databricks 中整合現有的資料準備或資料科學專案，另外也有與許多 Azure 安全性元件整合的功能，以確保符合組織內的安全性與合規性需求。初始部署 Azure Synapse Analytics 時，會一併部署幾項資源，包括 Azure Synapse 工作區，以及作為工作區主要儲存體的 Azure Data Lake Storage Gen2（ADLS Gen2）帳戶。

所以在所有企業組織和產業中，Azure Synapse Analytics 的常見使用案例主要能夠用於下列需求，分別為：

1. **新式資料倉儲**

   這牽涉到將所有資料、包括大量資料，以描述性的分析觀點、不論其位置或結構，整合到資料之原理，以進行分析和報告的能力。

2. **進階分析**

   可讓組織使用 Azure Synapse Analytics 的原生功能來執行預測性分析，並與其他技術，例如：Azure Databricks……進行整合。

3. **資料探索及模型化**

   Azure Synapse Analytics 提供的無伺服器 SQL 集區功能，可讓資料分析師、資料工程師和資料科學家等都能瀏覽資料資產內的資料，這項功能支援資料探索、診斷分析和探索式資料分析。

4. **即時分析**

   Azure Synapse Analytics 可以透過 Azure Synapse 連結等功能，或透過 Azure 串流分析和 Azure 資料總管等各服務的整合，以即時或近乎即時的方式來捕捉、儲存及分析資料。

5. **資料整合**

   Azure Synapse 管線可讓你內嵌、準備、模塑及提供下游系統所要使用的資料。這可供 Azure Synapse Analytics 的元件單獨使用。

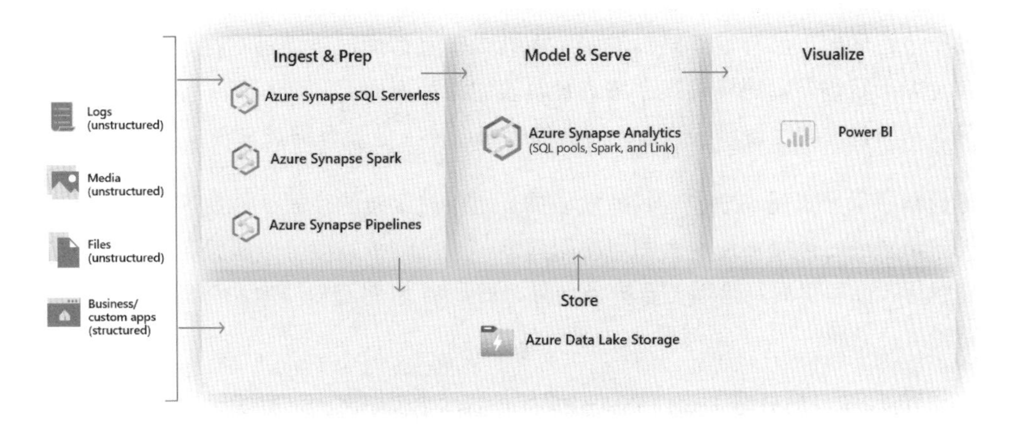

▲ 與分析相關的 Azure 雲端服務示意圖

Azure Synapse 主要實作多層式的安全性結構，針對資料進行端對端保護，總共有五個階層，分別為：

1. **資料保護**

   識別和分類機密資料，並加密待用和移動中的資料。

2. **存取控制**

   決定使用者與資料互動的權限。

3. **驗證**

   證明使用者和應用程式的身分識別。

4. **網路安全性**

   使用私人端點和虛擬私人網路來隔離網路流量。

5. **威脅防護**

   識別潛在的安全性威脅，像是不正常存取位置、SQL 插入式攻擊和驗證攻擊。

企業組織必須保護其資料，以利符合產業的標準，以降低資料外洩的風險。目前面臨的挑戰主要是如果我們不知道資料在哪裡，要如何加以保護？以及另一個挑戰是：需要何種層級的保護？因為某些資料集需要較多的保護。試想在企業組織成千上百個檔案儲存在其資料湖中，還有成千上百個資料表儲存在資料庫中，此時，如果我們自動掃描檔案系統或資料表的每個資料列和資料行，並且將資料行分類為潛在敏感性資料的流程，將能夠帶來好處。此流程稱為資料探索。

當資料探索程式完成之後，其將會根據一組預先定義的模式、關鍵字和規則來提供分類建議，然後，使用者即可檢閱建議，並且將敏感度分類標籤套用至適當的資料行，此程序稱為分類，至於 Azure Synapse 針對資料探索和分類提供了兩個選項：

1. 資料探索和分類：內建於 Azure Synapse 和專用 SQL 集區中。
2. Microsoft Purview：統一的資料控管解決方案，其能夠協助管理和控管內部部署、多雲端和軟體即服務（SaaS）資料，此工具可自動化資料探索、資料譜系識別和資料分類，藉由產生資料資產及其關聯性的整合對應，能夠讓資料更容易進行探索。

根據預設 Azure 儲存體主要會使用 256 位元的進階加密標準加密（AES 256）自動加密所有資料，這是最強的可用區塊編碼器之一，並且符合 FIPS 140-2 規範，平台主要會管理加密金鑰，並且形成第一層資料加密，此加密會同時套用至使用者和系統資料庫。啟用透明資料加密（TDE），主要為專用 SQL 集區新增第二層資料加密，這會對待用的資料庫檔案、交易記錄檔和備份執行即時 I/O 加密和解密，而且完全無須變更應用程式，根據預設會使用 AES 256。此外 TDE 主要會使用內建的伺服器憑證，主要由服務管理來保護資料庫加密金鑰（DEK），我們能夠將自備金鑰（BYOK）安全地儲存在 Azure Key Vault 中。

Azure Synapse SQL 無伺服器集區和 Apache Spark 集區是可直接在 Azure Data Lake Gen2（ALDS Gen2）或 Azure Blob 儲存體上運作的分析引擎，這些分析執行階段沒有任何永久儲存體，而需依賴 Azure 儲存體加密技術來保護資料。預設 Azure 儲存體主要會使用伺服器端加密來加密所有資料，對於所有儲存體類型，包括 ADLS Gen2 分會啟用此功能，且無法停用，伺服器端加密會使用 AES 256 以透明的方式加密和解密資料。

伺服器端加密的選項主要有兩種，分別為：

- Microsoft 管理的金鑰：Microsoft 會管理加密金鑰的每個層面，包括金鑰的儲存、擁有權和輪替，這對客戶來說是完全透明的。
- 客戶管理的金鑰：在此案例中，用來對 Azure 儲存體中的資料進行加密的對稱金鑰，會使用客戶提供的金鑰來加密，支援大小為 2048、3072 和 4096 的 RSA 和 RSA HSM（硬體安全模組）金鑰。此外金鑰可安全地儲存在 Azure Key Vault 或 Azure Key Vault 受控 HSM 中，這將能夠讓我針對金鑰及其管理進行精細的存取控制，包括儲存、備份和輪替。

伺服器端加密形成了第一層加密，而謹慎的客戶還可進一步雙重加密，方法就是在 Azure 儲存體基礎結構層啟用第二層的 256 位元 AES 加密，其名為基礎結構加密，主要是搭配使用平台管理的金鑰與伺服器端加密的不同金鑰，所以儲存體帳戶中的資料會加密兩次，一次在服務層級，一次在基礎結構層級，且會使用兩個不同的加密演算法和不同的金鑰。

Azure Synapse、專用 SQL 集區（先前為 SQL DW）和無伺服器 SQL 集區會使用表格式資料流（TDS）通訊協定，在 SQL 集區端點與用戶端機器之間進行通訊，TDS 需仰賴傳輸層安全性（TLS）進行通道加密，以利確保端點與用戶端機器之間的所有資料封包都受到保護和加密。其主要會使用憑證授權單位（CA）用於 TLS 加密的已簽署伺服器憑證，主要由 Microsoft 管理，Azure Synapse 支援使用 AES 256 加密，透過 TLS 1.2 對傳輸中的資料進行加密。

Azure Synapse 主要會利用 TLS 來確保資料在移動時會加密，SQL 專用集區支援以 TLS 1.0、TLS 1.1 和 TLS 1.2 版進行加密，Microsoft 提供的驅動程式依照預設將會使用 TLS 1.2，無伺服器 SQL 集區和 Apache Spark 集區會對所有輸出連線使用 TLS 1.2。

Azure Synapse 工作區端點在佈建之後會是公用端點，這時會啟用從任何公開網路存取這些工作區端點的功能，其中包括位於客戶企業組織外部的網路，而不需要透過 VPN 或 ExpressRoute 連線至 Azure。同時所有 Azure 服務，像是包括 Azure Synapse 等 PaaS 服務皆會受到 DDoS 基本保護的保護，以利降低惡意攻擊的風險，作用中流量監視、一律開啟的偵測，以及自動攻擊風險降低。工作區端點的所有流量，即使是透過公用網路在傳輸期間都會由傳輸層安全性（TLS）通訊協定加密和保護。

如果需要保護任何敏感性資料，建議我們完全停用工作區端點的公用存取。如此一來，就能確保所有工作區端點都只能夠使用私人端點來存取。如果要為訂用帳戶或資源群組中的所有 Synapse 工作區停用公用存取，能夠藉由指派 Azure 原則來強制執行，當然我們也能夠根據工作區所處理的資料具備的敏感度，就個別工作區停用公開網路存取。但是如果需要啟用公用存取，強烈建議我們將 IP 防火牆規則設定為僅允許來自指定公用 IP 位址清單的輸入連線。當內部部署環境無法存取 VPN 或透過 ExpressRoute 連線至 Azure，並且需要存取工作區端點時，請考慮啟用公用存取，在此情況下，請在 IP 防火牆規則中指定內部部署資料中心和閘道的公用 IP 位址清單。

Azure 私人端點是一個虛擬網路介面，具有在客戶本身的 Azure 虛擬網路（VNet）子網路中建立的私人 IP 位址，我們能夠為任何支援私人端點的 Azure 服務建立私人端點，這類服務包括 Azure Synapse、專用 SQL 集區、Azure SQL Database、Azure 儲存體，或者在 Azure 中由 Azure Private Link 服務提供技術支援的任何服務。

Azure Purview 服務

Microsoft Purview 主要是統一資料治理服務，其能夠協助我們管理及治理內部部署、多雲端與軟體即服務（SaaS）資料，並且透過自動化的資料探索、敏感性資料分類和端對端資料譜系，輕鬆地為資料態勢建立狀態最新的全面性地圖。讓資料取用者能夠找到寶貴、值得信任的資料。

其主要元素為資料對應、資料目錄和資料資產見解，其中資料對應可為 Purview 資料目錄和資料資產見解提供動力，讓 Microsoft Purview 治理入口網站內的操作體驗統一，以及資料資產見解是 Microsoft Purview 的關鍵支柱之一，其將能夠讓我們取得自己資料目錄的概觀，其涵蓋下列重要面向：

1. 資產見解：資料資產和來源類型分佈的報告，我們將能夠以依來源類型、分類和檔案大小進行檢視，並且以圖表或關鍵效能指標（KPI）的形式檢視見解。
2. 掃描見解：此報告主要會提供掃描之健康情況的相關資訊，像是成功、失敗或取消。
3. 字彙見解：字彙的狀態報告，其將能夠協助使用者依狀態了解字彙字詞的分佈，或檢視這些字詞附加至資產的方式。
4. 分類見解：顯示分類資料所在位置的報告，其可讓安全性系統管理員了解可在其組織的資料資產中找到的資訊類型。
5. 敏感度見解：此報告著重於在掃描期間所找到的敏感度標籤，安全性系統管理員可以利用此資訊確保安全性適用於資料資產。
6. 副檔名見解：在掃描期間找到的副檔名或檔案類型的詳細報告，使用此報告可了解現有每種類型之檔案的數目，其也會指出這些檔案的所在位置，以及是否可以掃描這些檔案中的敏感性資訊。

資料對應主要是 Microsoft Purview 的基礎平台。資料對應 = 資料資產 + 譜系 + 分類 + 商業內容，客戶會建立來自各種來源之資料的知識圖表，Purview 將能夠讓我們輕鬆註冊，並且自動對資料進行大規模掃描和分類。在資料對應內，我們將能夠識別資料來源的類型，以及有關安全性、掃描等的其它詳細資料，資料對應也能夠讓我們使用集合，所謂集合是將資料資產分類為邏輯集合（類別）的一種方式，以簡化對目錄內資產的管理和探索。

註冊資料來源之後，你必須執行掃描才能存取中繼資料，並瀏覽資產資訊，我們將能夠針對想要掃描的資料設定掃描規則，在 Microsoft Purview 目錄中，我們能夠建立掃描規則集，並且讓我們能夠快速掃描組織中的資料來源。掃描規則集是將一組掃描規則分組在一起的容器，讓我們能夠輕鬆地將其與掃描建立關聯，掃描規則集能夠讓後面選取要用於結構描述擷取和分類的檔案類型，也能夠讓我們定義新的自訂檔案類型，像是我們能夠為每個資料來源類型建立預設掃描規則集，然後預設針對公司內的所有掃描使用這些掃描規則集，當然也建議我們讓擁有適當權限的使用者根據業務需求使用不同的設定來建立其它掃描規則集。

中繼資料用於協助描述正在進行掃描並在目錄中提供的資料，在掃描集的設定期間，我們將能夠指定要在掃描期間套用的分類規則，此規則也會作為中繼資料。分類規則分成五個主要類別，分別為：

1. 政府：涵蓋政府身分識別卡、駕照號碼、護照號碼等屬性。
2. 財務：涵蓋銀行帳號或信用卡號碼等屬性。
3. 個人：個人資訊，例如人員的年齡、出生日期、電子郵件地址、電話號碼等。
4. 安全性：例如可儲存的密碼等屬性。
5. 其他：未涵蓋於其他類別中的屬性。

資料譜系的概念著重在資料的生命週期上，生命週期與資料可能經歷的各個階段有關，在資料的整個生命週期中，其會進行來源搜尋、移動及儲存。資料也可能會在「擷取、載入、轉換 / 擷取、轉換、載入（ELT/ETL）」作業中進行轉換。資料譜系可讓使用者透過查看資料管線取得資料生命週期的見解，我們將能夠使用譜系來找出問題的根本原因、執行資料品質分析，以及驗證合規性。

我們將討論如何判斷 Microsoft Purview 是否為滿足你資料治理和探索需求的正確選擇，我們將列出一些準則，其會指出 Microsoft Purview 是否符合我們的需求，分別為：

1. 探索：因為沒有可註冊資料來源的中央位置，所以除非使用者在另一個流程中接觸到資料來源，否則他們並不知道有此資料來源，目錄將能夠讓管理資料的使用者輕鬆地探索和了解資料來源。除非使用者知道資料來源的位置，否則我們無法使用客戶端應用程式連線到資料，資料取用體驗需要使用者知道連接字串或路徑，不會知道資料的用途，因為資料來源和文件可能會存在於許多地方，並且可透過各種不同的操作體驗來進行取用。

2. 控管：隨著企業組織中的資料持續增加，探索、保護和治理該資料的工作就會變得越來越困難，資料會儲存在不同的位置，這可能是基於合規性因素，其中資料可能包含敏感性資訊，為了符合公司安全性原則、政府法規和客戶需求的規範，是資料治理的重要考量事項，所以了解哪些資料來源包含敏感性資訊，是了解何處需要保護，以及如何防範存取此敏感性資料的關鍵。

Microsoft Purview 可以掃描文件檔案並自動加以分類。Microsoft Purview 會依 RegEx 和 Bloom 篩選分類資料，其中 RegEx 分類涵蓋各種屬性，其涵蓋的類別包括銀行資訊（ABA 銀行代碼或國家 / 地區特定的銀行帳號）、護照號碼、國家 / 地區特定的識別碼等等，而 Bloom 篩選分類包括適用於城市、國家 / 地區、地點和人員資訊的屬性。

模擬練習題

請切記，Azure 證照考試的題目會隨時進行更新，故本書的考題「僅提供讀者熟悉考題使用」，請讀者準備證照考試時，必須以讀懂觀念為主，並透過練習題目來加深印象。

題目 1

A company wants to build a new voting kiosk for sales to governments around the world. Which IoT technologies should the company choose to ensure the highest degree of security?

A. IoT Hub
B. IoT Central
C. Azure Sphere

題目 2

A company wants to quickly manage its individual IoT devices by using a web-based user interface. Which IoT technology should it choose?

A. IoT Hub
B. IoT Central
C. Azure Sphere

題目 3

You want to send messages from the IoT device to the cloud and vice versa. Which IoT technology can send and receive messages?

A. IoT Hub
B. IoT Central
C. Azure Sphere

題目 4

You need to predict future behavior based on previous actions. Which product option should you select as a candidate?

A. Azure Machine Learning
B. Azure Bot Service
C. Azure Cognitive Services

題目 5

You need to create a human-computer interface that uses natural language to answer customer questions. Which product option should you select as a candidate?

A. Azure Machine Learning
B. Azure Cognitive Services
C. Azure Bot Service

題目 6

You need to identify the content of product images to automatically create alt tags for images formatted properly. Which product option is the best candidate?

A. Azure Machine Learning
B. Azure Cognitive Services
C. Azure Bot Service

題目 7

You need to process messages from a queue, parse them by using some existing imperative logic written in Java, and then send them to a third-party API. Which serverless option should you choose?

A. Azure Functions
B. Azure Logic Apps

題目 8

You want to orchestrate a workflow by using APIs from several well-known services. Which is the best option for this scenario?

A. Azure Functions
B. Azure Logic Apps

題目 9

Your team has limited experience with writing custom code, but it sees tremendous value in automating several important business processes. Which of the following options is your team's best option?

A. Azure Functions
B. Azure Logic Apps

題目 10

Which of the following choices would not be used to automate a CI/CD process?

A. Azure Pipelines
B. GitHub Actions
C. Azure Boards

答案與解析

題目 1

答案：C

解析：Azure Sphere 主要提供最高程度的安全性，以利確保裝置未被篡改。

題目 2

答案：B

解析：IoT Central 主要能夠快速建立基於網站的管理平台，以利實現與 IoT 裝置的通訊和報表。

題目 3

答案：A

解析：IoT 中心主要透過發送和接收訊息與IoT設備進行通訊。

題目 4

答案：A

解析：Azure 機器學習能夠讓我們產成模型來預測未來結果的可能性。

題目 5

答案：C

解析：Azure 機器人服務主要建立利用自然語言的虛擬代理解決方案。

題目 6

答案：B

解析：Azure 認知服務包括可識別影像內容的視覺服務。

題目 7

答案：A

解析：Azure Function 是正確的選擇，因為我們只需要進行現有 Java 程式碼的最少修改。

題目 8

答案：B

解析：透過 Azure Logic Apps 將能夠輕鬆的建立工作流程，並且與自行撰寫的程式碼和手動協調所有步驟相比，只需要花費更少的精力。

題目 9

答案：B

解析：透過 Azure Logic Apps允許我們自動執行業務流程。

題目 10

答案：C

解析：Azure Boards 是一個敏捷的專案管理工具。

2.4 安全性、合規性和身分識別基本概念

Azure 資訊安全中心主要是一項監控服務，其主要提供 Azure 和企業內部部署環境中所有服務安全性狀態，簡單來說就是網路安全性原則和控制，以及可預測、預防及回應安全性威脅的程度。企業能夠使用資訊安全中心來取得其環境中不同元件的詳細分析，因為該公司的資源主要會根據其獲指派的任何治理原則的安全性控制進行分析，所以其可從完全來自一個位置的安全性觀點來檢視其整體法規合規性，並且產生對應的安全分數。

所謂安全分數是組織安全性狀態的測量，安全分數的計算依據是安全性控制或相關的安全性建議群組，安全分數主要會根據你所滿足的安全性控制百分比來計算，當我們滿足的安全性控制越多，所獲得的分數就越高，當針對控制項內的單一資源補救所有建議時，分數就會有所改善。

遵循安全分數建議可協助保護貴組織免於遭受威脅，透過 Azure 資訊安全中心的集中式儀表板，企業組織將能夠監控，並且處理其 Azure 資源的安全性，像是身分識別、資料、應用程式、裝置與基礎結構，同時安全分數將能夠協助報告企業組織安全性狀態的目前狀態，藉由提供可搜尋性、可見度、指引和控制來改善安全性狀態以及與基準進行比較並建立關鍵效能指標（KPI）。

大規模安全性管理可獲益於專用安全性資訊與事件管理（SIEM）系統，所謂 SIEM 系統主要能夠從許多不同的來源匯整安全性資料，以及提供威脅偵測及回應功能。Azure Sentinel 主要就是 Microsoft 的雲端式 SIEM 系統，其主要會使用智慧型安全性分析與威脅分析，其主要提供以下功能，分別為：

1. 大規模收集雲端資料：在本地和從多個雲中跨所有用戶、設備、應用程序和基礎結構收集數據。
2. 檢測以前未檢測到的威脅：使用 Microsoft 的綜合分析和威脅情報，最大程度地減少誤報。

3. 透過人工智慧調查威脅：利用多年來使用 Microsoft 的網路安全體驗大規模檢查可疑活動。
4. 快速回應事件：使用內建的業務流程和常見任務自動化。

當 Azure Sentinel 偵測到可疑事件時，企業客戶將能夠調查特定警示或「事件」，也就是一組相關的警示，透過調查圖表，我們將能夠直接連線到警示的實體檢閱資訊，並且查看常見的探索查詢以協助引導進行調查。

當企業在雲端中建置其工作負載，因此其必須謹慎處理密碼、加密金鑰與憑證等敏感性資訊，並且必須提供此資訊，應用程式才能夠正常的運作，但是也有可能會允許未經授權的人員存取應用程式資料。此時 Azure Key Vault 能夠將應用程式的秘密儲存在單一集中位置，以利提供存取控制和記錄功能來提供敏感性資訊的安全存取，我們主要能夠使用 Azure Key Vault 安全的儲存金鑰（Key）、秘密（Secret） 和憑證（Certificate）。

1. 秘密管理：Azure Key Vault 主要用於安全地儲存權杖、密碼、憑證、API 金鑰和其他秘密，並嚴密控制其存取。
2. 金鑰管理：Azure Key Vault 主要用於為金鑰管理解決方案。Azure Key Vault 可讓你輕鬆地建立和控制用來加密資料的加密金鑰。
3. 憑證管理：Azure Key Vault 主要用於讓我們輕鬆地建立、管理及部署 Azure 和內部連線資源所使用的公用和私人傳輸層安全性 / 安全通訊端層（TLS/SSL）憑證。

請注意 Azure Key Vault 有兩個服務層級，分別為標準層，使用軟體金鑰進行加密；以及進階層，其中包含受硬體安全模組（HSM）保護的金鑰。

當我們在 Azure Key Vault 中儲存應用程式的秘密之後，將能夠大幅降低不小心外洩秘密的風險，尤其是當我們開發網站應用程式時需要儲存連線資訊在應用程式中，此時如果我們使用 Key Vault 時，則應用程式開發人員就不再需要在其應用程式中儲存連線資訊，只需要在 Azure Key Vault 中儲存連線資訊，像是用於連接資料庫的連接字串。

當我們在 Azure Key Vault 中建立憑證時，就會自動產生相同名稱的金鑰和秘密，Azure Key Vault 憑證中主要包括 x509 憑證的中繼資料，並且其主要會以憑證值作為秘密，請參考下圖。當 Azure Key Vault 憑證建立之後，該憑證主要能夠透過 PFX 或 PEM 格式的私密金鑰來進行擷取，同時我們能夠透過憑證原則來建立和管理憑證生命週期的資訊，當憑證與私密金鑰被匯入金鑰儲存庫之後，系統就會讀取 x509 憑證來建立設的原則，此外 Azure Key Vault 主要與 DigiCert 和 GlobalSign 憑證簽發者的提供者有夥伴關係，主要適用於 TLS/SSL 憑證。

最後關於更新 Azure Key Vault 憑證，如果我們要取得憑證生命事件的通知，此時我們需要新增憑證連絡人用來傳送憑證存留期事件觸發的通知。當我們使用短期憑證或增加憑證輪替的頻率，將能夠協助防止未經授權的使用者存取應用程式。

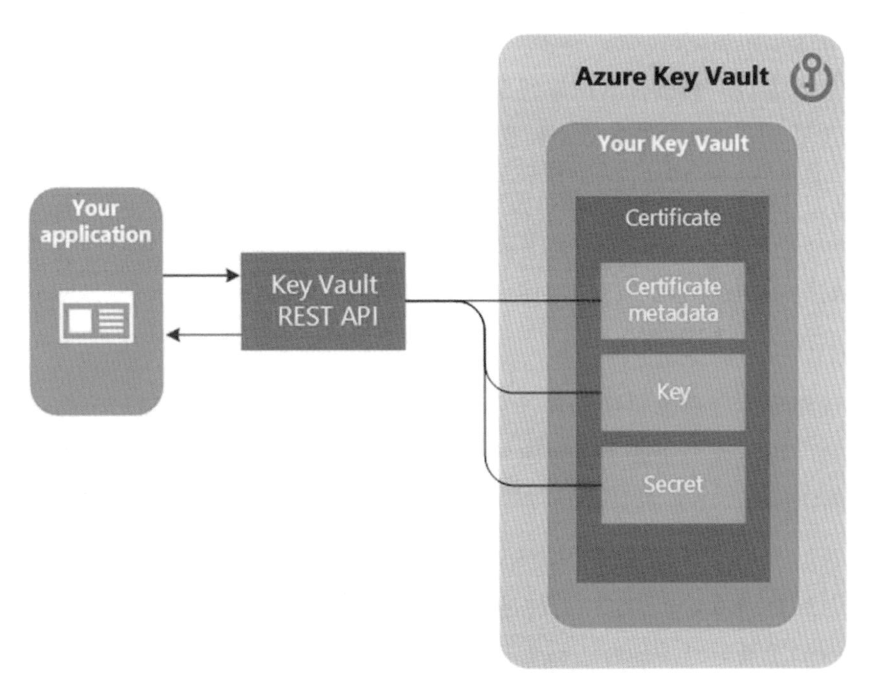

Ⓐ Azure Key Vault 儲存憑證示意圖

企業組織目前需要一種新的安全模型，該模型能夠有效地適應現代環境的複雜性，擁抱行動工作的員工團隊，並且保護人員、設備、應用程式和資料，無論他們身在何處。

零信任模型不是相信企業防火牆後面的所有內容都是安全的，而是假設存在漏洞，並且驗證每個請求，就好像它來自不受控制的網路一樣，無論請求源自何處或存取什麼資源，零信任模型都教導我們從不信任，始終驗證（Never trust, Always verify.）。

零信任主要有三個基本原則，分別為：

1. 顯式驗證：始終根據所有可用資料點進行身份驗證和授權。
2. 最小權限存取：透過即時和足夠存取（JIT/JEA）、基於風險的自適應策略和資料保護來限制使用者存取。
3. 假設違規：最小化爆炸半徑和分段存取，驗證端到端加密並使用分析來獲得可見性、推動威脅檢測和改善防護機制。

零信任方法應該擴展到整個數位資產，並且作為整合的安全理念和端到端策略，這是透過在六個基本元素中實作零信任控制和技術來完成的，這些都是信號來源，執法的控制平面，以及需要保護的關鍵資源，零信任方法可以圍繞關鍵技術支柱進行組織，分別為：

1. 使用零信任保護身份：無論它們代表人員、服務還是 IoT 裝置，都可以定義零信任控制平面。當標識嘗試存取資源時，請使用強身份驗證驗證該識別，並且確保該身份識別存取，以及遵循最小權限存取原則。
2. 使用零信任保護端點：一旦向身份授予了對資源的存取權限，資料就能夠流向各種不同的端點，從物聯網裝置到智慧手機，從 BYOD 到合作夥伴代管的設備，從本地端工作負載到雲端代管伺服器。這種多樣性會產生巨大的攻擊面，監控和實作設備執行狀況和合規性，以利實現安全存取。

3. 零信任安全應用程式：應用程式和 API 提供使用資料的介面。它們可能是舊版本地、提升並轉移到雲端工作負載或現代 SaaS 應用程式。應用控制和技術來發現影子 IT，確保適當的應用內許可權，基於即時分析進行訪問，監控異常行為，控制使用者操作，並驗證安全配置選項。

4. 零信任安全基礎架構：無論是本地伺服器、基於雲端的 VMS、容器還是微服務，基礎架構都是一個關鍵的威脅媒體，評估版本、設定和 JIT 存取以強化防禦，用於檢測攻擊和異常，並且自動阻止和標識出危險行為，以及採取保護措施。

5. 零信任的安全網路：所有資料最終皆會透過網路基礎架構進行存取，網路控制將能夠提供關鍵的控制，以利增強可見性，並且防止攻擊者在網路上橫向移動，對於網路進行分段，以及進行更深入的網路細微分段、部署即時威脅防護、端到端加密、監控和分析。

6. 零信任的可見性、自動化和編排：在零信任指南中定義了跨身份、端點和裝置、資料、應用、基礎架構和網路實作端到端零信任的方法。這些活動將提高可見性，從而為我們提供了更好的資料，以利做出信任決策。由於每個單獨的區域皆會產生自己的相關警報，因此我們需要整合的功能來管理由此產生的匯入資料，以利更好地防禦威脅，並且驗證對於交易的信任。

使用零信任，我們從預設信任的角度轉向例外信任的角度，自動管理這些異常和警報的集成功能非常重要，因此我們能夠更輕鬆地尋找和檢測威脅，對其進行回應，並且在整個組織中防止或阻止不需要的事件。

微軟網路安全參考架構（Microsoft Cybersecurity Reference Architectures, MCRA）主要描述了微軟的網路安全能力，參考體系架構描述了 Microsoft 安全功能如何與 Microsoft 服務和應用程式、Microsoft 雲端平台，像是 Azure 和 Microsoft 365、第三方應用程式，像是 Salesforce，以及第三方平台，像是 Amazon Web Services（AWS）和 Google Cloud Platform（GCP）整合。以及由有關 Microsoft 網路安全功能、零信任使用者存取、安全操作、操作技術、跨多雲端平臺功能、攻擊鏈覆蓋範圍、Azure 本機安全控制和安全組織功能的詳細技術圖所組成。此外還包括零信任快速現代化計劃的概述，這包括有關安全操作和關鍵計劃的其它關鍵資訊，像是防止人為操作的勒索軟體和保護特權存取。

微軟網路安全參考架構主要用於多種用途，分別為：

1. 安全體系架構的初始範本：最常見的範例主要是用於幫助企業組織定義網路安全功能的目標狀態，企業組織發現此體系結構很有用，因為它主要涵蓋了現代企業資產中的功能，這些功能現在跨越內部部署，行動裝置，多個雲端平台、物聯網和營運的技術。

2. 安全功能的比較參考：企業組織使用微軟網路安全參考架構與他們已經擁有並已實作的內容進行比較，許多企業組織發現他們沒有意識到他們已經擁有相當多的安全架構技術。

3. 了解整合應用：微軟網路安全參考架構能夠幫助架構師和技術團隊確定如何利用微軟的雲端功能和現有安全功能中的整合關鍵重點。

4. 了解網路安全：剛接觸網路安全的架構師，將其用作學習工具，為他們的第一份職業或職業轉變做準備。

然而針對不同的階段和角色我們將會需要透過技術實現和微軟相關文件來落實網路資訊安全的保護，其中包括許多建議閱讀的文件像是 Cloud Adoption Framework（CAF）、Microsoft Cybersecurity Reference Architectures（MCRA）、Azure Security Benchmark……等等，請參考下圖。

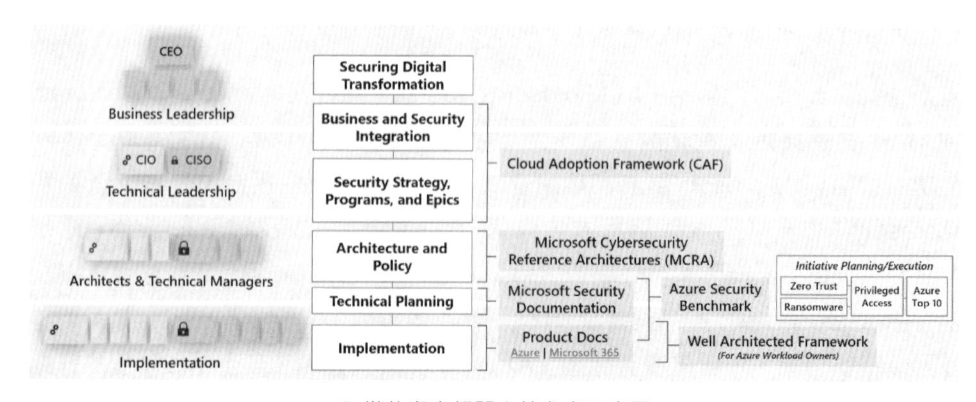

▲ 微軟資安相關文件參考示意圖

網路安全架構師主要參考雲端採用框架中提供安全方法，安全方法主要包括將安全性整合至大型企業組織中的三種整合方法，以及五個安全規則，這些規則應成為安全計劃的一部分，分別為：

整合方法

1. 風險見解：安全團隊的目標主要了解業務，然後利用其安全專業知識來識別業務目標和資產的風險，接著就每種風險向決策者提出建議，然後建議哪些風險是可以接受的，當提供此資訊時，我們應該了解這些決策的責任在於我們的資產或流程擁有者。

2. 安全整合：安全應該是每個人工作的一部分，就像業務需求、效能和可靠性一樣，所有級別的安全性都應熟悉企業組織的整體業務優先順序、IT 計劃和風險偏好。將安全性視為貫穿業務各個方面的線索，安全應該感覺像是業務的自然組成部分，業務應該感覺像是安全的一個自然組成的部分。

3. 業務彈性：企業組織永遠無法擁有完美的安全性，但是我們能夠針對安全攻擊具有彈性調整，就像我們永遠無法完全免受真實世界中的所有健康和安全風險一樣，我們操作的資料和資訊系統也從未始終 100% 免受所有攻擊。將我們的安全工作重點放在提高業務維運在面對安全事件時的彈性上，這將能夠降低風險，並且持續改進安全狀況和回應事件的能力。

安全規則

1. 存取控制：存取控制是最常體驗的安全部分，當我們登入電腦和手機時，嘗試存取應用程式時。雖然存取控制並不是安全的全部，但是非常的重要，所以我們需要適當的關注，以利使用者體驗和安全保證都是正確的。

2. 安全操作：安全操作主要透過限制來自存取企業組織資源的攻擊者損害來降低風險，安全操作側重於通過檢測、回應和幫助從活動攻擊中恢復來減少攻擊者存取資源的時間。快速回應和恢復透過損害攻擊者的投資回報率來保護我們的企業組織，當對手被驅逐並被迫開始新的攻擊時，攻擊的成本就會上升。

3. 資產保護：資產包括實體和虛擬專案，像是筆記型電腦、資料庫、檔案和虛擬儲存帳戶，保護業務關鍵型資產通常依賴於底層系統，像是儲存、資料、端點設備和應用程式元件的安全性，最有價值的技術資產通常是資料和應用程式的可用性。

4. 安全治理：安全治理主要將業務優先順序與體系結構、標準和策略等技術實現聯繫起來，治理團隊提供監督和監視，以利隨著時間的推移維持和改善安全狀況，這些團隊還根據監管機構的要求報告的合規性。

5. 創新安全：創新是數位時代組織的命脈，需要同時實現和保護，創新安全主要能夠保護創新流程和資料免受網路攻擊，數位時代的創新主要採用使用 DevOps 或 DevSecOps 方法開發應用程式的形式，以快速進行創新。

許多企業組織都在組織中管理多個同時轉換，這些內部轉型通常是因為幾乎所有外部市場都在轉型，以利滿足客戶對行動和雲端技術的新偏好，企業組織經常面臨新創業公司的競爭威脅，以及可能擾亂市場的傳統競爭對手的數位化轉型，內部轉型過程通常包括：

1. 業務數位化轉型：以抓住新機遇，並且保持與數位原生新創公司的競爭力。
2. IT 組織的技術轉型：通過雲端服務、現代化開發和相關變更來支援該計劃。
3. 安全轉型：既能適應雲端，又能同時應對日益複雜的威脅環境。

基於企業組織的安全轉型，實作安全設計原則主要是零信任架構的關鍵，安全設計原則描述了代管在雲端或本地端資料中心上的安全架構系統，應用這些原則將能夠明顯的提高安全體系結構確保機密性、完整性和可用性，同時我們主要會透過 Azure Well-Architected Framework 中的原則評估工作負載，以下設計原則主要提供問題的背景、為什麼某個方面很重要和哪一個方面如何適用於安全性。這些關鍵設計原則用於評估 Azure 上部署的應用程式的安全性，其主要為應用評估問題提供了一個框架，分別為：

1. 規劃資源和如何強化資源：規劃工作負載資源時考慮安全性，了解如何保護各個雲服務以及使用服務支援框架進行評估。
2. 自動化和使用最小特權：在整個應用程式和控制平面中實現最小特權，以利防止資料外洩和惡意執行元件情況，並且透過 DevSecOps 推動自動化，以及最大限度地減少對於人工操作互動的需求
3. 分類和加密資料：根據風險對數據進行分類，在靜態和傳輸過程中應用行業標準加密，確保密鑰和證書得到安全儲存和正確管理。
4. 監控系統安全和規劃事件回應：將安全性和審核事件與應用程式運行狀況建模，關聯安全和審核事件以識別活動威脅，建立自動和手動程式以回應事件，以及使用安全資訊和事件管理工具進行追蹤。
5. 身份識別和保護端點：透過安全設備或 Azure 服務，像是防火牆和網站應用程式防火牆監控和保護內部和外部端點的網路完整性。使用行業標準方法來防範常見的攻擊媒體，像是分散式拒絕服務攻擊。
6. 保護程式碼層級的漏洞：識別和緩解程式碼層級漏洞，像是跨網站腳本和結構化查詢語言注入，在維運的生命週期中，定期納入安全修復和程式碼函式庫和依賴項的修補。
7. 針對潛在威脅進行建模和測試：建立識別和緩解已知威脅的過程，使用滲透測試來驗證威脅緩解，使用靜態程式碼分析來檢測和防止未來的漏洞，以及使用程式碼掃描來檢測和防止將來的漏洞。

安全彈性側重於支援業務的彈性，其主要有兩個主要目標，分別為：

- 使我們的企業能夠快速創新並適應不斷變化的業務環境，安全部門應始終尋求安全的方式，針對業務創新和技術採用，然後我們企業組織將能夠適應業務環境中的意外變化，像是在 COVID-19 期間突然轉向在家工作。
- 限制在主動攻擊之前、期間和之後對業務營運的影響和中斷的可能性。

安全彈性主要是透過在整個生命週期內管理風險來實現的。

- 事件發生前：持續改進安全狀況和企業組織回應事件的能力，持續改進安全狀況有助於限制安全事件對業務運營和資產的可能性和潛在影響，整體安全中涵蓋了許多技術，但是所有這些技術都旨在提高攻擊成本。讓攻擊者開發和嘗試新技術，因為我們已經讓他們的舊技術停止工作，這些技術提高了它們的成本和摩擦，減慢了它們的速度並限制了它們的成功。

- 在事件期間：業務運營必須在事件期間繼續進行，即使它們已降級、速度較慢或僅限於關鍵系統，事件期間的兩個主要優先事項是：
  - 保護關鍵營運：如果受到威脅，所有工作都應著重於保護和維持關鍵業務營運，而不是所有其它功能。
  - 防止進一步損害：安全操作的預設優先順序是發現攻擊者存取的全部範圍，然後將其從環境中快速逐出，這種驅逐可以防止攻擊者的進一步破壞或報復。

- 事件發生後：如果業務運營在攻擊期間受損，則必須立即開始維修以恢復完整的業務運營，即使這意味著在沒有在攻擊中遺失的數據的情況下恢復操作，像是勒索軟體等破壞性攻擊，這些修復也能夠適用。

- 反饋迴圈：攻擊者重複自己，或重複其他攻擊者發現有效的方法，攻擊者從攻擊企業組織中學習，因此我們必須不斷從他們的攻擊中學習。專注於採用以前嘗試過的成熟和可用的技術，然後確保我們能夠阻止、檢測、快速回應，並且從中恢復，再努力提高了對組織的攻擊成本，並且阻止或減緩未來的攻擊。

模擬練習題

請切記，Azure 證照考試的題目會隨時進行更新，故本書的考題「僅提供讀者熟悉考題使用」，請讀者準備證照考試時，必須以讀懂觀念為主，並透過練習題目來加深印象。

題目 1

An organization has deployed Microsoft 365 applications to all employees. Considering the shared responsibility model, who is responsible for the accounts and identities relating to these employees?

A. The organization.
B. Microsoft, the SaaS provider.
C. There's shared responsibility between an organization and Microsoft.

題目 2

Which of the following measures might an organization implement as part of the defense in-depth security methodology?

A. Locating all its servers in a single physical location.
B. Multifactor authentication for all users.
C. Ensuring there's no segmentation of your corporate network.

題目 3

The human resources organization wants to ensure that stored employee data is encrypted. Which security mechanism would they use?

A. Hashing.
B. Encryption in transit.
C. Encryption at rest.

題目 4

Which of the following best describes the concept of data sovereignty?

A. There are regulations that govern the physical locations where data can be stored and how and when it can be transferred, processed, or accessed internationally.
B. Data, particularly personal data, is subject to the laws and regulations of the country/region in which it's physically collected, held, or processed.
C. Trust no one, verify everything.

題目 5

An organization is launching a new app for its customers. Customers will use a sign-in screen that is customized with the organization's brand identity. Which type of Azure External identity solution should the organization use?

A. Azure AD B2B
B. Azure AD B2C
C. Azure AD Hybrid identities

題目 6

An organization has completed a full migration to the cloud and has purchased devices for all its employees. All employees sign in to the device through an organizational account configured in Azure AD. Select the option that best describes how these devices are set up in Azure AD.

A. These devices are set up as Azure AD registered.
B. These devices are set up as Azure AD joined.
C. These devices are set up as Hybrid Azure AD joined.

題目 7

A developer wants an application to connect to Azure resources that support Azure AD authentication, without having to manage any credentials and without incurring any extra cost. Which option best describes the identity type of the application?

A. Service principal
B. Managed identity
C. Hybrid identity

題目 8

After hearing of a breach at a competitor, the security team wants to improve identity security within their organization. What should they implement to provide the greatest protection to user identities?

A. Multi-factor authentication.
B. Require security questions for all sign-ins.
C. Require strong passwords for all identities.

題目 9

Which of the following additional forms of verification can be used with Azure AD Multi-Factor Authentication?

A. Microsoft Authenticator app, SMS, Voice call, FIDO2, and Windows Hello for Business
B. Security questions, SMS, Voice call, FIDO2, and Windows Hello for Business
C. Password spray, SMS, Voice call, FIDO2, and Windows Hello for Business

題目 10

A company's IT organization has been asked to find ways to reduce IT costs, without compromising security. Which feature should they consider implementing?

A. Self-service password reset.
B. Biometric sign-in on all devices.
C. FIDO2.

答案與解析

題目 1

答案：A

解析：在共同責任模型中，客戶組織一律負責其資料，包括與員工、裝置和帳戶和身分識別相關的資訊和資料。

題目 2

答案：B

解析：多重要素驗證是身分識別和存取層深入防禦的範例。

題目 3

答案：C

解析：待用加密可能是安全性策略的一部分，可保護儲存的員工資料。

題目 4

答案：B

解析：資料主權是資料特別是個人資料的概念，受限於其實際收集、儲存或處理的國家/地區法律和法規。

題目 5

答案：B

解析：Azure AD B2C 是適用於客戶的驗證解決方案，你可以使用品牌身分識別進行自訂。

題目 6

答案：B

解析：已加入Azure AD裝置是透過組織帳戶加入Azure AD的裝置，然後用來登入裝置，Azure AD加入的裝置通常是由組織所擁有。

題目 7

答案：B

解析：受控識別是一種服務主體，可在Azure AD中自動管理，並不需要開發人員管理認證。

題目 8

答案：A

解析：多重要素驗證可大幅改善身分識別的安全性。

題目 9

答案：A

解析：這些都是使用多重要素驗證的有效驗證形式。

題目 10

答案：A

解析：自助式密碼重設允許使用者變更或重設自己的密碼，更進一步降低提供系統管理員和技術支援中心人員的成本。

2.5 身分識別、治理、隱私權和合規性功能

隨著人們辦公地點越來越多元，加上現在疫情在家工作，以及攜帶自己的裝置（BYOD）策略興起、行動應用程式與雲端應用程式的需求也漸長，現在那些存取點有很多都位在公司的實體網路外。所以身分識別已成為新的主要安全性界限，正確證明某人是系統的有效使用者且具有適當存取層級，對維護資料控制十分重要，此時身分識別層現在比網路更常受到攻擊。

討論身分識別與存取時必須了解的兩個基本概念是「驗證」（AuthN）與「授權」（AuthZ），驗證與授權都支援發生的所有其他狀況，它們主要會依序在身分識別與存取流程中發生。所謂「驗證」主要是為想要存取資源的個人或服務建立身分識別的流程，此流程主要涉及對合作對象查問合法認證的動作，並且針對身分識別與存取控制提供安全性主體的建立基礎，確保使用者是否為其聲稱的身分。所謂「授權」則是為經過驗證的人員或服務建立存取層級的程序，其主要會指定他們可以存取哪些資料，以及可將該資料用於哪些用途。簡單來說，身分證代表使用者證明自己身分識別的認證，當進行驗證之後，授權就會定義使用者可存取的應用程式、資源和資料種類。

Azure Active Directory（Azure AD）主要提供身分識別服務，讓使用者能夠登入並存取 Microsoft 雲端應用程式與你開發的雲端應用程式，更進一步許多企業客戶會需要了解 Azure AD 如何支援單一登入（SSO）。當然企業客戶已經開始使用 Active Directory 來保護其內部部署環境，但是企業客戶不想讓使用者為了存取雲端的應用程式與資料，而是需要記住不同的使用者名稱與密碼，此時企業客戶就能夠將其現有的 Active Directory 執行個體與雲端身分識別服務整合，來為其使用者建立順暢的體驗。

Active Directory 與 Azure AD 是不一樣的。Microsoft 在 Windows 2000 引進了 Active Directory，讓組織能夠依每名使用者來使用單一身分識別，以利管理多個內部部署基礎結構元件和系統。針對內部部署環境，在 Windows Server 上執行的 Active Directory 會提供由你組織所管理的身分識別和存取管理服務。至於

Azure AD 是 Microsoft 的雲端式身分識別和存取管理服務，使用 Azure AD，即可控制身分識別帳戶，此時 Microsoft 則會確保服務可供全域使用。

當使用 Active Directory 保護內部部署的身分識別時，Microsoft 不會監控登入嘗試，但是當使用 Azure AD 連線 Active Directory 時，Microsoft 就會偵測可疑的登入嘗試來協助保護安全，不另行收費，同時 Azure AD 會能夠偵測來自非預期位置或不明裝置的登入嘗試。

Azure AD 提供的服務如下：

1. **驗證**

   這包括驗證身分識別以存取應用程式與資源。其也包括提供像是自助式密碼重設、多重要素驗證、自訂的禁用密碼清單，以及智慧鎖定服務等功能。

2. **單一登入**

   SSO 讓你只需要記住一個使用者名稱和一組密碼即可存取多個應用程式。單一身分識別繫結至一名使用者，這可簡化安全性模型。當使用者變更角色或離開組織時，存取權的修改會繫結至該身分識別，其會大幅降低變更或停用帳戶所需的工作量。

3. **應用程式管理**

   你可使用 Azure AD 來管理自己的雲端和內部部署應用程式。應用程式 Proxy、SaaS 應用程式、我的應用程式入口網站（也稱為「存取面板」）與單一登入等功能提供更佳的使用者體驗。

4. **裝置管理**

   與個人帳戶一樣，Azure AD 也支援裝置註冊。註冊後即可透過 Microsoft Intune 之類的工具來管理裝置。它也允許裝置型條件式存取原則限制只嘗試來自已知裝置的存取嘗試，而不論要求的使用者帳戶為何。

Azure AD 帳戶可幫助使用者存取外部與內部資源，所謂外部資源可能包括 Microsoft Office 365、Azure 入口網站，以及其他數以千計的軟體即服務（SaaS）應用程式。所謂內部資源可能包括公司網路與內部網路，以及組織內部開發的任何雲端應用程式。此時單一登入讓使用者只要登入一次，即可使用該認證存取不同提供者提供的多種資源和應用程式。

為何要使用單一登入呢？主要是因為更多身分識別意味著需要記住和變更更多密碼。密碼原則會因應用程式而異。隨著複雜性需求提高，會讓使用者越來越難以記住密碼。使用者需要管理的密碼愈多，與認證相關的安全性事件風險就愈大。請試想管理所有這些身分識別的過程。會增加支援人員處理帳戶鎖定和密碼重置請求的額外負擔。更重要的是當使用者離開組織之後，要再去追蹤所有身分識別並確定其已停用並不容易，如果忽略了身分識別，可能會導致在應該受到排除時卻允許存取。此時當我們使用單一登入時，則我們只需要記住一組帳號和一組密碼，就能夠將跨應用程式的存取權授與繫結至使用者的單一身分識別，其可簡化安全性模型。

當使用者變更角色或離開組織時，存取權會連結至單一身分識別，此變更可大幅減少變更或停用帳戶所需的工作。帳戶使用單一登入將能夠讓使用者更容易管理自己的身分識別，並且提高安全性功能。

連線 Active Directory 與 Azure AD 將能夠提供為使用者提供一致的身分識別體驗，有幾種方式可連線至現有的 Active Directory 安裝和 Azure AD，最常見的方法可能就是使用 Azure AD Connect。所謂 Azure AD Connect 主要會同步處理內部部署 Active Directory 與 Azure AD 之間的使用者身分識別，Azure AD Connect 會同步處理兩種身分識別系統間的變更，因此你可以在這兩種系統下使用像 SSO、多重要素驗證與自助式密碼重設等功能，自助式密碼重設可防止使用者使用已知的遭盜用密碼，請參考下一頁示意圖。

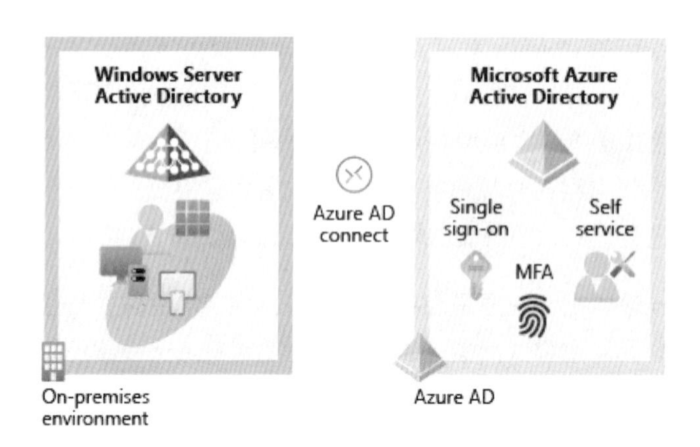

▲ Active Directory 與 Azure AD 透過 Azure AD connect 同步示意圖

多重要素驗證主要是在登入流程中，系統提示使用者進行其他形式識別作業的流程，像是行動電話上的驗證碼或指紋掃描，試想我們要如何登入網站、電子郵件或線上遊戲服務。除了使用者名稱與密碼之外，你是否還需要輸入傳送到手機的驗證碼？如果是這樣，代表你已經使用多重要素驗證來登入了，多重要素驗證要求兩個或以上元素的完整驗證來為身分識別提供額外安全性，主要能夠分成三個類別，分別為：

1. 使用者知道的某些項目：這可能是電子郵件地址與密碼。
2. 使用者擁有的某些項目：這可能是傳送到使用者行動電話的驗證碼。
3. 使用者屬於的某些項目：這通常是某種生物特徵辨識屬性，例如許多行動裝置使用的指紋或臉部掃描。

多重要素驗證透過限制認證暴露的影響，像是遭竊的使用者名稱與密碼來提高身分識別安全性，啟用多重要素驗證之後，擁有使用者密碼的攻擊者也需要有其手機或指紋才能進行完整驗證。比較多重要素驗證與單一要素驗證，使用單一要素驗證時，攻擊者只需要取得使用者名稱與密碼即可驗證，因此應該盡可能啟用多重要素驗證，因為這可以大幅增加安全性。

Azure AD Multi-Factor Authentication 是提供多重要素驗證功能的 Microsoft 服務，其能夠讓使用者在登入期間選擇其它方式進行驗證，像是撥打電話或行動應用程式通知，相關服務主要有：

1. Azure Active Directory：Azure Active Directory 免費版能讓系統管理員透過 Microsoft Authenticator 應用程式、撥打電話或簡訊驗證碼，使用 Azure AD Multi-Factor Authentication 來取得「全域管理員」層級的存取權，當然你也可以在 Azure AD 租用戶中啟用「安全性預設值」，以強制所有使用者只能透過 Microsoft Authenticator 應用程式使用 Azure AD Multi-Factor Authentication。此外 Azure Active Directory Premium（P1 或 P2 授權）允許透過條件式存取原則，以全面且精細地設定 Azure AD Multi-Factor Authentication（稍後將說明）。

2. Office 365 的多重要素驗證：Azure AD Multi-Factor Authentication 功能有一部分屬於 Office 365 訂閱。

條件式存取主要是 Azure Active Directory 用於根據身分識別「訊號」來允許（或拒絕）資源存取要求的工具。這些訊號包括使用者是誰、使用者所在位置，以及使用者要求存取所用的裝置。條件式存取將能夠協助 IT 系統管理員讓使用者隨時隨地都擁有生產力，以及保護企業組織的資產。

條件式存取也可為使用者提供更細微的多重要素驗證體驗，像是如果使用者位於已知位置，則可能不需要提供第二個驗證要素，但是若登入訊號不尋常或使用者位於非預期的位置，即可能會面臨第二個驗證要素的挑戰。在登入期間，條件式存取會收集使用者的訊號，並根據那些訊號做出決策，然後透過允許或拒絕存取要求，或者對多重要素驗證回應發出挑戰，以強制執行該決策，請參考下圖。

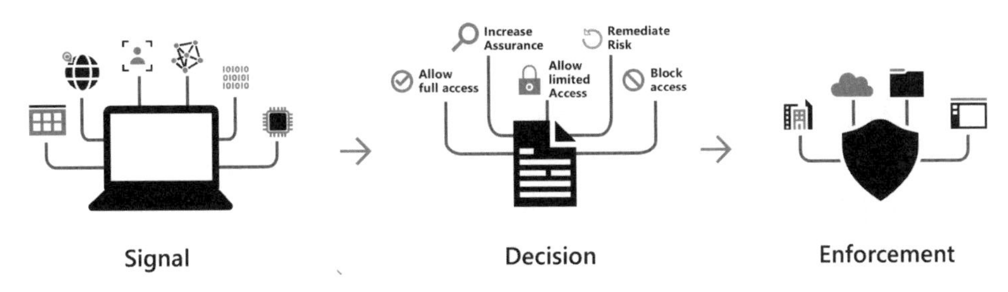

▲ 多重要素驗證回應發出挑戰示意圖

但是何時需要使用條件式存取，主要是當需要執行下列動作時，條件式存取會很實用，分別為：

- **需要多重要素驗證才能存取應用程式**

  你可以設定所有使用者都需要多重要素驗證，或只有特定使用者（例如系統管理員）才需要。

  你也可以設定將多重要素驗證套用至來自所有網路的存取，或只套用至不受信任的網路。

- **要求只能透過核准的用戶端應用程式來存取服務**

  例如，你可能希望只要使用者使用核准的用戶端應用程式（例如 Outlook Mobile 應用程式），即允許其從行動裝置存取 Office 365 服務。

- **要求使用者只能從受控裝置存取應用程式**

  「受控裝置」是符合安全性與合規性標準的裝置。

- **封鎖不受信任來源的存取，例如來自不明或非預期位置的存取**

  請注意我們需要有 Azure AD Premium P1 或 P2 授權才能使用條件式存取。如果具有 Microsoft 365 商務進階版授權，你也可以存取條件式存取功能。

縱深防禦目的主要是要保護資訊，以防遭到未經授權存取的人士竊取，其主要採用一連串的機制來減緩為了未經授權存取資料所發動的攻擊。每一層皆提供保護，所以如果某層遭入侵，則早已經有準備防止後續進一步的攻擊，這種方法將能夠避免系統仰賴任何單一的保護層，並且減緩攻擊，提供警示讓安全性小組可立即自動或手動採取行動，不同層的角色分別為：

1. 「實體安全性」層是保護資料中心內計算硬體的第一道防線。
2. 「身分識別與存取」層可控制對基礎結構與變更控制的存取。
3. 「周邊」層使用分散式阻斷服務（DDoS）保護，可在大規模攻擊導致使用者發生阻斷服務的情況之前，先過濾掉這些攻擊。
4. 「網路」層透過分割與存取控制來限制資源之間的通訊。

5.「計算」層會保護對虛擬機器的存取。
6.「應用程式」層可確保應用程式的安全，且沒有安全性弱點。
7.「資料」層可控制需要保護的商務與客戶資料存取權。

安全性狀態主要是指組織能夠保護和回應安全性威脅的能力，其主要用來定義安全性狀態的常見準則包括機密性、完整性和可用性，稱為 CIA。

1. 機密性：「最低權限原則」表示將資訊存取權僅限於已明確獲授與該存取權的人員，且僅限於執行其工作所需的層級，這項資訊包括保護使用者密碼、電子郵件內容，以及應用程式和基礎結構的存取層級。

2. 完整性：防止未經授權的資訊變更，資料傳輸中經常使用的一個方法，就是讓傳送者使用單向雜湊演算法建立資料的唯一指紋，雜湊會連同資料一起傳送給接收者，接收者會重新計算資料的雜湊並將其與原始雜湊比較，以利確保資料在傳輸過程中未遺失或遭修改。

3. 可用性：確保服務正常運作，而且只能由授權的使用者存取，拒絕服務的攻擊的設計主要是為了降低系統可用性，進而影響其使用者。

針對 Azure AD 驗證進行疑難排解之前，我們應該考慮有四個版本的 Azure AD，分別為免費、Office 365 應用程式、進階版 P1 和 進階版 P2，下表主要顯示 Azure AD 版本之間的高階差異。

功能名稱	免費	Office 365 應用程式	進階版 P1	進階版 P2
驗證、單一登入和多重要素驗證（MFA）	部分包含	部分包含	已包含	已包含
應用程式存取	部分包含	部分包含	已包含	已包含
授權和條件式存取	部分包含	部分包含	部分包含	已包含
管理與混合式身分識別	部分包含	部分包含	已包含	已包含
終端使用者自助	部分包含	部分包含	部分包含	已包含

接下頁

功能名稱	免費	Office 365 應用程式	進階版 P1	進階版 P2
身分識別治理	部分包含	部分包含	部分包含	已包含
事件記錄和報告	部分包含	部分包含	部分包含	已包含
前線工作者	不包含	不包含	已包含	已包含

許多系統混合使用 Azure 和本地端，並且使用混合式身識別解決方案，Azure AD Connect 是一個本地端應用程式，其主要能夠將 Azure AD 與本地 Active Directory 進行同步。如果我們需要針對 Azure AD Connect 進行故障排除，應該使用位於 Azure Active Directory Connect Health 的 Azure AD Connect Health 入口網站來查看效能監視器和警報。

我們主要會在 Azure Active Directory Connect 伺服器上安裝 Azure AD Connect 管理代理工具，Azure AD Connect 管理代理向 Microsoft 支援工程師提供診斷資料，預設情況下，不會安裝 Azure AD Connect 管理代理，也不會存儲任何資料，專門用於即時故障排除，編輯服務設定檔時，能夠透過 Azure AD Connect 管理代理禁用資料報告。

當我們需要排查 Azure AD 到 Azure AD Active Directory 網域服務的整合問題時，當需要排查 Azure Active Directory 網域服務的問題，Azure AD DS 的常見問題主要包括：

1. 啟用 Azure AD DS 時出現問題。
2. Microsoft Graph 已禁用，必須啟用此功能才能同步 Azure AD 租戶。
3. Azure AD 租戶中的使用者無法登錄到受管網域。
4. 受管網域中出現警報。

當使用者經過驗證後，必須獲得授權才能執行動作，如果使用者無法完成必要的動作，但是其身分識別已正確驗證，則我們必須針對授權問題進行疑難排解。條件式存取原則會使用許多訊號來決定使用者是否應該具有資源的存取權，像是使用者地理位置、裝置類型和正在使用的應用程式都可以與使用者的身分識別一起考慮，此外我們更進一步能夠透過 What If 工具也可用來協助進行疑難排解。

如果條件式存取之前已成功運作，但現在未如預期般運作，則我們應該調查原則變更，此時稽核記錄資料會保留 30 天，這能夠在 Azure Active Directory 診斷設定中進行調整。請注意如果原則套用至所有使用者、所有雲端應用程式或所有裝置，請特別小心，因為這些原則可能會封鎖整個組織。

當然有關授權的問題可能會影響角色型存取控制（RBAC），這些問題主要包括：

1. 角色指派數目的限制。
2. 擁有正確的許可權以使用角色。
3. 當訂用帳戶轉移至不同的 Azure AD 目錄，或移動資源時，會遺失角色指派。
4. 已刪除或最近建立的安全性主體。
5. 需要寫入權限的管理功能。

Azure 支援每個訂用帳戶最多 4000 個角色指派。此限制包括訂用帳戶、資源群組和資源範圍的角色指派，但不包括管理群組範圍的角色指派，如果我們即將接近此限制，以下是可減少角色指派數目的一些方式：

1. 將使用者新增至群組，並改為將角色指派給群組。
2. 結合多個內建角色與自訂角色。
3. 在較高的範圍（例如訂用帳戶或管理群組）進行一般角色指派。
4. 如果你有 Azure AD Premium P2，請讓角色指派符合 Azure AD Privileged Identity Management 而非永久指派。
5. 新增其他訂用帳戶。

Azure Resource Manager 有時候會快取組態和資料來改善效能，當我們指派角色或移除角色指派時，最多可能需要 30 分鐘的時間，變更才會生效。如果我們使用 Azure 入口網站、Azure PowerShell 或 Azure CLI，此時請藉由登出再登入，來強制重新整理角色指派變更，如果我們使用 REST API 呼叫來變更角色指派，我們能夠重新整理存取權杖來強制重新整理。當我們要新增或移除管理群組範圍的角色指派，且該角色具有 DataActions，則可能會有數小時無法更新資料平面上的存取權限，這只適用於管理群組範圍和資料平面。

防火牆主要是監控傳入和傳出網路流量的網路安全性裝置，並且決定是否要根據所定義的安全性規則組來允許或封鎖特定流量。我們能夠建立指定 IP 位址範圍的防火牆規則，只有從該範圍內 IP 位址的客戶端才能夠存取目的地伺服器，防火牆規則也包括特定網路通訊協定與連接埠資訊。

Azure 防火牆主要是受控的雲端式網路安全性服務，其能夠保護 Azure 虛擬網路中的資源，虛擬網路類似於我們在資料中心操作的傳統網路，其私人網路的基本建置，將能夠讓虛擬機器和其它計算資源安全地與彼此、網際網路以及內部部署網路進行通訊，請參考下圖。

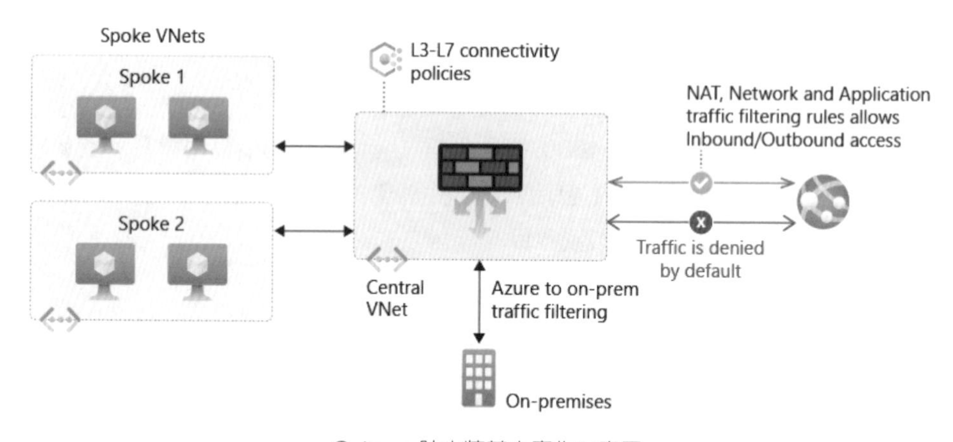

▲ Azure 防火牆基本實作示意圖

Azure 防火牆是「具狀態」防火牆，具狀態防火牆不僅會分析網路流量的個別封包，也會分析網路連線的完整內容，Azure 防火牆具備高可用性與不受限制的雲端可擴縮性。Azure 防火牆提供一個集中的位置，可在訂用帳戶和虛擬網路之間建立、強制執行，以及記錄應用程式與網路連線原則，Azure 防火牆會針對虛擬網路資源使用靜態（不變）公用 IP 位址，讓外部防火牆能夠識別來自虛擬網路的流量，這項服務會與 Azure 監視器整合，以啟用記錄和分析。

Azure 防火牆提供許多功能，主要包括：

1. 內建高可用性。
2. 不受限制的雲端可擴縮性。
3. 輸入與輸出篩選規則。
4. 輸入目的地網路位址轉譯（DNAT）支援。
5. Azure 監視器記錄。

此外我們通常會在中央虛擬網路上部署 Azure 防火牆，以控制一般網路存取。至於我們能夠使用 Azure 防火牆來設定哪些項目呢？

1. 應用程式規則，用以定義可從子網路存取的完整網域名稱（FQDN）。
2. 網路規則，用以定義來源位址、通訊協定、目的地連接埠和目的地位址。
3. 網路位址轉譯（NAT）規則，可定義用來轉譯輸入要求的目的地 IP 位址與連接埠。

Azure 應用程式閘道也提供防火牆，稱為 Web 應用程式防火牆（WAF），WAF 可為 Web 應用程式提供集中式的輸入保護，以抵禦常見的攻擊與弱點，Azure Front Door 與 Azure 內容傳遞網路也同樣提供 WAF 服務。

分散式阻斷服務攻擊主要會嘗試耗盡應用程式的資源，讓應用程式變慢或無法回應合法的使用者，DDoS 攻擊主要能夠鎖定可透過網際網路公開取得的任何資源。Azure DDoS 保護將能夠保護 Azure 資源免於遭受 DDoS 攻擊，當我們整合 DDoS 保護與建議的應用程式設計做法時，即可協助防禦 DDoS 攻擊。

DDoS 保護運用 Microsoft 全球網路的規模與彈性，為每個 Azure 區域帶來降低 DDoS 風險的功能，DDoS 保護服務會在 Azure 網路邊緣分析並捨棄 DDoS 流量，以利在服務可用性受到影響前保護 Azure 應用程式。所以 DDoS 保護會識別攻擊者嘗試癱瘓網路，並進一步封鎖來自攻擊者的流量，確保那些流量永遠無法到達 Azure 服務，來自客戶的合法流量仍會流入 Azure，而不會中斷服務，請參考下一頁示意圖。

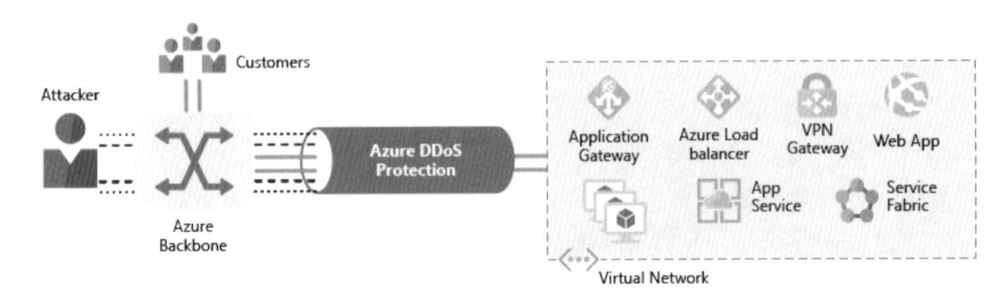

▲ 主要呈現 Azure 網路流量的示意圖

DDoS 保護也可協助管理雲端使用量，當在內部部署執行時，我們擁有固定數目的計算資源，但是在雲端中的彈性運算，表示我們能夠自動擴展部署以符合需求，此時精心設計的 DDoS 攻擊可能會導致資源配置增加，其會產生不必要的費用，所以我們將能夠透過 DDoS 保護標準有助於確保所處理的網路負載會確實反映客戶使用量，以利我們在 DDoS 攻擊期間，獲得因資源擴展所產生費用的點數。

DDoS 保護主要有提供二種服務層級，分別為基本和標準：

- 基本：基本服務層會自動隨著 Azure 訂用帳戶免費啟用。一律開啟的流量監視，以及常見網路層級攻擊的即時風險降低，可提供與 Microsoft 線上服務所使用相同的防禦，基本服務層可確保在大規模 DDoS 攻擊期間，Azure 基礎結構本身不會受到影響。

- 標準：標準服務層提供特別針對 Azure 虛擬網路資源調整的額外風險降低功能，DDoS 保護標準較為容易啟用，且不需要變更應用程式。標準層可隨時監視流量、即時減緩一般網路層級的攻擊，其提供與 Microsoft 線上服務所使用的相同防禦。保護原則會透過專用的流量監視和機器學習演算法進行調整，原則主要會套用至與虛擬網路中所部署資源建立關聯的公用 IP 位址，例如 Azure Load Balancer 和 Azure 應用程式閘道。

DDoS 保護搭配標準服務層將能夠有效預防以下類型的攻擊，分別為：

1. 容量攻擊：此攻擊的目的在於以大量看似合法的流量填滿網路層。
2. 通訊協定攻擊：這些攻擊透過利用第 3 層和第 4 層通訊協定堆疊中的弱點，讓目標無法供存取。
3. 資源層（應用程式層）層攻擊（僅適用於 Web 應用程式防火牆）：這些攻擊會鎖定 Web 應用程式封包，以中斷主機之間的資料傳輸，我需要 Web 應用程式防火牆（WAF）來防範 L7 攻擊，DDoS 保護標準可保護 WAF 免於遭受容量與通訊協定攻擊。

雖然 Azure 防火牆與 Azure DDoS 保護可協助控制來自外部來源的流量，但 是我們也會想了解如何保護其在 Azure 上的內部網路，以利為公司針對攻擊提供一層額外的防禦。此時我們就會需要了解網路安全群組（Network Security Group，NSG），其主要能夠讓我們篩選在 Azure 虛擬網路中往返 Azure 資源的網路流量。

我們能夠將 NSG 想成是內部防火牆，NSG 可以包含多個輸入和輸出安全性規則，讓我們按照來源和目的地 IP 位址、連接埠和通訊協定來篩選進出資源的流量。只要不超過 Azure 訂用帳戶的限制，我們就能夠讓網路安全性群組包含所需數量的規則，每個規則都會指定下列屬性，請參考下表。

屬性	描述
名稱	NSG 的唯一名稱。
優先順序	100 到 4096 之間的數字。系統會依優先順序來處理規則，較低的數字會優先處理。
來源或目的地	單一 IP 位址或 IP 位址範圍、服務標籤或應用程式安全性群組。
通訊協定	TCP、UDP 或 Any。
方向	規則適用於連入還是連出流量。
連接埠範圍	單一連接埠或某個連接埠範圍。
動作	「允許」或「拒絕」。

當建立網路安全性群組時，Azure 會建立一系列的預設規則，以提供基準層級的安全性，我們則無法移除預設規則，但是我們將能夠透過建立具有較高優先順序的新規則來加以覆寫。

Microsoft Defender for Cloud 主要提供雲端工作負載的保護和安全性，其主要的功能主要涵蓋雲端安全性的兩大要素，分別為：

- 雲端安全性狀態管理（CSPM）
- 雲端工作負載保護（CWP）

雲端安全性狀態管理主要讓我們了解目前的安全性狀況的可見度，以及更有效率的改善安全性的強化指引，其中我們主要會透過安全分數來達成目標，安全分數主要會持續評估資源、訂用帳戶、組織的安全性問題，然後將所有的發現匯整成一個分數，讓我們能夠立即知道目前的安全性情況，當分數越高時，則風險層級越低。

雲端工作負載保護主要是提供由 Microsoft 威脅情報所提供的安全性警示，它主要也包括適用於工作負載的保護範圍，其中工作負載保護主要是透過訂用帳戶中資源類型專屬的 Microsoft Defender 方案所提供。

除了防禦 Azure 環境之外，將適用於混合式的雲端環境，分別為：

1. 保護非 Azure 伺服器。
2. 保護其它雲端中的虛擬機器，像是 AWS 或 GCP。

我們能夠根據本身的特定環境自訂威脅情報及排定警示的優先順序，以利專心處理最重要的事情，若要將保護延伸至其它雲端或內部部署中的虛擬機器和 SQL 資料庫，請部署 Azure Arc，並且啟用適用於雲端的 Defender，適用於伺服器的 Azure Arc 主要是免費服務。

當適用於雲端的 Defender 偵測到環境中任何區域中的威脅時，它將會產生安全性警示，這些警示會說明受影響資源的詳細資料、建議的補救步驟，以及在某些情況下會說明觸發邏輯應用程式以進行回應的選項。不論警示是由適用於雲端的

Defender 所產生，還是由適用於雲端的 Defender 從整合式安全性產品接收，我們皆能夠匯出警示，若要將你的警示匯出至 Microsoft Sentinel、任何協力廠商 SIEM 或任何其它外部工具，請遵循將警示串流至 SIEM、SOAR 或 IT 服務管理解決方案中的指示。

適用於雲端的 Defender 針對虛擬機器、SQL 資料庫、容器、Web 應用程式、網路等使用進階分析 - 保護包括使用 Just-In-Time 存取來保護 VM 的管理埠，以及調適型應用程式控制，以建立應用程式應該和不應該在機器上執行的允許清單。此外其包括虛擬機器和容器登錄的弱點掃描，不需額外費用。掃描器是由 Qualys 提供，但你不需要 Qualys 授權或甚至是 Qualys 帳戶，所有專案在適用於雲端的 Defender 內進行處理。

當我們管理雲端和內部部署中的資源和工作負載安全性時，適用於雲端的 Defender 會填入三個重要需求，分別為：

1. 持續評估：瞭解你目前的安全性狀態。
2. 安全：強化所有已連線的資源和服務。
3. 防禦：偵測並解決這些資源和服務的威脅。

為了協助我們防範這些挑戰，Defender for Cloud 提供下列工具：

1. 安全分數：單一分數，讓你一目了然地知道你目前的安全性情況，分數越高，識別的風險等級越低。
2. 安全性建議：自訂和優先強化工作以改善你的狀態，我們可以遵循建議中提供的詳細補救步驟來實作建議。
3. 安全性警示：啟用增強的安全性功能後，適用於雲端的 Defender 會偵測資源與工作負載的威脅，這些警示會出現在 Azure 入口網站中，適用於雲端的 Defender 也可以透過電子郵件傳送給組織中的相關人員，警示也可以視需要串流至 SIEM、SOAR 或 IT 服務管理解決方案。

請注意適用於雲端的 Defender 是 Azure 的原生部分，因此 Azure 中的 PaaS 服務，包括 Service Fabric、SQL Database、SQL 受管理執行個體和儲存體帳戶，都會受到適用於雲端的 Defender 監視和保護，而不需要部署。此外適用於雲端的 Defender 藉由在 Windows 雲端或內部部署伺服器上安裝 Log Analytics 代理程式，保護雲端或內部部署中的非 Azure 伺服器和虛擬機器，Azure 虛擬機器主要會在 Defender for Cloud 中自動建置。

適用於雲端的 Defender 原則都是建置在 Azure 原則控制項之上，所以我們能夠獲得世界級原則解決方案的完整範圍和彈性，在適用於雲端的 Defender 中，我們將能夠將原則設定為在管理群組上、跨訂用帳戶甚至是整個租使用者執行，並且協助識別陰影 IT 訂用帳戶，藉由查看儀表板中未涵蓋的訂用帳戶，我們將能夠立即知道有新建立的訂用帳戶，確定原則涵蓋這些訂用帳戶，受到適用於雲端的 Defender 保護。

其主要會持續探索跨工作負載部署的新資源，並評估它們是否根據安全性最佳做法進行設定，若非如此，則會需要加上旗標，並且提供建議必須優先修正的事項清單。為了協助我們了解每個建議對整體安全性狀態的重要性，適用於雲端的 Defender 將建議分組為安全性控制，並且將安全分數值新增至每個控制項，這對於讓我們排定安全性工作的順位非常重要。

其中一個最強大的工具適用於雲端的 Defender 提供來持續監視網路的安全性狀態，就是網路對應，此地圖可讓我們查看工作負載的拓撲，如此我們就能夠了解是否已正確設定每個節點，我們能夠查看節點的連線方式，幫助封鎖來路不明的網路連線。

Defender for Cloud 的資產清查頁面提供單一頁面，以利檢視我們已經連線到適用於雲端的 Defender 之資源的安全性狀態，其主要會定期分析 Azure 資源的安全性狀態，以利識別潛在的安全性弱點，然後為我們提供如何補救這些弱點的建議，像是已啟用 Defender for Cloud 的訂用帳戶中有哪一項未完成的建議？哪些有「正式環境」標籤的機器缺少 Log Analytics 代理程式？有多少加上特定標籤的機器個有未處理的建議？特定資源群組中有多少資源有來自弱點評估服務的安全性結果？至於資產清查主要會利用 Azure Resource Graph（ARG），此 Azure 服務將能夠讓我們跨多個訂用帳戶查詢適用於雲端的 Defender 的安全性狀態資料，其目的是提供有效率的資源探索以及大規模查詢的功能，當我們使用 Kusto 查詢語言（KQL）時，資產清查就能夠參考資料和其它資源屬性，以快速產生深入解析。

資安威脅在過去二十年來已有重大變更，公司過去通常只需要擔心個別攻擊者竄改網站，只因為他們想小試身手，但是現今的攻擊者更加複雜且有組織性，他們通常會有特定的財務和策略性目標，攻擊者現在也有更多資源可用，包括國家或犯罪集團資助。現實環境不斷變化，導致了前所未有的專業攻擊者等級，他們不再對網站竄改感興趣，他們現在的關注轉為竊取資訊、金融帳戶和私人資料，因為這些資料可在公開市場換取現金，或者利用特定商務、政治和軍事立場，但令人擔憂的不是攻擊者以財務為目標，而是入侵網路基礎結構和相關人員。

此時企業為了因應此現象，所以企業組織通常會部署多點解決方案來加強保護企業周邊或端點，這些解決方案通常會產生大量的低精確度警示，其需要資訊安全分析師進行分級和調查，以及大部分的組織沒有回應這些警示所需的時間和專業知識。此外攻擊者的方法已經演變，可以破壞許多以簽章為基礎的防禦措施，並且適應雲端環境，需要新的方法，才能更快速地找出新興威脅並加速偵測和回應。

Microsoft 資訊安全研究人員會持續監視威脅，Microsoft 的雲端和內部部署遍布全球，所以我們有大量遙測資料集的存取權，資料集的內容包羅萬象，讓我們能找出最新的攻擊模式，以及內部部署消費、企業產品和線上服務趨勢。因此 Defender for Cloud 可以在攻擊者發行新的和日益複雜的攻擊時，快速地更新其偵測演算法，這種方法可協助我們跟上瞬息萬變的威脅環境。為了偵測真正的威脅並降低誤報，其主要會收集、分析及整合來自 Azure 資源與網路的記錄資料，此外也會使用連線的合作夥伴解決方案，像是防火牆和端點保護解決方案，同時其也會分析這項資訊，通常會將多個來源的資訊相互關聯，以利找出威脅。

Defender for Cloud 主要採用進階的安全性分析，其與簽章為基礎的方法不同，主要是透過大數據和機器學習技術突破可用來評估整個雲端架構的事件，使用手動方式來偵測無法識別的威脅，以及預測攻擊的變化，這些安全性分析主要包括：

- 整合性威脅情報：Microsoft 有大量全域威脅情報，資料來自多個來源，像是 Azure、Microsoft 365、Microsoft Digital Crimes Unit（DCU） 和 Microsoft 安全回應中心（MSRC）。當然研究人員也會收到主要雲端服務提供者共用的威脅情報資訊，以及其它協力廠商的摘要，Defender for Cloud 可以使用此資訊來向我們發出已知不良執行者的威脅。

- 行為分析：行為分析是一種可分析及比較資料與一組已知模式的技術，不過這些模式並非簡單的簽章，它們主要會透過已套用至大型資料集的複雜機器學習演算法來決定，它們也能透過專業分析師仔細分析惡意行為來判定，Defender for Cloud 可以使用行為分析，根據虛擬機器記錄、虛擬網路裝置記錄、網狀架構記錄和其他來源的分析，來識別遭到入侵的資源。

- 異常偵測：Defender for Cloud 也會使用異常偵測來找出威脅，相較於行為分析，衍伸自大型資料集的已知模式，異常偵測更具個人化，並且重視部署專用的基準，機器學習會用於判斷部署的一般活動，接著產生規則以定義能表示安全性事件的極端值條件。

Defender for Cloud 會將嚴重性指派給警示，以利協助你優先處理每個警示的順序，因此當資源遭到入侵時，我們就能夠立即取得，嚴重性是根據其信賴程度，或用來發出警示的分析，以及導致警示的活動背後有惡意意圖的信賴等級。

- 高：我們的資源很可能遭到破壞，此時我們應該立即加以了解，其在惡意意圖以及用來發出警示的結果中都有高度的信賴度，像是警示會偵測已知惡意工具的執行，例如一種用於認證竊取的常見工具 Mimikatz。

- 中等：表示資源可能遭入侵的可疑活動，其對於分析或尋找的信賴度很高，而惡意意圖的信賴度為中等到高，這些通常會是以機器學習或異常偵測為基礎的偵測，像是從異常位置登入的嘗試。

- 低：這有可能是良性確判或已遭封鎖的攻擊。因為意圖是惡意的，而且活動可能是無害的，像是記錄清除是攻擊者試圖隱藏行跡時，可能出現的活動，但是多數時，記錄清除是管理員執行的日常作業。請注意，通常不會在攻擊遭到封鎖時告訴你，除非這是我們建議你查看的有趣案例。

- 資訊警示：只有向下切入安全性事件，或者使用 REST API 和特定警示識別碼時，才會看到資訊警示，事件通常是多個警示組成，部分單獨顯示的可能是資訊警示，但和其它警示相關時，或許應該進一步查看。

即使是經驗豐富的安全性分析師，分級和調查安全性警示仍可能費時，多數人不知道要從什麼地方著手，適用於 Defender for Cloud 會流量分析來連接不同安全性警示之間的資訊，使用這些連線，適用於雲端的 Defender for Cloud 可以提供攻擊活動及其相關警示的單一檢視，以利協助我們了解攻擊者的動作和受影響的相關資源。

威脅防護的運作方式是監視來自 Azure 資源、網路和連線合作夥伴解決方案安全性資訊，其主要會分析這項資訊，通常是來自多個來源的相互關聯資訊，以利識別威脅。當 Defender for Cloud 識別威脅時，它主要會觸發安全性警示，其中包含事件的詳細資訊，包括補救的建議。此外威脅情報報告中主要包含偵測到的威脅相關資訊，以協助事件回應小組調查和補救威脅，此報告包含下列資訊：

- 攻擊者的身分識別或關聯。
- 攻擊者的目標。
- 目前和過往的攻擊活動。
- 攻擊者的策略、工具和程序。
- 關聯的入侵指標。
- 受害者研究。
- 緩和與修復資訊。

Defender for Cloud 主要有三種類型的威脅報告，主要會根據攻擊而有所不同。所提供的報告如下：

1. 活動群組報告：主要提供攻擊者、攻擊者目標和策略的深入調查。
2. 活動報告：主要說明特定攻擊活動的詳細資料。
3. 威脅摘要報告：主要包括上述兩種報告的所有項目。

事件回應處理時，這類資訊很有用，因為其會在處理過程中，持續調查了解攻擊來源、攻擊者的動機，以及日後如何減輕問題。

不同產業的企業多多少少會有對應的資安事件回應框架，雖然流程可能有所不同，但是在修復事件和吸取經驗教訓的要求方面存在相對普遍一致的意見，為安全團隊必須全面分析事件以瞭解幾個動態，分別為：

1. 攻擊者是誰？
2. 事件發生的時間是什麼時候？
3. 哪些使用者、資產或資料是目標？
4. 利用了哪些攻擊技術？
5. 哪個防禦系統檢測到了它？
6. 這是妥協的全部範圍，還是涉及更多因素？

企業安全團隊在了解這些和幾個組織上一致的資訊要求之後，我們將會做出適當的回應，當確認攻擊者被驅逐出環境，並且完成相對應的行動時，事件即告結束， 事件回應團隊將會在執行過程中學習經驗和教訓。

主動威脅建模對於了解攻擊者在網路中機動的位置至關重要，MITRE ATT&CK® 框架允許安全團隊了解攻擊者對網路採用的方法，NIST SP 800-53 Controls to ATT&CK Mappings，為實現基於 NIST SP 800-53 控制框架的防禦提供了一種可操作的方法。

企業組織想要提升安全性管理能力，則建議將能夠開始評估將一部份的工作負載移轉至 Azure 雲端平台中，此時 Microsoft Sentinel 將能夠協助內部部署與多雲環境的安全性資訊與事件管理（SIEM）的解決方案。

所謂 SIEM 系統主要是企業組織用於在電腦系統上收集、分析和執行安全性作業的工具，簡單來說就是收集和查詢記錄、執行關聯分析或異常偵測和根據調查結果建立警示與事件，其主要提供以下功能，分別為：

1. 記錄管理：主要從環境內的資源上收集、儲存及查詢記錄資料的能力。
2. 警示：主要查看記錄資料，以利尋找潛在的安全性事件與異常。

3. 視覺效果：主要針對記錄資料提供視覺見解的圖表與儀表板。
4. 事件管理：主要建立、更新、指派及調查已識別之事件的能力。
5. 查詢資料：主要用來查詢和了解資料的豐富查詢語言。

Microsoft Sentinel 主要是雲原生的 SIEM 系統，企業組織的安全操作團隊主要能夠從任何資料來源收集資料，以利跨單位取得安全性的見解，並且使用內建的機器學習與威脅情報快速偵測和調查威脅，以及使用劇本和與 Azure Logic Apps 的整合將威脅回應自動化。

此外與傳統 SIEM 解決方案最大的不同之處，主要在於無需在本地端或 Azure 雲端平台安全任何伺服器，就能夠在 Azure 入口網站中僅需要花費數分鐘的設定就能夠執行 Microsoft Sentinel，並且 Microsoft Sentinel 將能夠與其它雲端服務緊密整合，我們不僅能夠快速的進行記錄，也能夠以原生的方式使用其它雲端服務，像是身份授權和流程自動化，所以有助於達成端至端的安全操作、主要包括收集、檢測、調本和回應。

▲ Microsoft Sentinel 處理流程示意圖

首先我們需要先將資料導入至 Microsoft Sentinel 中，此時資料連接器將能夠幫助我們完成此項操作，主要會透過設定的方式來進行連接，當資料被導入至 Microsoft Sentinel 之後，資料主要會使用 Log Analytics 進行儲存，接著使用 Kusto 查詢語言（KQL）來查詢資料，所謂 KQL 主要是一種豐富的查詢語言，將能夠提供我們更深入的探資料，並且從中取得見解的能力。

當然我們也能夠使用工作簿在 Microsoft Sentinel 中進行資料視覺化的操作，並且將工作簿做成儀表板，此時在儀表板中的每個元件皆是能夠使用資料底層的

KQL 查詢加以進行建立和編輯來滿足需求。此外如果能夠針對資料進行主動式分析，以利在發生可疑情況時收到通知，此時我們能夠在 Microsoft Sentinel 工作區內啟用內建的分析警示，並且有許多專屬以機器學習模型為基礎的警訊，以及我們將能夠從頭開始建立自訂排程的警示。然而當發現有可疑活動的分析警示時，則我們將能夠透過內建的搜捕查詢，以利安全維運的分析師透過與 Azure Notebook 整合建立進行進階查詢。當觸發已啟用的警示時，將會建立事件，更重要的是我們將能夠在 Microsoft Sentinel 中執行標準事件管理任務，並且能夠將事件分配給個人進行調查和變更狀態，當然還具有調查的能力，以利我們順著時間線跨日誌記錄的資料對應實體進行視覺化的事件調查。

最後透過自動回應事件的能力，我們將能夠將一部份的安全性作業進行自動化，並且讓安全作業中心更具生產力，Microsoft Sentinel 主要整合了 Azure 邏輯應用，主要能夠讓我們建立自動化工作流程或 Playbook 來回應事件，此功能主要能夠用於事件管理、擴充、調查或補救，也就是所謂的安全業務流程、自動化和回應，簡稱為 SOAR。

如果我們在收集基礎結構或應用程式記錄檔以利進行效能監控，此時建議同時考慮使用 Azure 監視器與 Log Analytics 來達成此目的，當然我們也需要了解環境的安全狀態，並且確保符合原則規範，以及檢查安全性設定是否有錯誤，此時我們則建議使用 Microsoft Defender for Cloud，主要將相關資安警報導入至 Microsoft Sentinel 的資料連接器。

部署 Microsoft Sentinel 環境主要與設計 Log Analyticss 工作區的設定相關，主要為了符合安全性和合規性的需求，企業組織中的安全性作業分析師主要必衡負責設定 Microsoft Sentinel 環境以利符合公司需求，並且將成本降至最低、以及符合法規，為安全性小組提供最容易管理的環境，以利執行其每日工作的責任。

在身分識別、端點、基礎結構與網路等其他領域中採用零信任方法，會增加分析師必須減少的事件安全性作業中心（SOC）數目。

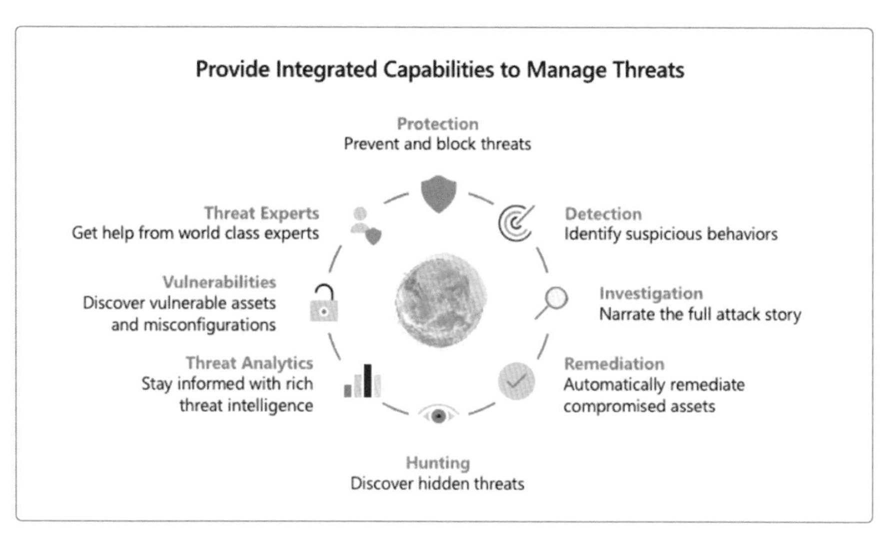

▲ 資安威脅管理示意圖

因為這些個別區域會產生各自的相關警示，所以需要整合式功能來管理隨之湧入的資料，以便更妥善地防禦威脅，並且驗證交易中的信任，需要下列功能，分別為：

1. 偵測威脅與弱點
2. 調查
3. 回應
4. 搜捕
5. 透過威脅分析提供其他內容
6. 評定弱點
7. 向世界級專家取得協助
8. 防止或封鎖跨要件發生的事件

管理威脅包括被動式與主動式偵測，而且需要同時支援這兩者的工具。

- 反應式偵測：事件會從六個零信任要件的其中一個觸發，此外 SIEM 等管理產品可能會支援另一層分析，以利擴充資料，並且與其相互關聯，導致將事件標記為惡意，下一個步驟就是調查以取得攻擊的完整記述。

- 主動式偵測：使用可用的資料進行搜捕，以利證明入侵假設，威脅搜捕一開始會假設有漏洞，而你的目標是搜捕確認該假設的證明。

攻擊者多停留在環境一分鐘，即是允許其繼續進行攻擊並存取敏感性或重要系統。維護環境的控制權可確保符合產業或組織安全性標準，具備下列項目時，有效率的安全性作業策略最有利：

1. 多個在 Azure 中工作的工程小組。
2. 多個需要管理的訂閱。
3. 必須強制執行的法規需求。
4. 所有雲端資源都必須遵守的標準。
5. 已定義的記錄與稽核安全性流程。

安全營運團隊，也稱為安全營運中心，其職責主要是快速檢測潛在攻擊，確定其優先順序，並且進行分流，這些操作有助於消除誤報並專注於真實攻擊，從而縮短修復真實事件的平均時間。

集中式的 SecOps 團隊監控與安全相關的遠端檢測資料，並且調查安全漏洞，任何通訊、調查和搜尋活動都必須與應用程式團隊保持一致，這一點很重要，以下主要是執行安全操作的一般最佳做法，分別為：

1. 遵循 NIST 網路安全框架作為營運的一部分：
   a. 檢測系統中是否存在對手。
   b. 透過快速調查是實際攻擊還是誤報來做出回應。
   c. 在攻擊期間和之後恢復和還原工作負載的機密性、完整性和可用性。
2. 快速確認警報，當防禦者針對誤報進行分類時，不得忽視檢測到的對手。
3. 縮短修復檢測到對手的時間，減少被進行攻擊和接觸敏感系統的機會。
4. 優先考慮對具有高內在價值的系統進行安全投資。
5. 隨著系統的成熟，主動尋找攻擊者，將減少攻擊者在環境中行動的時間。

Security Operations Model – Functions and Tools

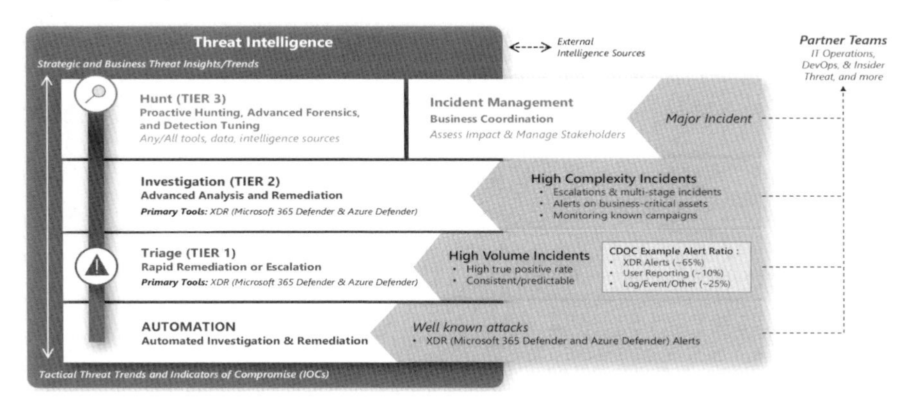

Ⓐ 安全操作模式的方式和工具

安全運營團隊通常關注三個關鍵成果：

1. 事件管理：管理對環境的活動攻擊，主要包括：
   - 被動回應檢測到的攻擊。
   - 主動尋找透過傳統威脅檢測進行的攻擊。
   - 協調安全事件的法律、通訊和其它業務的影響。

2. 事件準備： 明組織為將來的攻擊做好準備，事件準備主要是一套更廣泛的戰略活動，其主旨在於讓人們能夠更好地處理重大攻擊，並且獲得有關安全流程改進的見解。

3. 威脅情報：透過安全領導，收集、處理威脅情報並將其傳播給安全運營、安全團隊、安全領導和業務領導利益關係人。

為了實現這些結果，安全營運團隊的結構應專注於關鍵結果，在較大的 SecOps 團隊中，通常會在子團隊之間分解。

1. 分流（第 1 層）：安全事件的第一行回應。會審著重於警報的高容量處理，通常由自動化和工具所產生。分流的過程將能夠解決大多數常見事件類型，並且在團隊中解決這些問題，更複雜的事件或以前未見過和解決的事件皆應該升級到第 2 層。

2. 調查（第 2 層）：專注於需要進一步調查的事件，通常需要關聯來自多個來源的資料點，此調查層旨在為上報給問題提供可重複的解決方案，然後將使第 1 層能夠解決該問題類型的後續問題，第 2 層還會將回應針對業務關鍵型系統的警報，以及反映出風險的嚴重性，並且快速採取行動的需要。

3. 尋找（第 3 層）：主要專注於主動搜索高度複雜的攻擊流程，並且為更廣泛的團隊制定指導，以利實現安全控制，第 3 層團隊還會充當重大事件的升級點，以及支援取證分析和回應。

SecOps 與業務領導層有多種潛在的互動，主要包括：

1. SecOps 的業務上下文：SecOps 必須了解對於組織最重要的內容，以利團隊能夠將該上下文應用於流動的即時安全情況，什麼會對業務產生最大的負面影響？關鍵系統停機？聲譽和客戶信任的喪失？外洩機敏資料？篡改關鍵資料或系統？我們了解 SOC 中的關鍵領導者和員工瞭解這一背景非常重要，他們將在源源不斷的資訊中針對事件進行分類，並且優先考慮時間、注意力和精力。

2. 與 SecOps 的聯合實作演習：業務領導者應定期加入 SecOps，以實踐對於重大事件的回應，這種培訓建立了關係，這對於在真實事件的高壓下快速有效地做出決策非常重要，從而降低了企業組織的風險。這種做法還透過在實際事件發生之前暴露過程中能夠修復的差距和假設來降低風險。

3. 來自 SecOps 的重大事件更新：SecOps 應在發生重大事件時向業務利益關係人提供更新，這些資訊使企業領導者能夠了解他們的風險，並且採取主動和被動措施來管理該風險。

4. 來自 SecOps 的商業智慧：有時 SecOps 會發現對手的目標是一個意想不到的系統或資料集，隨著這些發現，威脅情報團隊應與業務領導者共用這些訊號，因為它們可能會觸發業務領導者的見解，像是公司外部的某個人知道一個秘密專案，或者意外的攻擊者目標突出了一個被忽視的資料集的價值。

安全操作可能是高度技術性的，但是更重要的是人員是安全運營中最寶貴的資產，因為人員具備經驗，技能，洞察力和創造力。對於企業組織的攻擊也是由犯罪分子、間諜和駭客分子等人計劃和實作的，雖然攻擊是完全自動化的，但是最具破壞性的攻擊通常是由即時的人類攻擊操作員所完成。專注於賦予人們權力，我們目標不應該是用自動化取代人，而是為我們的員工提供可簡化其日常工作流程的工具，工具將使他們能夠跟上或領先於他們面臨的對手。從雜訊（誤報）中快速分辨出訊號（真實檢測）需要投資於人力和自動化，自動化和技術可以減少人類的工作，但是攻擊者是人類，人類的判斷力非常重要。

讓我們的思維組合多樣化，安全操作可能技術性很強，但是它也只是另一種新版本的調查，不要害怕僱用在調查或演繹或歸納原因方面具有較強能力的人，並且對他們進行技術訓練。確保我們的員工擁有健康的文化，並且衡量正確的結果，這些做法可以提高生產力和員工對工作的享受。

指標驅動行為，因此衡量成功是正確行事的關鍵因素，指標將文化轉化為明確的可衡量目標，從而推動成果。我們了解到，考慮我們衡量的內容，以及我們關注和實作這些指標的方式非常重要，認識到安全操作必須管理其直接控制範圍之外的重要因素，任何偏離目標的行為都應主要被視為流程或工具改進的學習機會，而不是假設 SOC 未能實現目標，對於組織風險有直接影響的主要指標是：

1. 平均確認時間（MTTA）：回應能力是 SecOps 可以更直接控制的少數幾個元素，測量警報之間的時間，像是燈光開始閃爍的時間，以及分析師看到該警報，並且開始調查的時間，提高回應能力要求分析師不要浪費時間調查誤報。

2. 平均修復時間（MTTR）：降低風險的有效性衡量下一個時間段。該時間段是分析人員開始調查到修復事件的時間，MTTR 確定 SecOps 從環境中刪除攻擊者的訪問許可權所需的時間，此資訊有助於確定在哪些方面投資流程和工具，以 明分析師降低風險。

3. 手動或自動化修復的事件：衡量手動修復的事件數量以及通過自動化解決的事件數量是告知人員配備和工具決策的另一種關鍵方法。

4. 每層之間的升級：跟蹤層與層之間升級的事件數，它將有助於確保準確追蹤工作量，以利為人員配置和其它決策提供資訊，像是在升級事件上完成的工作不會歸因於錯誤的團隊。

安全營運面臨著不斷發展的商業模式、攻擊者和技術平台的變革性影響，安全運營的轉型主要由以下趨勢推動：

1. 雲端平台覆蓋範圍：安全營運部門必須檢測，並且回應整個企業資產，主要包括雲端資源中的攻擊，雲端資源主要是一個快速發展的新型平台，SecOps 專業人員通常不熟悉它。

2. 轉向以身份為中心的安全性：傳統的 SecOps 嚴重依賴基於網路的工具，但是現在必須整合身份、端點、應用程式以及其它工具和技能，這種整合主要是因為攻擊者已將身份攻擊，像是網路釣魚、憑據盜竊、密碼噴塗和其他攻擊類型納入至其武器庫中，以可靠的方式逃避基於網路的檢測。且有價值的資產，像是自帶設備將其部分或全部生命週期花費在網路邊界之外，從而限制了網路檢測的效用。

3. 物聯網（IoT）和營運技術（OT）覆蓋範圍：攻擊者主動將 IoT 和 OT 設備作為其攻擊鏈的一部分，這些目標可能是攻擊的最終目的，也能夠是存取或遍歷環境的手段。

4. 遙測資料的雲端處理：由於來自雲端的相關遙測資料大量增加，因此需要安全操作現代化，使用本地端資源和經典技術很難，或不可能處理此遙測資料。然後，其主要推動 SecOps 採用提供大規模分析、機器學習和行為分析的雲端服務，這些技術有助於快速提取價值，以利滿足安全操作的時間敏感型需求。

MITRE ATT&CK ™框架代表了網路攻擊進展的步驟，分別為：

1. 偵察：觀察階段，攻擊者評估網路和服務，確定可能的目標和技術，以利獲得進入。

2. 入侵：攻擊者使用在偵察階段獲得的知識來存取網路的一部分，這通常涉及探索缺陷或安全漏洞。
3. 利用：此階段涉及利用漏洞並將惡意程式碼插入系統中以獲取更多存取授權。
4. 特權提升：攻擊者經常嘗試獲得對受感染系統的管理存取特權，以存取更多關鍵資料，並且進入其它連線的系統。
5. 橫向移動：這是橫向移動到連接的伺服器，並且獲得對於潛在資料有更大存取權限的行為。
6. 混淆 / 反取證：攻擊者需要覆蓋他們的項目才能成功實作網路攻擊，它們通常會破壞資料，並且清除稽核日誌，以利防止任何安全團隊進行檢測。
7. 拒絕服務：此階段涉及中斷使用者和系統的正常存取，以利防止攻擊被監視、追蹤或阻止。
8. 滲漏：最後的提取階段，從受感染的系統中獲取有價值的數據。
9. 針對各種子系統不同類型的攻擊與每個階段相關聯。

雲端大幅改變作業小組的角色，作業小組不再負責管理硬體和裝載應用程式的基礎結構，作業仍在執行成功的雲端應用程式中占很重要的一部分，作業小組的一些重要功能包括：

1. 部署
2. 監視
3. 升級
4. 事件回應
5. 安全性稽核

強化記錄和追蹤對雲端應用程式尤為重要，讓作業小組參與設計與規劃，以利確保應用程式可提供讓他們成功所需的資料與見解，建議事項如下所示。

- 讓所有事情都是可觀察的：一旦解決方案完成部署並執行時，記錄和追蹤是了解系統的主要見解，追蹤會記錄經過系統的路徑，並且能夠用於找出瓶頸、效能問題和失敗點，記錄主要會擷取如應用程式狀態變更、錯誤和例外狀況的個別事件，登入實際執行環境，否則我們會在最需要時見解時失去洞察力。

- 監視方式：監視提供對於應用程式執行情況的解析，像是良好或狀況不佳，就可用性、效能和系統健康情況而言，像是如果符合 SLA 則能夠無限期監視，在系統一般作業時進行監視，它應該盡可能接近即時，使得作業人員能夠快速反應問題，在理想情況下，監視可以協助在發生嚴重失敗前避開問題。

- 根本原因分析方式：根本原因分析是尋找失敗根本原因的程序，將會在發生失敗後開始。

- 使用分散式追蹤：使用針對並行、非同步和雲端規模設計的分散式追蹤系統，追蹤應包含跨服務界限流動的相互關聯識別碼，單一作業可能牽涉到對多個應用程式服務的呼叫，如果作業失敗，相互關聯識別碼可協助找出失敗原因。

- 標準化記錄和計量：作業小組必須從你解決方案中的各種服務之間彙總記錄，如果每個服務使用自己的記錄格式，要從中取得有用的資訊會變得困難或不可行。定義一個常見的結構描述，其中包含如相互關聯識別碼、事件名稱、傳送者 IP 位址等欄位，個別服務可以衍生自訂結構描述，其會繼承基底結構描述，並且包含額外的欄位。

- 自動化管理工作：此包括佈建、部署和監視。自動化工作能夠讓其可重複進行，且較不容易發生人為失敗。

- 將設定視為程式碼：將設定檔簽入版本控制系統，以便我們能夠追蹤和設定變更的版本，並且在必要時復原。

雲端應用程式很複雜，含有多個元件，記錄資料可以提供應用程式的見解，並且協助我們以下事項，分別為：

1. 針對過去的問題進行疑難排解，或者防止可能的問題。
2. 改善應用程式效能或可維護性。
3. 自動化可能需要手動介入的動作。

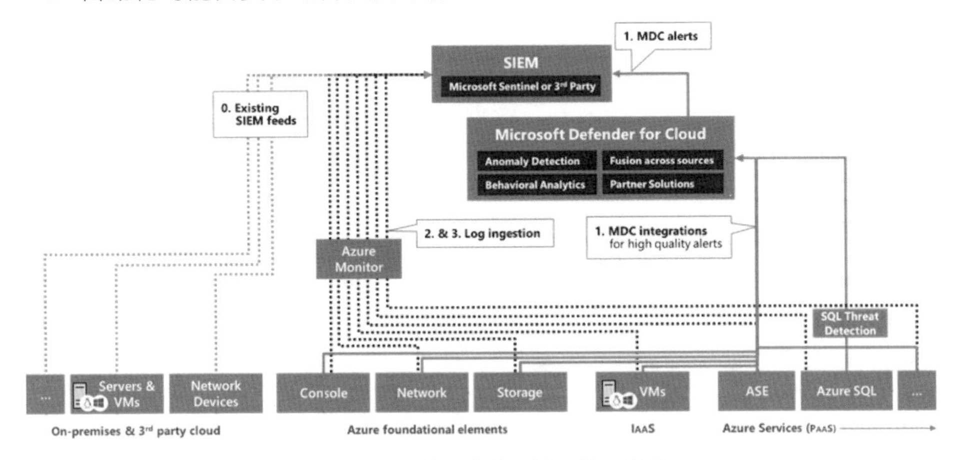

▲ Azure 雲端服務的分析架構示意圖

Azure 記錄可分為下列幾種類型：

- 控制 / 管理記錄：其主要提供有關 Azure Resource Manager 建立、更新與刪除作業的相關資訊。
- 資料平面記錄：其主要提供發生事件的相關資訊，以作為 Azure 資源使用方式的一部分，這個記錄類型的範例是虛擬機器（VM）中的 Windows 事件系統、安全性和應用程式記錄，以及透過 Azure 監視器設定的診斷記錄。
- 已處理事件：提供已分析事件 / 警示的相關資訊，此範例類型是適用於雲端的 Microsoft Defender 警示，其中適用於雲端的 Microsoft Defender 已處理和分析訂用帳戶，並且提供簡潔的安全性警示。

Azure 安全性基準（ASB）提供規範性的最佳做法和建議，以利協助改善 Azure 上的工作負載、資料和服務的安全性，其中包括：

- 雲端採用架構：主要是安全性指引，包括策略、角色和責任、Azure 雲端平台前 10 名安全性最佳做法，以及參考實作。
- Azure Well-Architected 架構：主要保護 Azure 上工作負載的指引。
- Microsoft 安全性最佳做法：主要在 Azure 上使用範例建議。
- Microsoft 網路安全性參考架構（MCRA）：主要為安全性元件和關聯性的視覺化圖表和指引。

Azure 安全性基準測試著重在於以雲端為中心的控制區域，這些控制項與已知的安全性基準一致，像是網際網路安全性中心（CIS）控制措施、國家標準與技術（NIST），以及支付卡產業資料安全性標準（PCI-DSS）所述。

最後目前企業難以控制和管理越來越複雜的環境，這些環境跨越了資料中心、多個雲端和邊緣，每個環境和雲端都有自己的一組脫離的管理工具，此時我們將會需要學習及操作。然而目前新的 DevOps 和 ITOps 作業模型將難以實行，因為現有的工具無法為新的雲端原生模式提供支援，此時 Azure Arc 將能夠提供一致的多雲端和內部部署管理平台來簡化治理和管理，Azure Arc 主要能夠將現有的非 Azure、內部部署或其他雲端資源對應至 Azure Resource Manager，並且集中管理整個環境，管理虛擬機器、Kubernetes 叢集和資料庫，就像是在 Azure 中執行一樣。使用熟悉的 Azure 服務操作和管理方式，無論它們位於何處，並且繼續使用傳統的 ITOps，同時引進 DevOps 做法，以及支援雲端環境中的新雲端原生模式。

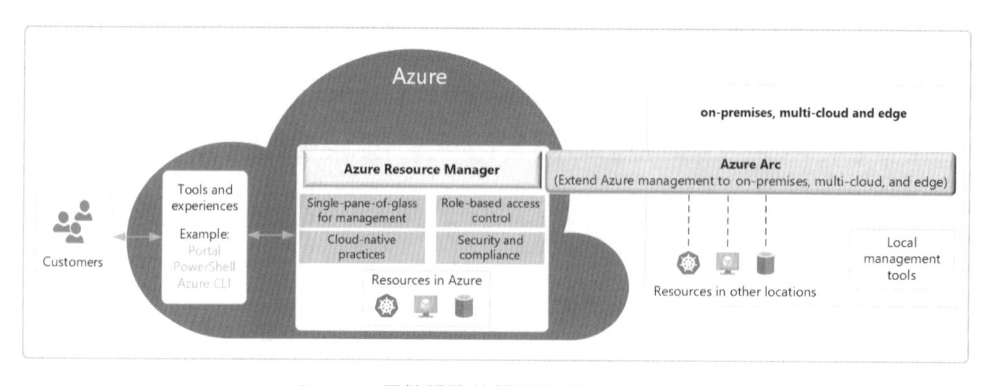

▲ Azure 雲端服務的維運管理方式示意圖

雲端治理主要是隨著時間不斷進行改善，因為轉型不會在一夜之間發生，所以評估風險承受能力，以利管理雲端採用和管理風險的策略變得非常重要，在某些產業中，第三方合規性要求將會影響策略的建立。監管機構經常發佈標準和更新，以利協助定義最佳安全實務，這些標準目的和範圍，以及法規各不相同，但是安全要求將可能會影響資料保護和保留、網路存取和系統安全的設計。

一旦業務風險被對應，並且轉換為決策到策略，網路安全架構師將能夠建立法規遵從性策略，此策略主要考慮了企業組織所屬的產業或執行的交易類型。良好的合規性策略需要能夠確保實施安全控制，以利直接對應法規遵從性的要求，這就是為什麼在建立法規遵從性策略之前全面了解業務類型、事務和整體業務需求非常重要的原因。不遵守規定可能導致罰款或其它業務影響，與監管機構合作，仔細審查標準，透過一些問題了解需求，分別為：

1. 如何衡量合規性？
2. 誰核准工作負載是否滿足要求？
3. 是否有獲取證明的流程？
4. 文件要求是什麼？

在傳統治理中，公司政策主要建立了治理的工作定義，大多數 IT 治理操作皆透過技術來監控、實作、操作和自動化這些公司策略，雲端治理的建立皆在類似概念。

在定義公司政策期間，需要首先評估業務風險，其中包括對當前雲端採用的計劃和資料分類的調查，在此階段，我們需與營業單位合作，以平衡風險承受能力和緩解成本。最後階段由採用和創新活動的步伐組成，這些活動自然會產生違反政策的行為，執行相關流程將有助於監控和強制遵守政策，而在定義公司政策之後，需要確保具有適當的治理，以利在預先配置的新工作負載時隨著時間的推移保持合規性，這將能夠作為雲端治理策略的主要支柱。

提高營運合規性將能夠降低與配置移轉或與系統修補不當相關的漏洞相關的中斷的可能性，下表提供營運合規性過程中能夠執行這些過程的工具及其目的。

處理流程	工具	目的
更新管理	Azure Automation Update Management	管理和安排更新。
政策落實	Azure Policy	落實政策以利確保環境的合規性。
環境設定	Azure Blueprints	核心服務的自動化合規性。
資源設定	Desired State Configuration	在來作業系統和環境的方面進行自動設定。

企業組織必須遵循的合規性要求將會因企業組織的產業和服務類型而有所差異，Azure Policy 法規符合性內建計劃定義對應至 Azure Security Benchmark 中的符合性網域和元件，每個元件皆與一個或多個 Azure Policy 定義相關聯，這些政策將能夠 明我們評估對控制的遵守情況，但是元件與一個或多個策略之間通常沒有一對一或完全對應，因此 Azure Policy 中的「符合性」只指政策定義本身，這並不能確保完全符合控制元件的所有要求。此外符合性標準包括目前任何 Azure Policy 定義都未解決的元件，因此，Azure Policy 中的符合性只是整體符合性狀態的部分。此符合性標準的符合性網域、元件和 Azure 策略定義之間的關聯可能會隨時間而變化，預設情況下，每個訂閱皆有 Azure Security Benchmark，其主要是用於 Azure 基於通用合規性框架的安全性和合規性最佳實務。

在建立公司政策和規劃治理政策時，主要能夠使用 Azure Policy、Azure Blueprints 和 Microsoft Defender for Cloud 等工具和服務來強制實作和自動化組織的治理決策，其中 Microsoft Defender for Cloud 在治理策略中扮演著重要的角色，其主要能夠 明保持安全狀態，分別為：

1. 主要提供跨工作負載的統一安全性視圖。
2. 主要提供可操作的安全建議，以利在問題被利用之前修復問題。
3. 主要用於跨混合雲端工作負載應用安全政策，以利確保符合安全標準。
4. 主要收集、搜索和分析來自各種來源，主要包括防火牆和其它合作夥伴解決方案的安全資料。

許多安全功能，像是安全政策和建議皆是免費提供的，但是一些更高級的功能，像是即時虛擬機器存取和混合工作負載支援，在標準版的 Defender for Cloud 下可用，並且即時虛擬機器的存取能夠透過控制對 Azure VM 上管理連接埠的存取來 明減少網路攻擊面，更進一步 Microsoft Defender for Cloud 中的法規遵從性儀表板中顯示所選的符合性標準及其所有要求，其中支援的要求對應至適用的安全性評估。

雲端治理需要持續採用進行轉型，針對雲端治理主要採用管理風險的原則，評估風險容忍度成為了關鍵，在某些產業中，針對合規性將會影響初始原則的建立。法規組織經常發佈標準與更新，以協助定義良好的安全性做法，讓企業組織可以避免疏忽，這些標準與法規的用途與範圍會有所不同，然而安全性需求可能會影響資料保護與保留、網路存取及系統安全性的設計。

商務風險將其轉換成原則聲明的決策之後，網路安全性架構師就能夠建立法規合規性策略，此策略也會考慮組織所屬的產業，或者組織執行的交易類型，良好的合規性策略必須確保實作安全性控制項，以利直接對應法規合規性需求，這就是為什麼在建立法規合規性策略之前，必須完整查看商務、交易與整體商務需求的類型。

不符合規範可能會導致罰款或其他業務衝擊，與你的管理人員合作並仔細檢閱標準，以了解每項需求的意圖與用語，透過以下問題將能夠協助你了解每項需求。

1. 如何測量合規性？
2. 誰負責核准工作負載是否符合需求？
3. 是否有取得證明的程序？
4. 文件需求是什麼？

在傳統治理與累加式治理中，公司原則會建立治理的工作定義，大部分 IT 治理追求監視、實施、操作這些公司原則及將其自動化的實作技術，雲端治理以類似的概念為基礎而建置。公司原則定義期間，你必須先評估商務風險，其中包括調查目前的雲端採用方案與資料分類。在此階段中，你將與企業合作，以平衡風險容忍度與風險降低成本。

建立商務風險之後，你將評估風險容忍度，以通知治理雲端採用與管理風險的微創原則。請注意，在某些產業中，協力廠商合規性會影響初始原則建立。最後一個階段是由採用與創新活動的步調所組成，這些活動自然會建立原則違規，執行相關流將程有助於根據原則來監控和實作。定義公司原則策略，其中包含法規合規性需求之後，我們必須確保自己已備妥適當的治理，以在佈建新工作負載時符合規範，我們能夠使用圖表中顯示的五個雲端治理專業領域作為雲端治理策略的主要元件，分別為：

1. 成本管理
2. 安全基準
3. 資源一致
4. 識別基準
5. 加速部署

企業組織可能需要符合一或多個業界標準，合規性會以各種類型的保證為基礎，包括由獨立第三方稽核公司所產生的正式認證、證明、驗證、授權與評定，以及合約文書、自我評定與客戶指導文件。

合規性也能夠根據風險、法規或作業的類型來進行區別，根據美國聯邦法規，營運風險為無法建立內部控制項與獨立保證功能，並且讓企業組織面臨指意詐騙、虧空與其他營運損失的風險。合規性風險為因為無法遵守法律、法規、規則、其他法規需求或管理辦法，而導致的法律或法規批准、財務損失或信譽損害的風險。當規劃合規性策略時，我們應該考慮可支援法規合規性的作業合規性。

如果我們的企業組織使用廠商或其它受信任的商業夥伴，則要考量的其中一個最大企業風險可能是這些外部組織不遵循法規合規性。此風險通常無法補救，反而可能需要各方嚴格遵循要求，開始進行原則檢閱之前，請確定我們已識別，並且了解任何協力廠商合規性需求，改善作業合規性可減少發生與設定移轉有關的中斷，或與系統未正確修補有關的弱點，下列資料表提供一些作業合規性流程的範例，以及可執行這些流程及其用途的工具。

處理流程	工具	用途
修補檔管理	Azure 自動化更新管理	管理及排程更新。
實施作原則	Azure 原則	實作原則以確保環境與來賓合規性。
環境設定	Azure 藍圖	核心服務的自動化合規性。
資源設定	Desired State Configuration	在客體作業系統與環境的某些層面進行自動化設定。

Azure 原則法規合規性內建計劃定義主要會對應至 Azure 安全性效能評定中的合規性網域與控制項，每項控制項都與一或多個 Azure 原則定義建立關聯，這些原則可協助我們使用控制項存取合規性，然而控制項與一或多個原則之間通常不是一對一相符或完全相符。

所以 Azure 原則中的合規性代表原則定義本身，這無法保證完全符合控制項的所有需求，另外合規性標準包括此次不經由任何 Azure 原則定義所處理的控制項，因此，Azure 原則中的合規性只能夠部分檢視整體合規性狀態，針對此合規性標準，合規性網域、控制項與 Azure 原則定義之間的關聯可能會隨時間而變更。

預設每個訂閱都會指派 Azure 安全性效能評定，這是 Microsoft 針對以通用合規性架構為基礎的安全性與合規性最佳做法所撰寫的 Azure 特定指導方針，以及當我們建立公司原則並規劃治理策略時，將能夠使用工具與服務，像是 Azure 原則、Azure 藍圖和適用於雲端的 Microsoft Defender 來實作組織治理決策，並且將其自動化。

適用於雲端的 Microsoft Defender 在治理策略中扮演重要的部分，其能夠協助我保持在最安全的狀態，因為其主要提供跨工作負載統一檢視安全性，從各種來源收集、搜尋及分析安全性資料，其中包括防火牆與其他合作夥伴解決方案，並且提供可採取動作的安全性建議，在遭到惡意探索之前修正問題，以及可用於跨混合式雲端工作負載套用安全性原則，以利確保符合安全性標準。

許多安全性功能，像是安全性原則與建議皆能夠免費使用，我們能夠在適用於雲端的 Defender 標準層下，取得一些更進階的功能，像是 Just-In-Time 虛擬機器存取與混合式工作負載支援，藉由控制 Azure 虛擬機器上管理連接埠的存取，Just-In-Time 虛擬機器存取可減少網路受攻擊面。適用於雲端之 Microsoft Defender 中的法規合規性儀表板會顯示我們選取的合規性標準及其所有需求，其中支援的需求會對應至適用的安全性評定，這些評定的狀態會反映我們符合標準的情況。

適用於雲端之 Microsoft Defender 的法規合規性儀表板會針對我們所選的標準與法規，顯示我們環境內所有評定的狀態，當我們針對建議採取動作，並且降低環境中的風險因素時，我們的合規性態勢也會隨著進行改善。使用法規合規性儀表板中的資訊，我們能夠在儀表板中直接解決建議來改善合規性態勢，當然我們也能夠選取儀表板上顯示的任何失敗評定來檢視該建議的詳細資料，每項建議都包含一組解決問題的補救步驟，我們更能夠在此處選取儀表板上顯示的任何失敗評定來檢視該建議的詳細資料，每項建議都包含一組解決問題的補救步驟。

持續監視對於採用雲端運算的組織而言不可或缺，因為工作負載的本質非常不固定，新的工作負載會每天進行佈建，確保這些工作負載會根據預設而受到保護就變得很重要，換句話說，必須在管線開頭實作護欄，以利確保使用者無法佈建不安全的工作負載。如果沒有這樣持續監控和實作原則，我們的環境將會面臨更多風險，因為工作負載不會根據預設而受到保護。

設計 Azure 原則時，我們必須從基礎結構觀點與合規性考慮組織的需求。藉由設計量身打造的原則，我們能夠透過將所有合規性資料放在單一位置，以利協助減少稽核環境所需的時間。Azure 原則也能夠協助在整個資源中設定護欄，以利協助確保雲端合規性、避免錯誤設定，並且落實一致的資源控管，透過在 Azure 平台的核心實作原則來降低外部核准流程的數目，提高開發人員生產力，並且控制最佳化雲端支出，Azure 原則主要協助我們簡單管理 Azure 資源、實作原則、稽核合規性，並且持續監視合規性，Azure 原則將會為資源建立慣例。原則定義會描述資源合規性條件，以及當條件符合時要採取的效果。

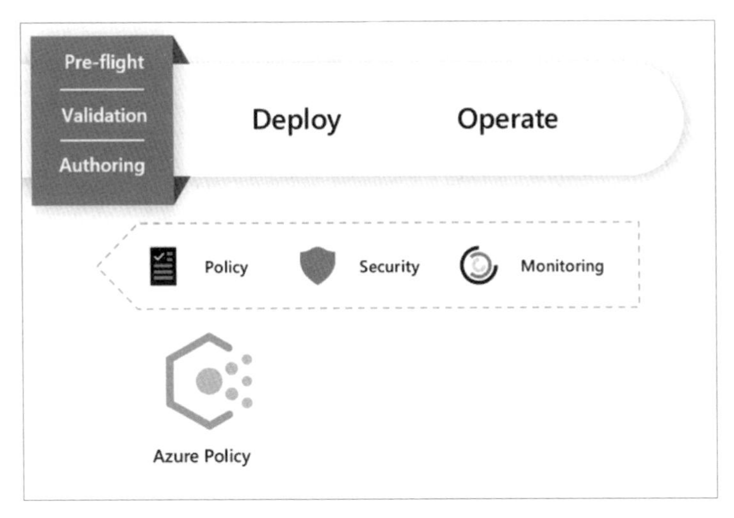

▲ Azure 雲端服務進行資安保護的示意圖

我們要如何保護應用程式及其對系統造成的威脅，從簡單的問題開始，深入解析潛在的風險，然後，使用威脅模型化工具來進行進階技巧。

所謂威脅模型化工具主要會產生一份報告，其中列出所有已識別的威脅，此報告通常上傳至追蹤工具，或者轉換成工作項目由開發人員驗證和解決，將新功能新增至解決方案時，我們應該更新威脅模型，並且將其整合到程式碼管理流程中，如果發現安全性問題，則應該有流程來分級問題嚴重性，並且決定何時及如何補救，例如在下一個發行週期中，或者更快發行版本。

首先收集應用程式每個元件的相關資訊，這些問題的答案將會找出基本保護的差距，並且了解不同的攻擊方式，接著我們將會進行漸進評估應用程式設計，分析應用程式元件和連線，以及其關聯性，也就是威脅模型化。所謂威脅模型化是一項重要的工程練習，包括定義安全性需求、找出威脅並加以緩和，以及驗證這些緩和措施，此技術將能夠用於任何應用程式開發的階段，但在新功能的設計階段最有效，常見的方法我們主要使用 STRIDE：

1. 詐騙（Spoofing）：涉及不合法的存取然後使用另一個使用者的驗證資訊，像是使用者名稱和密碼。

2. 竄改（Tampering）：涉及惡意資料修改，範例包括未經授權變更持續性資料，像是儲存在資料庫中的資料，以及修改在兩部電腦之間透過開放式網路，像是網際網路流動的資料。

3. 否認性（Repudiation）：涉及與拒絕執行動作，但沒有其他任何一方有辦法另外證明的使用者有關，像是使用者在無法追蹤禁止作業的系統中執行非法作業。不可否認性是指系統反擊否認性威脅的能力，像是例購買項目的使用者在收到項目時可能必須簽名，接著廠商將能夠使用已簽署的收據做為使用者確實收到的證明。

4. 洩露資訊（Information Disclosure）：涉及將資訊暴露給不應該具有其存取權的個人，像是使用者可以讀取其未被授權存取的檔案，或者入侵者能夠讀取在兩部電腦之間傳輸的資料。

5. 拒絕服務（Denial of Service）：涉及阻斷服務（DoS）攻擊可阻斷對有效使用者提供的服務，像是藉由讓網頁伺服器暫時無法存取或無法使用，我們必須保護特定類型的 DoS 威脅，即可改善系統可用性和可靠性。

6. 提高權限（Elevation of Privilege）：涉及無特殊權限的使用者會取得具有特殊權限的存取，所以有足夠的存取權可入侵或摧毀整個系統。當然提高權限威脅包含攻擊者已有效地滲透所有系統防禦，而且攻擊者本身成為受信任系統一部分的情況，的確是很危險的情況。

Microsoft 安全性開發生命週期使用 STRIDE，並且提供可協助進行此流程的工具。這項工具可供免費使用，威脅模型化工具將會產生一份報告，其中列出所有已識別的威脅。識別潛在威脅之後，決定如何偵測威脅及對該攻擊的反應。

定義流程和時間表，以盡量不暴露於工作負載中任何已識別的弱點，絕不會放任不處理這些弱點，並且使用縱深防禦方法，這有助於識別設計中所需的控制項，以利在主要安全性控制項失敗的情況下降低風險。當評估主要控制項失敗的可能性，如果有的話，潛在組織風險的程度為何？還有其它控制的效果如何，特別是導致主要控制失敗的情況？

根據評我們將會套用縱深防禦措施來因應安全控制可能失敗，最低權限準則是實作縱深防禦的一種方式，限制單一帳戶可能造成的損害，授與最少權限給帳戶，規定在期限內以必要權限完成任務，這有助於減輕攻擊者取得帳戶存取權以危害安全性保證的損害。

威脅模型化工具是 Microsoft 安全性開發生命週期（SDL）的核心元素，其主要能夠讓軟體架構設計人員及早識別和降低潛在安全性問題的風險，以利在問題相對簡單且符合成本效益時加以解決，所以我們理應能夠大幅降低總開發成本。此外我們在設計此工具時已考慮到非安全性專家的問題，因此可讓所有開發人員更加方便地建立威脅模型，以利提供清楚說明如何建立和分析威脅模型的指導方針，其中緩和措施會根據網站應用程式安全性框架進行分類，主要包括下列項目，分別為：

1. 稽核與記錄：哪些人員在何時做了什麼？稽核與記錄是指你的應用程式記錄安全性相關事件的方式。
2. 驗證：你是誰？驗證是實體證實另一個實體身分識別的程序，通常是透過認證（例如使用者名稱和密碼）進行。
3. 授權：可以做什麼？授權是你應用程式提供資源和作業存取控制的方式。
4. 通訊安全性：與什麼人員對話？通訊安全性可確保盡可能以安全的方式完成所有通訊。
5. 設定管理：應用程式執行的身分？其與哪些資料庫連線？應用程式的管理方式？這些設定的保護方式？設定管理是指應用程式處理這些作業問題的方式。
6. 密碼編譯：如何保持秘密的機密性？如何防止竄改資料或函式庫的完整性？如何為密碼編譯必須保持強式的隨機值提供種子？密碼編譯是指應用程式強制執行保密性和完整性的方式。

7. 例外狀況管理：當應用程式中的方法呼叫失敗時，應用程式會怎麼做？會顯示多少？是否會傳回易記的錯誤資訊給終端使用者？是否會將有價值的例外狀況資訊傳遞給呼叫者？應用程式是否正常地失敗？
8. 輸入驗證：如何得知應用程式所收到是有效且安全的輸入？輸入驗證是指你的應用程式在進行其他處理之前，如何篩選、拖曳或拒絕輸入。
9. 敏感性資料：應用程式如何處理敏感性資料？敏感性資料是指應用程式處理任何資料，必須在記憶體中、透過網路或在永續性儲存體中受保護方式。
10. 工作階段管理：應用程式如何處理及保護使用者工作階段？工作階段是指使用者與網站應用程式之間一系列的相關互動。

模擬練習題

請切記，Azure 證照考試的題目會隨時進行更新，故本書的考題「僅提供讀者熟悉考題使用」，請讀者準備證照考試時，必須以讀懂觀念為主，並透過練習題目來加深印象。

題目 1

How can the IT department ensure that employees at the company's retail stores can access company applications only from approved tablet devices?

A. SSO
B. Conditional Access
C. Multifactor authentication

題目 2

How can the IT department use biometric properties, such as facial recognition, to enable delivery drivers to prove their identities?

A. SSO
B. Conditional Access
C. Multifactor authentication

題目 3

How can the IT department reduce the number of times users must authenticate to access multiple applications?

A. SSO
B. Conditional Access
C. Multifactor authentication

題目 4

An attacker can bring down your website by sending a large volume of network traffic to your servers. Which Azure service can help company protect its App Service instance from this kind of attack?

A. Azure Firewall
B. Network security groups
C. Azure DDoS Protection

題目 5

What's the best way for company to limit all outbound traffic from VMs to known hosts?

A. Configure Azure DDoS Protection to limit network access to trusted ports and hosts.
B. Create application rules in Azure Firewall.
C. Ensure that all running applications communicate with only trusted ports and hosts.

題目 6

How can company most easily implement a deny by default policy so that VMs can't connect to each other?

A. Allocate each VM on its own virtual network.
B. Create a network security group rule that prevents access from another VM on the same network.
C. Configure Azure DDoS Protection to limit network access within the virtual network.

題目 7

How can company most easily implement a deny by default policy so that VMs can't connect to each other?

A. Allocate each VM on its own virtual network.
B. Create a network security group rule that prevents access from another VM on the same network.
C. A network security group rule enables you to filter traffic to and from resources by source and destination IP address, port, and protocol.

題目 8

Your organization is considering multifactor authentication in Azure. Your manager asks about secondary verification methods. Which of the following options could serve as secondary verification method?

A. Automated phone call.
B. Emailed link to verification website.
C. Microsoft account verification code.

題目 9

Your organization has implemented multifactor authentication in Azure. Your goal is to provide a status report by user account. Which of the following values could be used to provide a valid MFA status?

A. Enrolled
B. Enforced
C. Required

題目 10

Which of the following options can be used when configuring multifactor authentication in Azure?

A. Block a user if stolen password is suspected.
B. Configure IP addresses outside the company intranet that should be blocked.
C. One time bypass for a user that is locked out.

答案與解析

題目 1

答案：B

解析：使用條件式存取將能夠要求使用者只能夠從已經核准或代管的裝置中存取應用程式。

題目 2

答案：C

解析：我們主要透過多重身份驗證（MFA）進行生物特徵的身份驗證。

題目 3

答案：A

解析：單一登入（Single Sign On, SSO）讓使用者能夠僅記住一個帳號和一個密碼就能夠存取多個應用程式。

題目 4

答案：C

解析：DDoS 保護有助於保護 Azure 資源免受 DDoS 攻擊，DDoS 攻擊試圖耗盡應用程式的資源，使應用程式速度變慢或對合法使用者無回應。

題目 5

答案：B

解析：使用 Azure 防火牆將能夠出站 HTTP/S 流量限制為指定的完全限定完整網域名稱（Fully Qualified Domain Names, FQDN）清單。

題目 6

答案：B

解析：使用網路安全群組規則，可以按照來源和目標IP位址、連接埠和協定篩選進出資源的流量。

題目 7

答案：B

解析：使用網路安全組規則，其能夠按照來源和目標IP位址、連接埠和協定篩選進出資源的流量。

題目 8

答案：A

解析：我們可以設定自動通話以進行驗證。

題目 9

答案：B

解析：強制是報表畫面中的有效 MFA 狀態。

題目 10

答案：C

解析：允許一次性存取是可用的選項。

2.6 成本管理和服務等級協定

當企業在採取移轉至雲端的後續步驟前，想要進一步了解其現行的資料中心支出，確實需要了解當前的態勢，以利讓企業能夠確切掌握雲端移轉在成本方面所代表的意義，此時我們將能夠透過 TCO 計算機可協助預估在 Azure 上運作解決方案，而不是在內部部署資料中心運作所節約的成本。財務上通常會使用「擁有權總成本」一詞。所有與操作內部部署技術功能相關的隱藏成本都很難取得，軟體授權和硬體是額外的成本。

當我們開始使用 TCO 計算機時，我們能夠輸入內部部署工作負載的詳細資料，然後檢閱建議的產業平均成本（可調整），以利取得相關的營運成本。這些成本主要包括電力、網路維護和 IT 人力。然後你會看到並排報表，透過此報表，我們就能夠比較這些成本與在 Azure 上執行相同工作負載的成本，使用 TCO 計算機主要有三個步驟，分別為定義工作負載、調整假設和檢視報表。

Azure 訂閱將能夠讓我們存取 Azure 資源，例如虛擬機器（VM）、儲存體及資料庫。你使用的資源類型會影響每月帳單，並且 Azure 提供免費及付費的訂用帳戶選項，以符合需要及需求。分別為：

- 免費試用：免費試用訂閱可提供 12 個月的熱門免費服務、可探索任何 Azure 服務 30 天的點數，以及超過 25 項一律免費的服務，除非升級為付費訂用帳戶，否則 Azure 服務會在試用結束或付費產品的點數到期時停用。
- 隨用隨付：隨用隨付訂閱可將信用卡或金融卡連結至帳戶，以支付所使用的服務費用。組織可申請大量折扣及預付發票。
- 成員優惠：你在特定 Microsoft 產品及服務上的現有成員資格可能會提供點數以用於 Azure 帳戶，並減少 Azure 服務的費率，像是 Visual Studio 訂閱者、Microsoft 合作夥伴網路成員、Microsoft for Startups 成員，以及 Microsoft Imagine 成員可獲得成員優惠。

我們主要有三種主要方式可在 Azure 上購買服務。其中包括：

- **透過 Enterprise 合約**

  稱為企業客戶的較大型客戶可與 Microsoft 簽署 Enterprise 合約，本合約承諾支付為期三年的 Azure 服務預判金額。此服務費用一般為年繳，身為 Enterprise 合約客戶，我們將會收到依計劃使用服務種類及數量所獲得的最佳客製化價格。

- **直接透過網路**

  我們能夠直接在 Azure 入口網站中購買 Azure 服務，並支付標準價格。你可每月透過信用卡或發票付款。此購買方法稱為「Web Direct」。

- **透過雲端解決方案提供者**

  雲端解決方案提供者（CSP）是協助在 Azure 上建置解決方案的 Microsoft 合作夥伴。CSP 會以其所決定價格來收取 Azure 使用量的費用。其會回答關於支援的問題，並視需要向 Microsoft 呈報。

我們能夠從 Azure 入口網站或從命令列中，啟動或建立 Azure 資源，Azure 入口網站會依類別排列產品及服務，以提供我們選取符合需求的服務，帳戶將會按照 Azure 的「依使用部分付費」模型計費。

如果有免費試用或使用點數的 Azure 訂閱，你可利用消費限制避免意外超支，像是當用完 Azure 免費帳戶隨附的所有點數時，部署的 Azure 資源會從生產中移除，而 Azure 虛擬機器（VM）會停止並解除配置。儲存體帳戶中的資料以唯讀形式提供。此時，你可將免費試用訂閱升級為隨用隨付訂閱。如果你有點數式訂用帳戶，且達到已設定的消費限制，則 Azure 會暫停訂用帳戶，直到新的計費週期開始為止。「配額」是與其類似的概念，或可看作是限制能在訂用帳戶中佈建的類似資源數目，像是每個區域最多可配置 25,000 部 VM。這些限制主要用於協助 Microsoft 規劃其資料中心容量。

Azure Advisor 可識別未使用或使用量過低的資源，並建議可移除的未使用資源。此資訊可協助你設定資源，使符合實際的工作負載。

每項 Azure 服務皆會定義其服務等級協定（Service Level Agreement, SLA），一般來說，SLA 主要會分為以下章節的內容：

1. 簡介：本章節說明 SLA 應該包含的事項，主要包括其範圍及訂閱續約對這些條款的影響。

2. 一般條款：本章節包含在整個 SLA 中使用的條款，讓雙方都具有一致的詞彙，像是定義停機時間、事件和錯誤碼。當然本節也會定義協議的一般條款，主要包括如何提交索賠請求、取得任何效能或可用性問題的退費，以及協定的限制。

3. SLA 詳細資料：本章節會定義服務的特定保證。效能承諾通常是以百分比表示。該百分比的涵蓋範圍，通常從三個九（99.9%）至四個九（99.99%）。主要的效能承諾通常著重於「執行時間」，或產品或服務成功運作的時間百分比。部分 SLA 也會著重於其他因素，包括「延遲」或服務回應要求的必要速度。當然本章節也會定義此服務特定的任何額外條款。

所謂「停機時間」主要是指服務無法使用的持續時間，99.9% 和 99.99% 的差異可能看起來很小，但請務必了解這些數字在總停機時間中所代表的意義，請參考下表。

SLA 百分比	每週停機時間	每月停機時間	每年停機時間
99	1.68 小時	7.2 小時	3.65 天
99.9	10.1 分鐘	43.2 分鐘	8.76 小時
99.95	5 分鐘	21.6 分鐘	4.38 小時
99.99	1.01 分鐘	4.32 分鐘	52.56 分鐘
99.999	6 秒	25.9 秒	5.26 分鐘

請注意這些額度為累計式，這表示多個不同服務的中斷持續時間會合併在一起，或進行加總。至於「服務退費」主要是根據索賠核准程序所要退還你的已支付費

用百分比，SLA 描述當 Azure 服務無法根據其規格執行時，Microsoft 的回應方式。例如，當服務無法根據其 SLA 執行時，Azure 帳單可能會打折以作為補償。

還有一點非常重要的事情是免費產品通常沒有 SLA，像是 Azure 服務提供的免費或共用層，不僅其功能較有限，並且沒有 SLA，像是 Azure Advisor 等服務一律免費，此時因為 Azure Advisor 為免費服務，所以不提供財務補償的 SLA。

此外我們如何知道 Azure 雲端平台何時會發生中斷呢？我們主要能夠查看 Azure 狀態，其主要提供 Azure 服務及區域健康狀態的全域檢視，如果懷疑發生中斷，這裡通常是起手式調查的好地方。當然 Azure 狀態更提供 Azure 服務健康狀態變更的 RSS 摘要，以利我們進行訂閱使用，並且將此摘要連線至 Microsoft Teams 或 Slack 等通訊軟體，請參考下圖。

Ⓐ Azure 狀態示意圖畫面

Azure 備份服務主要提供簡單、安全且符合成本效益的解決方案來備份資料，並且從 Microsoft Azure 雲端進行復原。

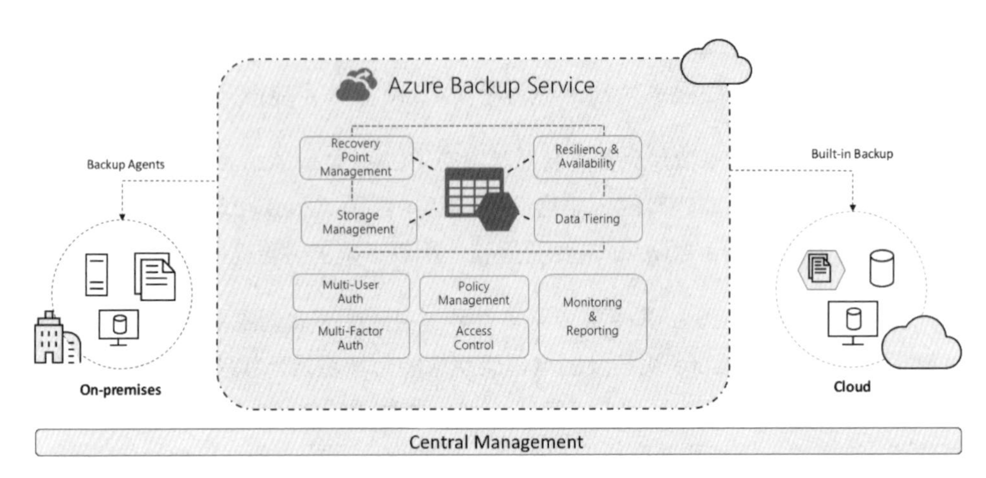

▲ Azure 雲端備份示意圖

為何要使用 Azure 備份呢？ Azure 備份可提供下列主要優點，分別為：

1. **卸載內部部署備份**

   Azure 備份提供了簡單的解決方案，這能夠讓我們將內部部署資源備份到雲端，我們不需部署複雜的內部部署備份解決方案，即可取得短期與長期備份。

2. **備份虛擬機器**

   Azure 備份提供獨立且隔離的備份，其能夠防止原始資料意外毀損，備份主要會儲存在復原服務儲存庫中，並且進行內建的復原點管理，設定和調整都十分容易，並且備份會最佳化，主要能夠在必要時輕易還原。

3. **輕鬆調整**

   Azure 備份使用 Azure 雲端的基礎功能及無限制調整來提供高可用性，沒有維護或監視的額外負載。

4. **取得無限制的資料傳輸**

   Azure 備份不會限制輸入或輸出資料的傳輸，或對傳輸的資料收費，輸出資料是指還原作業期間傳輸自復原服務儲存庫的資料，如果我們使用 Azure

匯入 / 匯出服務執行離線初始備份以匯出大量資料，則會有輸入資料的相關費用。

5. **確保資料安全性**

   Azure 備份提供解決方案來保護傳輸中和待用的資料。

6. **集中監視和管理**

   Azure 備份提供復原服務儲存庫中的內建監視和警示功能，這些功能不需要任何額外的管理基礎結構即可供使用，我們能夠使用 Azure 監視器來擴大監視和報告的規模。

7. **取得應用程式一致備份**

   應用程式一致備份表示復原點具有還原備份複本所需的所有資料，Azure 備份提供應用程式一致備份，確保資料還原不需要其他修正程式，還原應用程式一致的資料會減少還原時間，讓我們能夠快速回到執行狀態。

8. **保留短期和長期資料**

   我們能夠使用復原服務儲存庫進行短期和長期資料保留。

9. **自動儲存管理**

   混合式環境通常需要異質性儲存體 - 部份在內部部署，部份在雲端，當我們使用 Azure 備份，使用內部部署儲存體裝置無需成本，Azure 備份會自動配置和管理備份儲存體，並且採用使用時付費制，因此我們只需針對使用的儲存體支付費用。

10. **多個儲存體選項**

    Azure 備份提供三種類型的覆寫，讓儲存體 / 資料保有高可用性，分別為：

    - 本地備援儲存體（LRS）會將資料覆寫至資料中心的儲存體縮放單位三次（建立三個資料複本），此資料的所有複本都存在於相同的區域內。LRS 是保護資料免於本機硬體失敗的低成本選項。

- 異地備援儲存體（GRS）是預設且建議使用的覆寫選項，GRS 會將資料覆寫到次要地區（與來源資料主要位置距離數百英哩），GRS 的價格高於 LRS，但是能夠為我們的資料提供更高層級的持久性，即使遭受區域性中斷也不影響。
- 區域備援儲存體（ZRS）會在可用性區域中覆寫我們的資料，保證相同區域中的資料落地和復原，ZRS 不會停機，因此我們需要資料落地且必須沒有停機時間的重要工作負載，能夠在 ZRS 中備份。

Azure 備份藉由實作預防措施及提供工具，針對攻擊者滲透你系統的每個步驟來保護你的組織，協助保護你的關鍵商務系統和備份資料免於勒索軟體攻擊，無論是傳輸中的資料還是待用資料，Azure 備份皆可為你的備份環境提供安全的保障。

若要開始使用 Azure 備份，請規劃我們的備份需求，則我們需要擬定理想備份策略，此時將會需要問些問題，分別為：

1. 我們要保護哪些工作負載類型？
   若要設計你的儲存庫，請先確定你需要的是集中式或分散式作業模式。
2. 需要的備份細微性為何？
   判斷所需為應用程式一致、損毀一致或記錄備份。
3. 是否有任何合規性需求？
   確認是否需要強制執行安全性標準和個別的存取界限。
4. 必要的 RPO、RTO 為何？
   判斷備份頻率和還原的速度。
5. 是否有任何資料落地條件約束？
   判斷可確保所需資料耐用性的儲存體備援。
6. 要保留備份資料多久的時間？
   決定備份資料保留在儲存體中的持續時間。

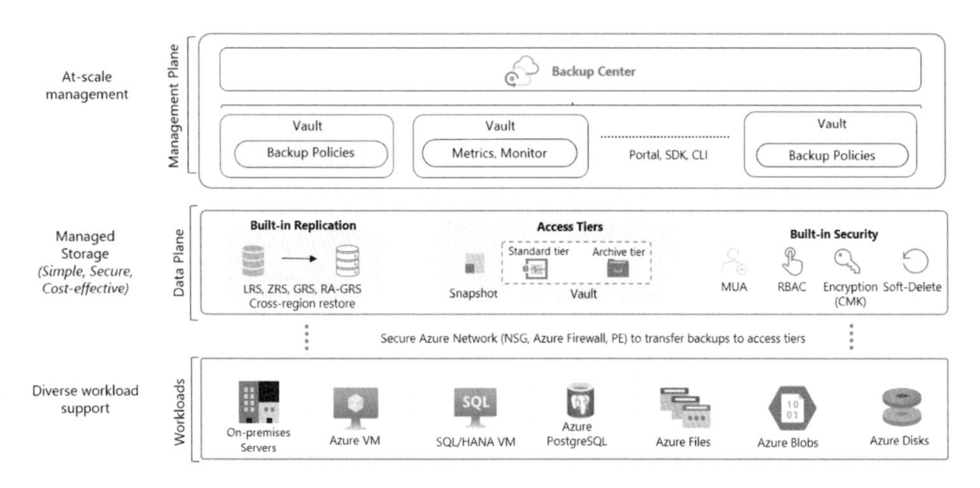

▲ Azure 雲端服務相關工作負載示意圖

針對工作負載，Azure 備份可啟用各種工作負載（內部部署和雲端）的資料保護，此功能主要是 Azure 的內建資料保護機制，安全、可靠，其主要能夠順暢擴縮多個工作負載的保護，而且不會造成任何額外的管理負擔。當然我們也能夠透過多個自動化管道來啟用此功能（透過 PowerShell、CLI、Azure Resource Manager 和 REST API）。

Azure 備份使用具有內建安全性和高可用性功能的可靠 Blob 儲存體，我們能夠為備份資料選擇 LRS、GRS 或 RA-GRS 儲存體，原生工作負載整合，Azure 備份提供與 Azure 工作負載的原生整合（VM、SAP Hana、Azure VM 中的 SQL，甚至 Azure 檔案儲存體），而且不需要你管理自動化或基礎結構來部署代理程式、撰寫新的指令碼或佈建儲存體。

針對資料平面，Azure 備份會自動佈建和管理用於備份資料的儲存體帳戶，以利確保能隨著備份資料成長而擴縮，防止任何意外和惡意嘗試透過虛刪除備份來刪除備份，已刪除的備份資料會免費儲存 14 天，所以我們能夠從這個狀態進行復原，以及 Azure 備份會自動清除較舊的備份資料，以利遵循保留原則。我們能夠將資料從操作儲存體分層到儲存庫儲存體中，同時適用於 Azure 備份的多使用者授權（MUA），能夠讓我們為復原服務儲存庫上的重要作業提供多一層保護。更進一步 Azure 備份可利用 Azure 平台的內建安全性功能，像是 Azure 角色型存取控制（Azure RBAC）和加密，確保我們的備份資料以安全的方式儲存。

針對管理平面，復原服務和備份儲存庫主要提供管理功能，並且能夠透過 Azure 入口網站、備份中心、儲存庫儀表板、SDK、CLI 和 REST API 來進行存取，它也是一種 Azure 角色型存取控制（Azure RBAC）界限，其主要能夠讓我們選擇將備份存取權設為僅限授權的備份管理員。每個儲存庫內的 Azure 備份原則會定義何時應該觸發備份，以及需要保留備份的持續時間，我們也能夠管理這些原則，並且將其套用到多個項目。當然 Azure 備份主要會為某些 Azure 原生工作負載，像是虛擬機器和 Azure 檔案儲存體建立快照集、管理這些快照集，並且允許從這些快照集進行快速還原，此選項可大幅縮短將資料復原到原始儲存體的時間，以及 Azure 備份將能夠整合 Log Analytics，並且提供透過活頁簿查看報表的功能。

為了協助保護我們的備份資料並滿足企業的安全性需求，Azure 備份主要提供機密性、完整性和可用性保證，以利防止刻意攻擊，避免我們的寶貴資料和系統遭到濫用，針對 Azure 備份解決方案，請考慮下列安全性指導方針：

1. 使用 Azure 角色型存取控制（Azure RBAC）的驗證與授權。
2. 加密傳輸中資料和待用資料。
3. 透過虛刪除保護備份資料免於不小心刪除。
4. 多使用者授權（MUA）。
5. 勒索軟體防護。
6. 可疑活動的監視與警示。
7. 安全性功能有助於保護混合式備份。

首先我們主要能夠提供執行特定工作所需的最低存取權，來劃分職責，像是負責監視工作負載的人員不應該有修改備份原則或刪除備份項目的存取權限，Azure 備份提供三個內建角色來控制備份管理作業：備份參與者（Backup Contributor）、操作員（Backup Operator）和讀者（Backup Reader），請參考右圖右側。

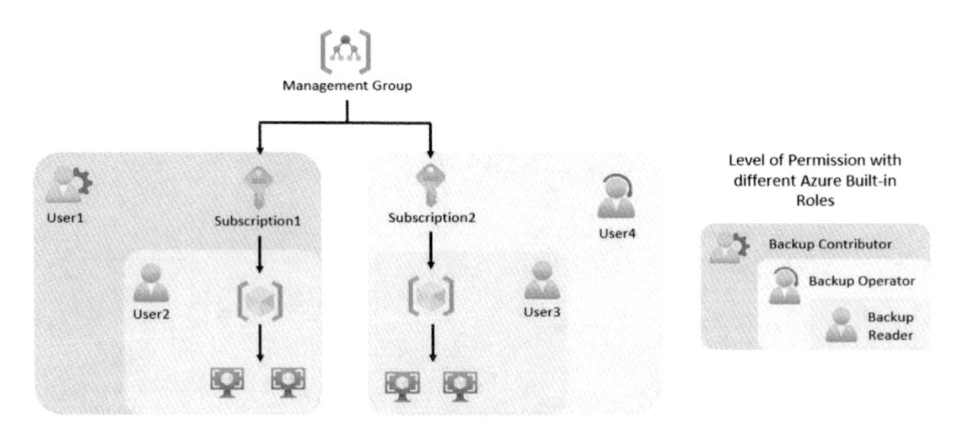

▲ Azure 雲端服務存取控制示意圖

在 Azure 雲端平台中，我們主要會透過 HTTPS 保護 Azure 儲存體與儲存庫之間的傳輸中資料，此資料會保留在 Azure 網路中，以及備份資料會使用 Microsoft 受控金鑰自動加密。當然我們也能夠使用自己的金鑰，也就是客戶自控金鑰，當我們使用客戶自控金鑰加密進行備份，不會產生額外的費用。請注意，使用 Azure Key Vault 用以儲存我們的金鑰將會產生成本，但是從獲得較高的資料安全性回報來看，這是合理的費用。此外 Azure 備份支援備份和還原已使用 Azure 磁碟加密（ADE）加密其作業系統 / 資料磁碟的 Azure 虛擬機器。

當發生儲存庫中任務關鍵性備份資料被不小心刪除的情況，此外惡意執行者可能會刪除我們的正式環境的備份，重建這些資源通常是成本高昂且耗時，甚至可能會導致關鍵資料的遺失。Azure 備份提供的虛刪除功能，可讓我們在資源遭刪除之後將其復原，藉此防範意外刪除和惡意刪除。當使用虛刪除時，如果使用者刪除了虛擬機器、SQL Server 資料庫、Azure 檔案共用、SAP HANA 資料庫的備份，備份資料會額外保留 14 天，以利復原該備份項目而不造成任何資料遺失，並且不會產生任何費用。

如果系統管理員產生惡意並危及系統，我們要如何保護資料呢？

此時任何具有備份資料特殊權限存取的系統管理員，都有可能對系統造成無法修復的損毀。所以惡意系統管理員將以能夠刪除所有的商業關鍵資料，甚至關閉可能會讓系統容易遭受網路攻擊的所有安全性措施。

此時 Azure 備份提供多使用者授權（MUA）功能，能夠保護我們免受這類惡意系統管理員的攻擊，多使用者授權可確保只有在獲得安全性系統管理員的核准之後，才會執行每個特殊權限 / 破壞性作業，也就是停用虛刪除，這將有助於防止惡意系統管理員執行破壞性作業，請參考下圖。

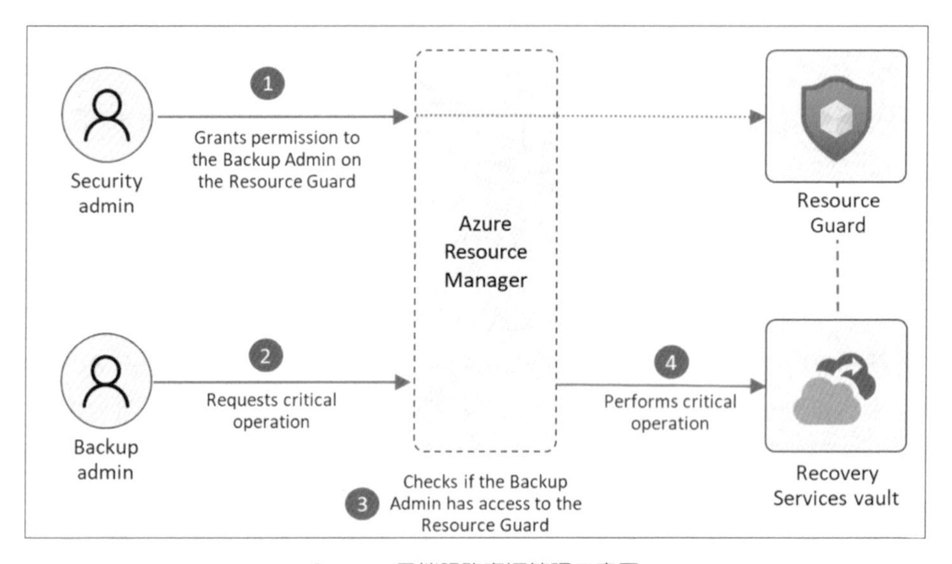

▲ Azure 雲端服務資源管理示意圖

所以系統會排除直接存取由惡意執行者加密的 Azure 備份資料，因為備份資料上的所有作業只能透過復原服務儲存庫或備份儲存庫來執行，並且能夠透過 Azure 角色型存取控制（Azure RBAC）和 MUA 來保護。同時預設啟用備份資料的虛刪除 ，即可免費保留已刪除的資料 14 天，並且使用 MUA 來保護停用虛刪除情況，更進一步我們能夠使用較長的保留期（週、月、年），以利確保完好的備份，在未被勒索軟體加密不會提前到期，還有有一些策略可供及早偵測及緩和來源資料上的這類攻擊，Azure 備份可讓你為警示建立動作規則，透過偏好的通知管道，像是電子郵件、ITSM、Webhook、Runbook 來接收關鍵通知，藉此為這類事件提供安全防護。

Azure 備份服務使用 Microsoft Azure 復原服務（MARS）代理程式，將檔案、資料夾，以及磁碟區或系統狀態，從內部部署電腦備份與還原至 Azure，MARS

主要提供了安全性功能，其主要用於加密的複雜密碼，主要從 Azure 備份下載之後、上傳和解密之前使用、已刪除的備份資料從刪除日期算起會額外保留 14 天，以及重要作業，像是變更複雜密碼，只能由具有有效 Azure 認證的使用者執行。

Azure 備份保護重要資料時，如果我們不希望這些資源可透過公用網際網路存取。尤其是金融產業和醫療產業，則必須遵循嚴格的合規性和安全性需求，以利保護機敏資料。為了滿足上述所有需求，我們將能夠使用 Azure 私人端點，這是一種網路介面，其主要能夠讓我們以私人且安全的方式連線至 Azure Private Link 所支援的服務，建議使用私人端點進行安全的備份和還原作業，而不需要從虛擬網路新增 Azure 備份或 Azure 儲存體的任何 IP/FQDN 允許清單。

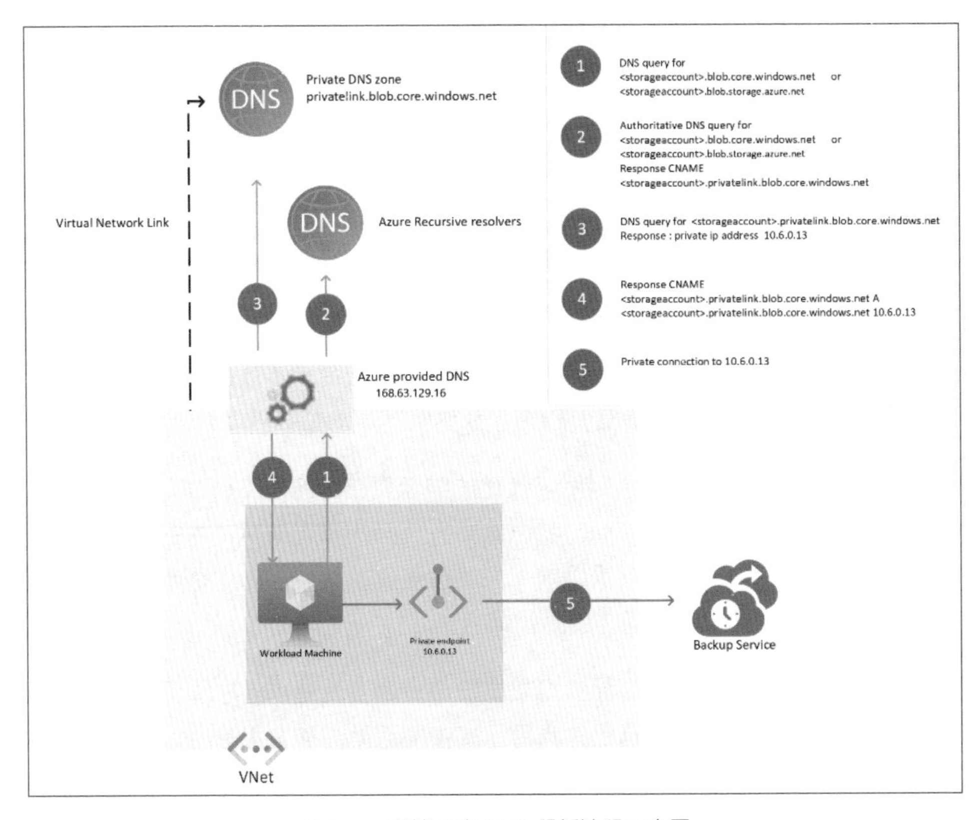

▲ Azure 雲端服務 DNS 解析流程示意圖

最後 Azure 雲端平台中的治理主要是以 Azure 原則和 Azure 成本管理來實作，Azure 原則可讓你建立、指派和管理原則定義，以強制執行資源的規則，此功能將能夠確保這些資源能夠符合公司的標準規範。針對我們在 Azure 資源和其它雲端服務提供者，Azure 成本管理可讓你追蹤雲端使用量和費用，此外 Azure 價格計算機和 Azure Advisor 這類工具在成本管理流程中扮演重要角色。

雲端改變了企業組織解決其業務挑戰的方式，以及設計應用程式與系統的方式。解決方案架構師的角色不僅是要透過應用程式的功能需求來提供商業價值，也必須確保解決方案的設計具備可擴充、可復原、高效率及安全等特性。解決方案架構與技術系統的規劃、設計、實作及持續改進有關，系統的架構必須以執行業務需求所需的技術能力來平衡及符合那些需求，最後的架構主要是整個系統與其元件之風險、成本與功能的平衡。

Azure 架構完善的架構是一組指導方針，用於協助租用戶在 Azure 上建置高品質的解決方案，設計架構並沒有任何一種無論大小全體適用的方法，但是不論架構、技術或雲端提供者為何，都有適用的通用概念，這些概念並非全部都包含在內，請將焦點放在這些原則，可協助你為應用程式建置可靠、安全且有彈性的基礎，其中 Azure 架構完善的架構由五大元素所組成，分別為成本最佳化、卓越營運、效能效率、可靠性以及安全性。

針對成本最佳化，我們需要設計雲端環境，使其以符合成本效益的方式運作及開發。找出雲端費用的濫用和浪費，以確保我們所花費的金錢得以充分利用。

針對卓越營運，我們主要透過利用現代化的開發實務，像是 DevOps，我們能夠啟用更快的開發及部署週期。此時我們需要有良好的監視架構，才能在失敗和問題發生之前，或至少在客戶察覺之前，先加以偵測。其中自動化是此要件的重要層面，可移除變動與錯誤，同時提高作業的靈活性。

針對效能效率，我們應該適當地針對架構符合資源容量需求，才能正常執行並且可進行擴縮。雲端架構主要是根據應用程式中的活動動態擴縮應用程式來達成此平衡的，服務需求會變更，因此我們的架構必須能夠根據需求進行調整。當我們在設計架構時考量效能與可擴縮性，將能夠為客戶提供絕佳的體驗，同時符合成本效益。

針對可靠性，每個架構設計人員的最大惡夢就是讓我們的架構故障，完全沒辦法加以復原，成功的雲端環境設計要能夠預期所有層級的失敗，作為預期失敗的一部分，這主要是設計出可在專案關係人與客戶所要求的時間內從失敗中復原的系統。

針對安全性，資料是企業組織中的最重要部分，我們將會著重在透過驗證來保護對你架構的存取，以及保護我們的應用程式與資料免於遭遇網路弱點，也應該透過加密之類的工具來保護資料的完整性。此時我們必須思考應用程式整個生命週期，從設計及實作到部署及運作的安全性，雲端提供各種威脅的防護，像是網路入侵和 DDoS 攻擊，但是我們仍然需要在應用程式、程序與組織文化中建置安全性。

我們還必須在整個架構中考慮一些一致的設計原則，分別為：

1. 啟用架構演進：沒有任何架構是靜態的，利用新服務、工具與技術的優點，讓你的架構演進。
2. 使用資料來進行決策：收集資料、進行分析，並加以使用來進行架構決策，從成本資料到效能，到使用者負載，使用資料將會引導你在你的環境中做出正確的選擇。
3. 教育並賦能：雲端技術會快速發展，教育你的開發、營運與業務小組，協助其作出正確的決策，並建置可解決商務問題的解決方案。記錄並分享你組織內的設定、決策與最佳做法。
4. 自動化：將手動活動自動化可降低營運成本、將手動步驟造成的錯誤降到最低，並提供環境之間的一致性。

移至雲端會導入共同責任模型，在此模型中，雲端提供者將會管理我們應用程式的某些層面，讓我們負擔其餘的責任。在內部部署環境中，我們需負責處理一切，當我們移至基礎結構即服務（IaaS），再移至平台即服務（PaaS）與軟體即服務（Saas）時，雲端提供者會擔負起大部分的責任。

此共同責任將會在我們的架構決策中扮演重要角色，因這些決策可能會影響你應用程式的成本、安全性、技術與營運功能，其主要是透過將這些責任轉移給提供者，我們就能夠專注於為自己的業務提供價值，且無需再處理非核心業務功能的活動。

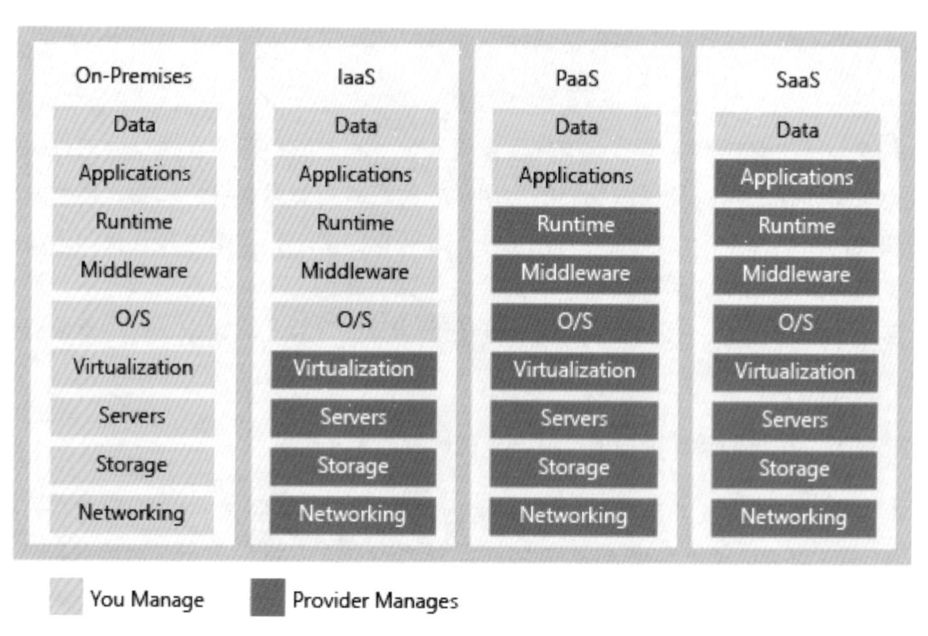

▲ Azure 雲端服務責任分工

在理想的架構中，我們主要會建置可能最安全、高效能、高度可用且有效率的環境，不過所有事情都有所取捨。如果要建置最高等級的環境，就要付出代價，該代價可能是金錢、提供時間或運作靈活度。每個企業組織皆會有不同的優先順序，而這些會影響在每個元件中所做的設計選擇，當我們設計架構時，我們必須判斷可接受與不可接受的取捨。在建立 Azure 架構時，有許多考量要牢記在心。如果希望架構是安全、可調整、可使用且可復原的，若要使其成為可能，我們必須根據成本、組織的優先順序與風險來進行決策。

模擬練習題

請切記，Azure 證照考試的題目會隨時進行更新，故本書的考題「僅提供讀者熟悉考題使用」，請讀者準備證照考試時，必須以讀懂觀念為主，並透過練習題目來加深印象。

題目 1

Which is the best first step the team should take to compare the cost of running these environments on Azure versus in their datacenter?

A. They're just test environments. Spin them up and check the bill at the end of the month.
B. Assume that running in the cloud costs about the same as running in the datacenter.
C. Run the Total Cost of Ownership Calculator.

題目 2

What's the best way to ensure that the development team doesn't provision too many virtual machines at the same time?

A. Do nothing. Let the development team use what they need.
B. Apply spending limits to the development team's Azure subscription.
C. Verbally give the development lead a budget and hold them accountable for overages.

題目 3

Which is the most efficient way for the testing team to save costs on virtual machines on weekends, when testers are not at work?

A. Delete the virtual machines before the weekend and create a new set the following week.
B. Deallocate virtual machines when they're not in use.
C. Just let everything run. Azure bills you only for the CPU time that you use.

題目 4

Resources in the Dev and Test environments are each paid for by different departments. What's the best way to categorize costs by department?

A. Apply a tag to each virtual machine that identifies the appropriate billing department.
B. Split the cost evenly between departments.
C. Keep a spreadsheet that lists each team's resources.

題目 5

Adding a third virtual machine reduces the composite SLA. How can Tailwind Traders offset this reduction?

A. Increase the size of each virtual machine.
B. Deploy extra instances of the same virtual machines across the different availability zones in the same Azure region.
C. Do nothing. Using Azure Load Balancer increases the SLA for virtual machines.

題目 6

It is time to backup files and folders to Azure. Which of these steps should be completed first?

A. Download the agent and credential file.
B. Configure the backup.
C. Create the recovery services vault.

題目 7

Azure Backup requires which of the following?

A. A dedicated backup server.
B. A recovery service vault.
C. An Azure blob storage container.

題目 8

The infrastructure manager wants to know more about Azure Backup. Which of the following most accurately describes Azure Backup?

A. Azure backup has unlimited data transfer.
B. Azure Backup doesn't provide data encryption.
C. Azure Backup is only for virtual machines in the cloud.

題目 9

A company has several Azure VMs that are currently running production workloads. There is a mix of production Windows Server and Linux servers. Which of the following is the best choice for production backups?

A. Managed snapshots
B. Azure Backup
C. Azure Site Recovery

題目 10

Which of these options is recommended to backup a database disk used for development?

A. Virtual machine backup
B. Azure Site Recovery
C. Disk snapshot

答案與解析

題目 1

答案：C

解析：執行總擁有成本計算機將會是非常好的第一步，因為它能夠提供資料中心與 Azure 上執行工作負載更精準的比較。

題目 2

答案：B

解析：如果超出支出限制，則會取消分配活動資源，然後我們就能夠決定是否提高限制還是預支更少的資源。

題目 3

答案：B

解析：當我們解除分配虛擬機時，關聯的硬碟和資料仍保留在 Azure 中，但是我們不需要再為CPU或網路消耗付費，這有助於節省成本。

題目 4

答案：A

解析：我們能夠將標記應用於 Azure 資源群組，以利組織計費相關資訊。

題目 5

答案：B

解析：如果一個可用性區域受到影響，則另一個可用性區域中的虛擬機器的實體應該不受影響。

題目 6

答案：C

解析：第一個步驟是建立復原服務儲存庫。

題目 7

答案：B

解析：Azure 備份需要復原服務儲存庫。

題目 8

答案：A

解析：Azure 備份不會限制傳輸的輸入或輸出資料的數量，Azure 備份也不會對傳輸的資料收取費用。

題目 9

答案：B

解析：Azure 備份是生產工作負載的最佳選項。

題目 10

答案：C

解析：我們能夠隨時建立快照集，並用以快速還原資料庫資料磁碟。

“

很多人對於微軟雲端的相關職缺還不是非常了解，同時也會有些疑問在於考了證照是否有用呢？如果你有這方面的困擾，建議參考此章節的內容。

”

Chapter 03

面試求職密碼

本章學習重點

3.1 求職平台
3.2 獵頭（Headhunter）管道
3.3 如何篩選自己想要的職缺
3.4 面試 Q&A
3.5 英文面試
3.6 面試穿搭
3.7 遠距面試技巧
3.8 後記：筆者的考照準備過程

3.1 求職平台

LinkedIn

首先在台灣到底有多少工作與 Azure 雲端服務相關呢？此時我們能夠透過 LinkedIn 社群網站直接來搜尋「Azure」關鍵字，就能夠知道有多少工作與 Azure 雲端服務相關，以下圖為例，主要說明在台灣有 331 份工作與 Azure 雲端服務相關。

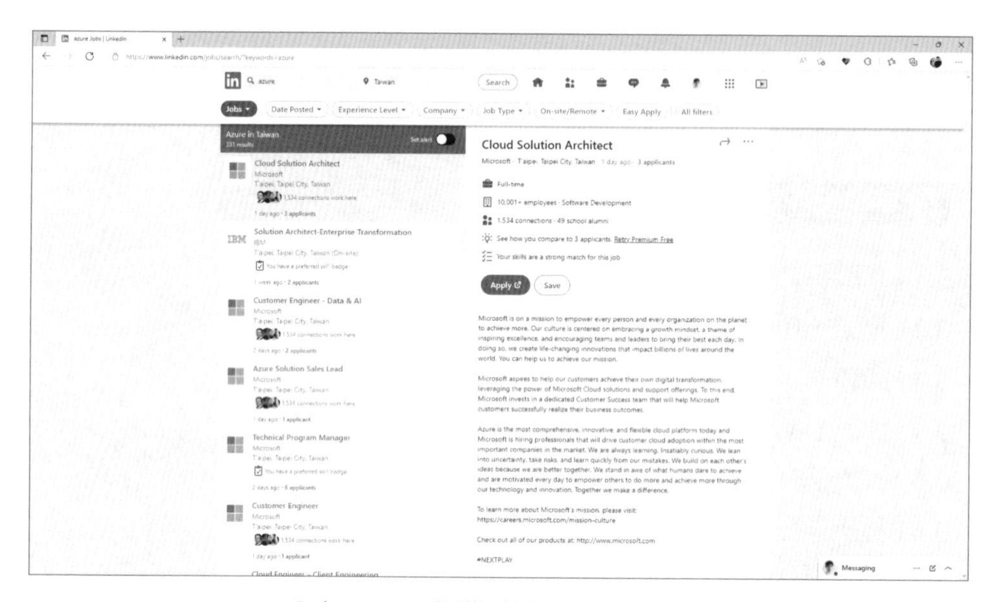

Ⓐ 在 LinkedIn 社群網站中搜尋 Azure 職缺

更進一步當我們點選職缺之後，在工作內容說明的技術和專業部份，通常會看到 Azure 關鍵字。以下一頁的圖為例，工作說明寫到需要至少在一個公有雲中具有良好的雲端技術工作相關知識、像是 AWS，Azure 和 GCP，其中所提到的知識就是本書籍的基本概念，除了知識之外還有些技術工作這就是實作練習，這雖然不在本書的範圍，但是我們還是能夠透過官方網站來進行免費或付費的實作練習（請參考 1.4 節）。

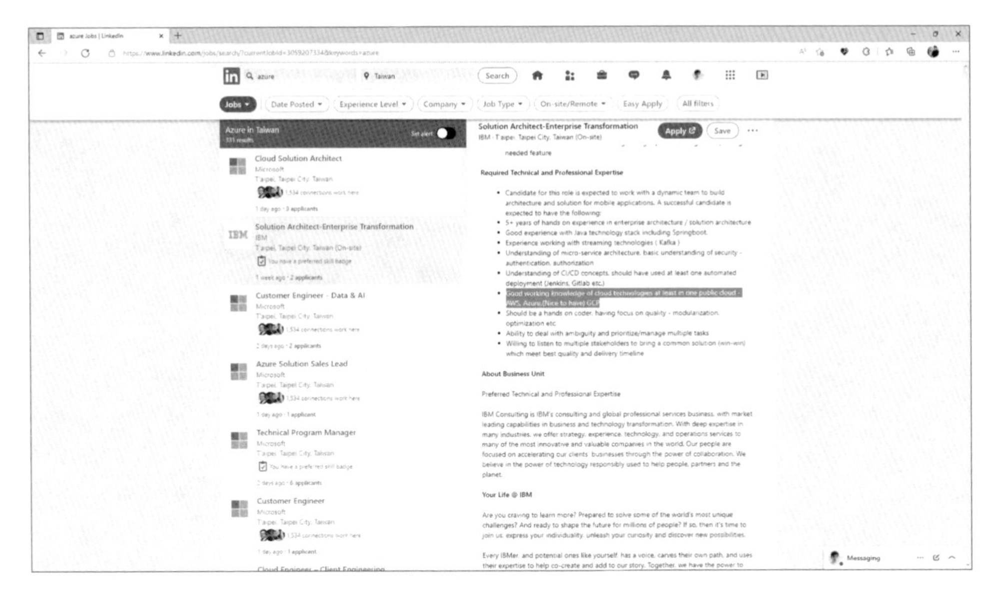

Ⓐ 在 LinkedIn 社群網站中查看 Azure 職缺相關專業能力要求

104 人力銀行

當然我們除了透過 LinkedIn 搜尋 Azure 雲端服務相關工作的職缺之外，還能透過 104 人力銀行網站來搜尋 Azure 雲端服務相關工作的職缺，透過這個網站搜尋，我們能更進一步了解在台灣的 Azure 雲端服務工作薪資為何。以下一頁的示意圖為例，資深商業分析師的工作職缺需要了解創新技術學習及 Azure 雲端數據應用，月薪在 60,000 元以上。

▲ 在 104 求職網站中搜尋 Azure 職缺

Leo 經驗談

當我們開始進行雲端相關職缺的面試時，面試官通常會給情境，要我們畫出架構圖。如果能在面試過程中畫出雲端架構圖，就會加分許多！

許多人可能有聽過「考取國際專業證照就能年薪百萬」的廣告，但現實則是國際專業證照的價值已經無法代表真實的實力，此時考取 Azure 雲端國際專業證照僅能夠讓人資了解我們對於 Azure 雲端非常感興趣。同時目前微軟已經開始深入企業市場，所以企業需要懂 Azure 雲端的專業人員，因此當我們考取 Azure 雲端證照之後，將會比其它人更具有競爭優勢，並且將會有許多職缺能夠進行挑選，因為企業上雲端不僅僅是技術問題，時常會和管理問題相關，所以請記住，不是只有資訊單位的人員才需要考取 Azure 雲端國際專業證照來獲得工作機會。

您是否也和我一樣對於雲端技術非常有熱情，我們要如何獲取雲端技術的相關面試呢？此時考取國際專業證照將比其它人更有機會獲得更多的面試機會，但是是否能夠錄取，這則是要在面試過程中展現出比國際專業證照更多的實務經驗，請勿在面試時特別強調國際專業證照的重要性，請強調當在準備國際專業證照的過程中相關的實務經驗，特別是上機練習。此外，如果有作品將會是更好的呈現方式。

當我們強取面試機會之後，每一關的開始通常會有自我介紹，此時建議採用 **STAR 原則**，所謂的 STAR 原則，主要分為情境、任務、行動和結果。

- **情境（Situation）**
- **任務（Task）**
- **行動（Action）**
- **結果（Result）**

這其實不難，主要我們只要將過去相關的實務經驗透過説故事的方式來讓面試官了解你，並且符合 STAR 原則，例如：

我目前在哪外商擔任顧問的角色主要負責金融客戶的案子（Situation），在案子中我們主要協助客戶使用雲端服務（Task），並且在這案子中我主要進行交付任務（Action），為企業帶來更多的雲端收益和幫助客戶帶來更多的商業價值（Result）。

以上範例就是 STAR 原則，請注意在上述範例中，最後的結果部份，如果能夠將結果進行量化將會有更大的加分效果。

但是如果你像我一樣在過去的工作沒有直接的雲端經驗，此時該怎麼辦呢？這時國際專業證照就能夠為你帶來價值，那我們究竟要如何開始呢？請先註冊 LinkedIn 專業社群網站的帳號。為何要使用 LinkedIn 呢？首先 LinkedIn 是專門針對職場工作的社群網站，所以有許多外商公司的 HR 會使用 LinkedIn 來找有潛力的專業 candidate，請注意使用 LinkedIn 時我們必須要輸入正確的最高學歷和工作經驗等相關資訊。

當我們輸入正確的最高學歷和工作經驗之後，下一步就是要呈現出對於雲端技術的熱情，這時最客觀的方式就是新增幾個雲端相關的國際專業證照，像是

Azure、Amazon Web Service 和 Google Cloud，其中 Azure 經常會有提供免費考取 Fundamentals 基礎能力證照的機會。而且目前大企業主要會以 Azure 為主，因為許多他們還是使用 Windows 作業系統。所以，如果你過去沒有雲端的工作經驗和想去大公司工作，我會推薦先考取 Azure 雲端的國際專業證照。

3.2 獵頭（Headhunter）管道

獵頭主要會透過 LinkedIn 來尋找人才，至於如何獲得獵頭的關注，我個人則是會說擁有國際專業證照，當然你也能夠多分享些專業文章。

當獵頭邀約面試時，我個人建議先請獵頭寄出 JD，也就是所謂的工作描述（Job Description）來判斷這份職缺，當然更進一步也能夠詢問工作地點是遠距或現場，年薪範圍是多少呢？然後通常外商是責任制，所以沒有所謂的加班費，所以我個人如果要進外商，則不會特別問加班費，反而我們主要會問獎金（Bonus）如何計算。

至於詳細有關獵頭邀約面試的相關資訊，我個人則是建議聽〈**可以幫我安排面試嗎？**〉的 Podcast，這個 Podcast 主要是由 ManpowerGroup 萬寶華 - 人事顧問公司的人資顧問所錄製的，我在十年前能夠有機會進入台灣微軟實習，其中少不了萬寶華的面試，所以我在聽完這個節目一系列 Podcast，回想這十年來的面試過程也是感同身受。其中有個單元是在討論〈**聽眾回覆｜高底薪還是高獎金好？**〉，這一系列的影片將有助於我們如何挑選適合的工作。

Ⓐ 可以幫我安排面試嗎：聽眾回覆｜高底薪還是高獎金好？

3.3 如何篩選自己想要的職缺

我個人建議先了解自己本身的強項為何，再去找有興趣的職缺，當我們找到有興趣的職缺之後，請先針對職缺的描述調整履歷的內容，通常履歷需要有對應職缺的相關工作經驗，所以我們必須非常了解職缺的描述。當然越簡潔越好，突顯出重點和量化成效，因為人資通常沒有太多時間細看每一個人的履歷。

此時國際專業證照就會派上用場，為何呢？我的心得是站在人資的角度試想人資專家要如何篩選履歷呢？

如果是剛畢業的新鮮人，主要會參考是否有相關的最高學歷。但是如果已經工作一段時間的上班族，主要會參考是否有相關的工作經驗。「請注意此時不一定會看國際專業證照」，所以許多人會認為國際專業證照沒有用，這觀點是沒錯的，但前提是我們沒有相關的學歷或工作經驗。所以如果沒有相關的學歷或工作經驗，難道就無法從事雲端相關的工作嗎？當然不是，如果我們能夠證明對於雲端技術是有熱情，並且願意花時間持續學習，就有機會讓人資多看一眼我們履歷。

那麼究竟要有多少張雲端技術的國際專業證照才足夠呢？答案很簡單，當我們獲取第一次面試機會就能夠停止考取國際專業證照了。

但接下來的問題是，我們要如何讓人資在第一時間知道我們已經考取雲端相關的國際專業證照呢？這時 LinkedIn 就是非常優質的社群分享平台！

LinkedIn 平台的一大優點，就是（1）它通常不太會出現屎缺。（2）我們還能針對人資提供的公司資訊，在這個平台上找到相關的員工。如果我們還具膽識的話，我個人建議直接與相關的員工直接訊息聯絡說明我們想要應徵哪一個職缺，當然該員工如果剛好是我們認識的朋友、學長姐或學弟妹，那就更好辦啦！約個時間線上聊一聊，或者約個時間出來吃飯，就能夠更了解該職缺的詳細資訊，像是「薪水依據」、「常態徵才還是偶爾徵才」、「公司營運是否穩定」、「性質是否為博弈或其他類型」，當然也能夠提高面試成功的機率啦！

3.4 面試 Q&A

關於面試，我個人會準備以下三大關鍵內容，以利面試時可以回答。

面試前，先準備好這三大問題

1. 為什麼想來這家公司 / 對這家公司有什麼了解？
2. 分享處理過的專案，以及遇到過什麼樣的挫折？

   提醒 1：面談過程中盡量不要透漏敏感的訊息，例如專案客戶名稱 / 單位。以免有些面試官會覺得面試者不重視這類敏感資訊。

   提醒 2：可提到專案中曾遇過哪些挫折，但最終以什麼方式克服。讓面試官轉移對問題的焦點，並從你身上看到你的 Problem Solving 能力。
3. 為什麼公司要僱用你？你認為和其他面試者的不同之處在於？

如何進行雲端面試呢？基本上面試官很少會考寫程式，通常比較會直接提供一個情境，接著面試官會請我們針對情境進行回答。

所謂情境通常是指雲端環境，雲端環境又可分為三大雲端廠商，分別為 Azure、AWS 和 Google Cloud。這時關鍵在於我們過往是否有相關的雲端服務之工作經驗，並且透過熟悉的雲端服務針對情境中所提到的痛點，提供最適當的解決方案。

像是對方會提供一個情境為電子商務網站，需要能夠針對購物車進行雲端架構的設計，我們會需要思考從前端網站至後端資料庫要如何選擇最適當的雲端服務。請注意，我們除了推薦適當的雲端服務之外，更重要的是需要考慮高可用性和可擴展性。

我個人面試過多家雲端廠商，他們主要會以線上或線下的方式進行，不論是線上或線下，皆需要具備繪製雲端架構圖的能力，而且通常會需要現場繪製和詳細説明。這非常有趣，而且有專業能力的識別度，主要原因是如何將複雜的架構説明地簡單易懂，這是身為雲端服務相關的工程師需要具備的技能。當然如果我們能夠在説明的過程中透過有感的實際展示 DEMO 來證明所提到的雲端服務架構是能夠實作出來（我們稱之為概念性驗證，Proof-of-Concept, POC），這樣會更好。

當然你一定會問：「雲端相關的工作會有上機考試嗎？」根據我過去二十幾場的面試經驗，我個人的回答是不會有上機考試，而是「事先在一到二週前出情境題」，讓我們有機會準備，並且透過簡報或教學的方式來進行面試。當然也有許多場面試是直接現場出題，要我們直接透過白板畫出架構圖、説明其中的技術細節。

所以若我們只是背考古題就通過國際專業證照的話，通常就會導致在此面試階段無法順利通過，那麼要如何順利通過呢？我個人會建議在面試前花許多時間參考 Azure Architecture Center（https://docs.microsoft.com/zh-tw/azure/architecture/）已建立的模式和實務在 Azure 上架構解決方案的指引，如果時間充份的話請拿一張白紙手繪一次，這樣將能夠加深雲端架構的思維，有助於我們在面試時不會感到特別的緊張。

此外，請不要直接問接受的薪資範圍。你可以透過設定一個基準，如果低於這個薪水基準，但要做的事情很多、無加班費（等於是勞工之類……），除非主管主動問到時，我們才如實回答，並且請根據目前的年薪來回答。

• • • • • • • • • • •

以我自己為例，我個人每份工作只要高 5% 以上，並且有學習新事物的機會，就會嘗試轉職，很少和人資要求提高薪資。當然這不符合常理，畢竟年薪是越高越好，但這個前提是我們已經有多個工作機會的 Offer 選擇時，如果很難進行決定，才會和人資要求提高薪資。不過，同時也要有信心能夠撐過試用期，否則我們將會一次性地失去許多工作機會。

我想再次強調——在雲端方面的工作，面試官其實更重視的不一定是證照，而是「你是否具備實務處理問題的能力」，但是，證照仍是一個雲端職缺的入門票券。

當然面試者也可自己主動提問，加深面試官印象。不過，提問看似簡單其實很難，因為這會直接反應出我們對於這份工作的態度，所以請勿回答沒有問題，而是問些問題加深面試官對你的印象。像是能夠展現出成長性思維的問題，例如：「我在此次面試中表現不好的部份，如果我們有機會進入下一輪面試該如何加強或準備呢？」以及我個人建議的結語，則是「感謝、感謝，再感謝」。當然如果能夠禮貌性詢問接下來的流程，將會有助於我們判斷是否有下一次的面試機會。

掌握面試的技巧

至於要如何進行面試呢？我個人很推薦〈**PM 面試 101**〉的系列影片，這系列的影片會教我們使用 STAR 方法來回答面試官的問題、幫自己說個好故事，自我介紹的起承轉合和要通過面試，先掌握面試的套路！這位 YouTuber 名叫 KC，他是我在微軟擔任顧問時非常尊敬的前輩，我們也一起完成一個很有挑戰的專案，期望這一系列的影片將會對於你在進要面試時有所幫助。

PM 面試 101：使用 STAR 方法來回答面試官的問題

3.5 英文面試

我個人在過去工作將近十年的時間主要有待過兩家外商公司，所以許多人皆會問我有關英文面試的經歷：面試官是否會希望英文面試，自己當下表明英文為自己的弱點，但只要勇於開口，就沒有太大問題，只要有信心，無論文法有無對錯都可以。

其實在外商用到英文的時候非常多，特別是如果我們對於雲端技術有興趣的話，通常相關最新的技術文件皆是英文，此時我們需要有能夠在短時間內讀懂技術英文的能力。所以如果你對於讀英文文章有些吃力，可以試著先讀懂 MS Learn 中的英文內容為短期目標。當然除了讀得懂之外，我們還要會寫得出來英文的技術文件，這就能夠當為中期目標，像是以我個人為顧問的角色我們通常會需要交付英文的文件給客戶。

至於長期目標，則是要有信心進行英文口說，因為我們經會需要和國外的同事進行開會討論，此時就會需要英文口說的能力，重點在於勇於開口。以我個人的經驗為例，我個人在第一家外商公司工作時就被派往國外受訓五天，當時講師是澳洲人所以皆是以英文的方式進行授課，我還記得在受訓期間我勇於用英文問問題讓講師印象深刻，當再次前往時講師居然還記得我，並且我們住同一家飯店，當晚我們就在樓下的酒吧，喝酒聊天順便練英文口說。

所以英文能力不論是聽說讀寫對於外商來說，皆是非常基本的能力，但是如果我們英文不好就無法進外商嗎？也不一定，像我個人的缺點就是英文，可是我還是有機會進外商擔任正職的工作，至於面試時會不會用英文面試，答案是會的，但是不一定每一關都會透過英文進行面試，有時是當人資專家為了要確認我們的英文程度時，通常會以英文的方式來問問題，或者當主管為為了要確認我們是否能夠和國外客戶進行溝通時，通常會以英文的方式來問問題。

3.6 面試穿搭

選擇「Smart Casual」穿搭風格

我個人建議面試時，穿搭主要選擇「乾淨、有領子的襯衫」，原因是這種 Smart Casual 能給人一種比較不壓迫、有專業經歷的感覺。反之，白襯衫和黑色西裝套裝會給人一種剛畢業新鮮人的感覺，簡單來說就是會給人一種比較生硬、無經驗的感覺。

根據我過往的經驗，只有當我面試甲方大企業時，穿白襯衫和黑色西裝套裝有獲得工作，但是通常這樣的公司比較按照制度，在這樣的大企業中我們很難有很飛躍性的發展。但是當我們在這類企業中擁有二年以上的工作經驗，通常就會是去乙方外商面試的競爭優勢。至於是否要待到三至五年，我個人建議是當你會拿起本這書閱讀至此時，請勇敢挑戰外面的世界，它遠比我們想的更寬廣，闖一闖吧！

至於乙方外商和新創公司面試時，筆者建議按照不同的角色進行適合的穿搭。當我們面試工程師時，請不要穿西裝。面試顧問時，請穿西裝，但不一定要穿白襯衫和黑色西裝套裝。透過適當的面試穿搭給面試官良好的第一印象，並且在面試過程中展現出專業的價值。

3.7 遠距面試技巧

我目前使用過的遠距面試工具，主要有 Zoom、Google Meet 和 Microsoft Team 等等。當進行遠距面試的過程中，你需要注意以下事項。

事前設定：下載相關通訊的應用程式，以及測試麥克風、喇叭和網路是否正常。背景選擇一片白牆就好。至於是否要有一些書櫃或什麼的當背景，這方面影響不大，簡單就好。

開場時：應該要先和面試官確認聲音是否收到、說話語速、如何呈現自己的作品集。

其實遠距工作在未來已經是外商常態性的工作方式，所以我們必須開始習慣這類型的工作方式。我個人在過去的工作經驗，遠距工作會比現場工作還要更忙碌，因為我個人主要是擔任類似顧問的角色，所以我們每天工時為 8 小時，必須要有等價的產出。然而我們經常需要和客戶討論事項，如果是現場討論，通常會需要時間進行事前安排，但是遠端會議通常相對較簡單，並且我們可能同時會參與多個遠端會議，也就真的是所謂的多工了，所以如果還不會使用遠距面試的相關工具的話，會讓工作做得非常沒有效率。

3.8 後記：筆者的考照準備過程

之前許多人會詢問我考取證照的經驗，特別是問到第一次準備 Azure 雲端的國際專業證照花費多少時間？以及如何準備？老實說，當時我還在商業智慧為主的外商公司當資深顧問分析師，日常的專業工作幾乎沒有接觸 Azure 雲端技術的機會，那時我為了要學習雲端經驗，所以特別花費下班的時間進行線上學習和實作，總共花費了快三個月的時間才有信心考取 Azure 雲端的基礎國際專業證照，也就是 Microsoft Certified: Azure Fundamentals。

學習資源

➔ MS Learn

在過程中我主要透過 MS Learn、Udemy 以及 Whizlabs 等網站進行線上學習和實作。學習的順序，我主要是先透過微軟官方網站免費提供的 MS Learn 進行考試科目為主題的一系列學習，過程中你將會學到類似於本書第二章的單元內容，並且以回答練習題的方式，來驗證每個單位內容所學習到的知識概念是否正確，以及在學習過程中經常會有上機練習，這將能夠提高學習的成效。

➔ Udemy

接著我會透過 Udemy 購買 Azure 雲端相關的課程，在此學習網站中所有課程皆需要進行付費，但是經常會有特價活動，費用經常為台幣 330 元、370 元和 390 元，對於學生或上班族來說，負擔不至於太大。試想你可能經常去看一場電影、一個展覽或一頓晚餐就差不多是這樣的價錢了。

多花點費用技資在自我能力提升的學習上是非常重要的一件事。

像是我每年會有三萬到五萬做為學習費用，而且為了證明我曾經有系統地學習過某些主題領域，所以我通常會以證照課程為主。畢竟有一個明確的目標和範圍，將能夠讓我更專注的學習，至於能不能在工作中實務應用，這之後我將會面試相關應用經驗分享給大家。

➔ Whizlabs

再來當我上完 Udemy 網站的線上課程之後，我會買 Whizlabs 網站的線上練習題，此網站提供的每個練習題下方皆會有完整的解釋說明。請注意，不要直接背答案，因為正式考試時題目將會完全不一樣，但是要考的重點通常在每題完整的解釋說明中皆會涵蓋到。我個人建議，考前最好多做幾次練習，直到平均能夠拿到 90 分以上，再參加 Azure 基礎認證的考試科目。

要不要報名實體課程？請先考量你是否為本科系

有很多人會問我是否需要報名恆逸的 Azure 雲端實體課程，我個人是沒有特別去上恆逸的 Azure 雲端實體課程。

主要是因為我是本科系，大學主要是雙主修資訊工程和資訊管理，研究所主修量化運算和資訊安全，所以我都是透過線上學習資源自學為主。因為 Azure 雲端技術的本質和資訊本科系所學許多基本的原理概念是相通的，差別在於透過 Azure 雲端技術去解決那些客戶所面臨的商業問題。

因此**如果你是資訊本科系**，我的建議是：不一定要報名參加恆逸的 Azure 雲端實體課程。

但是**如果你是非資訊本科系**，我會建議報名參加。

此外，有許多人會問微軟官方所提供的練習題是否更有幫助，我在準備早期 MCSE: Data Management and Analytics 國際專業證照時有買過，但是我個人認為幫助不大。因為那時我看完之後去測驗該科目，結果是 Fail，後來我是花費將近半年的時間去讀微軟官方的考試參考書之後，才順利通過所有考科。

然後現在各位非常幸福，你只需要按照 MS Learn、Udemy 和 Whizlabs 等網站進行線上學習和實作的學習順序，就能夠在三個月之內考取 Azure 雲端之基礎認證的國際專業證照，以及當你通過 Azure 基礎認證的考試科目之後，就會在一天之內獲取 Badge 認證勳章，此時你如果剛好有 LinkedIn 社群網站的帳號就能夠加入個人檔案中，並且進行分享，以利 LinkedIn 社群網站中的專業人士皆能夠知道你已經開始要學習雲端技術了，這是一個非常重要且關鍵的資訊，因為這代表你對於學習雲端技術是有熱情的。

有熱情，學習雲端技術的道路才能長久

對於學習雲端技術是有熱情這非常重要嗎？我個人認為非常重要，仔細回想在過去幾十次的面試經驗中，學習雲端技術有熱情的話，對於面試官來說將會是一個亮點。

我以過去我在某家新創公司擔任面試官為例。當時我們面試專業人才時會需要評估該專業能力是否符合職位的需求，如果你因為沒有雲端的相關實務工作經驗而對於雲端技術沒有信心時，我會看你是否對於學習雲端技術是否有熱情。

此外我從畢業至今十年左右總共換了五份正職工作：二家新創、二家外商（乙方），一家大企業（甲方），目前我正在第六份正職學習新的技術。每次換一份新工作時，我就會將自己歸零、從新學習新技術，這也是因為我對於學習新技術這件事情非常有熱情，當然未來趨勢會逐漸改變，但是目前還是雲端技術的成長階段，所以對於學習雲端技術有熱情這件事，將會是非常重要的一點，以利我們順利獲取下一份工作的面試機會，請注意是工作的面試機會，而不是獲得正職工作。

許多人會認為我們只要考取 Azure 國際專業證照就能夠獲得正職工作，但是現實是殘酷的，其實考取 Azure 雲端技術的國際專業證照只能夠讓你有面試機會，並不一定保證能夠獲得正職工作。我第一次考到 Azure 雲端的國際專業證照時，當

下並沒有任何工作面試的邀請。但是在準備此證照的過程中，我更深入了解雲端技術優缺點，並且更加確信我之後的職涯發展一定要學習雲端技術，這是非常寶貴的學習心得，而之後我就下定決心從商業智慧的外商轉職到以人為本的新創公司學習雲端技術。但是當時我學習的是 Google Cloud，為什麼呢？因為當時只有 Google Cloud 在台灣有在地機房，所以當時我非常看好 Google Cloud 在於台灣大企業的後續發展。

當時我深信只要對於學習雲端技術有熱情，事情總會有轉機。的確，當我考完當時所有 Google Cloud 雲端技術的國際專業證照之後，我開始準備 Google Cloud 官方授權講師的認證面試，準備過程中我發現微軟提供免費的 Microsoft 官方授權講師的認證申請，那時我剛好有考取 MCSE: Data Management and Analytics 的國際專業證照符合申請資格，以及過去工作經驗中有授課經驗，所以我就嘗試進行申請。在一個月之後，我被通知通過 Microsoft 官方授權講師的認證，也就是所謂 Microsoft Certified Trainer，至今我已經持續維持三年 Microsoft 官方授權講師的認證了。

這個認證每一天皆需要進行更新，就像 Azure 雲端的專業國際證照，目前是每一年要進行更新測驗，但是各位別擔心，此更新測驗目前已經是以免費的方式透過官方網站進行線上的測驗考試，沒有通過將能夠持續取到通過為止，每次失敗需要間隔一天，所以相較於其它雲端的專業國際證照，在後續專業國際證照更新的測驗部份將不會再花費你的任何費用。

• • • • • • • • • •

此時我又發現 Microsoft 官方授權講師的認證將能夠讓我以 25% 的國際專業證照考試費用進行測驗，也就是考取任何一科不到一千元。其實你若買一件好看一點的衣服也都會超過這個價錢，但是時常我們買了許多的衣服皆放在衣櫃中，很少穿出門。但是當你每考取一科 Azure 雲端的專業國際證照，將會讓你的 LinkedIn 個人檔案更加豐富。

LinkedIn 個人檔案對我有什麼好處？

也許你會好奇，為何要讓 LinkedIn 個人檔案更加豐富呢？

我建議閱讀《知識複利》這本書，文中提到知識工作者如何運用知識複利，打造出個人品牌和進行知識變現。如果你只有考取一張 Azure 雲端的專業國際證照效果可能沒有這麼明顯。

但是，當你持續用心準備考取 Azure 雲端證照時，以及持續在 LinkedIn 上分享通過時的 Badge 認證勳章，就會發現會有許多 HR 將會開始關注你的 LinkedIn 個人檔案，有的還會更進一步詢問你有沒有沒興趣換工作。

這就是因為你已經透過國際專業證照，間接打造出個人品牌而獲得面試機會，至於能不能間接將所學習的專業知識進行變現，也就是下一份工作更高的年薪，將會是取決於你在面試過程中如何有效展現出學習的成效。

如果你是學生，此時你一定會問：「目前我是學生想要有份實習工作，透過國際專業證照是否能順利找到實習工作呢？」我的答案是不一定，但是如果你有國際專業證照，將有很大的機率獲得面試機會。我個人在學生時期在三家公司實習，分別為軟體公司、四大和外商，能夠有機會獲取面試機會的主要原因，是因為有當時很熱門的幾張國際專業證照，像是 Java 程式設計師和 ISO 27001 / ISO

20000 主導稽核員。

請注意考取國際專業證照取決於你想獲取哪方面的職涯工作，這是有目標性的，而不是沒有目標性的考取任何國際專業證照。畢竟學生時期還是以課業為重，沒有任何一張國際專業證照比得上碩士或學士的畢業證書，但是如果你有空考取未來職涯發展相關的國際專業證照，將會有助於你提高獲得實習工作的機會，請務必找出屬於你與別人與眾不同的亮點。

你一定也會問：「目前我在大企業甲方工作，但是我想去乙方外商工作，透過國際專業證照是否能夠順利轉職呢？」我的答案也是不一定，但是如果你有國際專業證照，將有很大的機率獲取面試機會。

我在大企業甲方工作時，那時我還是專員，月薪 4 萬多。因為工作需求被公司派去外面上課，每當上完課程時我就會給自己設定考取國際專業證照的目標，並且都是全額自費，通常公司不會補助專業國際證照費用，當時也有許多前輩和我說考取國際專業證照對於升遷和加薪沒有幫助。沒錯，在甲方大企業真的要聽前輩的，這非常重點，在甲方大企業中考取國際專業證照對於升遷和加薪沒有幫助通常是沒有任何幫助的，主要還是以你對於公司帶來的價值為主。

然而我還是很幸運在二年升遷為資深專員，但是只加薪 2000 元。此時我就開始思考目前選擇的人生職涯是否正確？同時我也想起在上課程時，有位外商顧問建議我趁年輕有機會要去乙方外商闖一闖、歷練一下，所以我就開始進行面試，當在面試一開始不太會討論到我所考取相關的國際專業證照，而是在面試過程中才會特別聊聊我是如何準備國際專業證照，請注意是要分享如何準備，所以你如果只是背背考古題，那麼你可能就會失去接下來的面試機會，請務必找出屬於你與別人與眾不同的亮點。

我當時拿到了兩家乙方公司工作機會的 Offer 機會，一個是四大顧問的副理職位，一個是外商公司的資深顧問分析師職位，第一個主要是我有考取 IBM 的國際專業證照，剛好職務的專業技術需要有此能力，第二個主要是我有考取 SAS 的國際專業證照，剛好職務的專業技術需要有此能力。那時我面臨了職缺兩難的選擇，是要選擇職位高年薪低，還是職位低年薪高，兩者的年薪有一些差距。最後我選擇職位低薪水高，這沒有對或錯，主要是取捨的問題，我個人想法很簡單，當時我需要錢，所以就選年薪高。請注意如果你在年輕時，已經有工作經驗又想要年薪高，請以外商公司為主。當然甲方大企業也會有儲備幹部的職缺可以嘗試看看，但都是要名校剛畢業，而且競爭很激烈，請務必找出屬於你與別人與眾不同的亮點。

在乙方外商工作一年之後，因為表現優異加薪之後，年薪有所突破了，當下我的心情是非常感謝乙方外商對我工作能力的努力，但是我就開始害怕如果哪一天被乙方外商開除之後，我是否還有能力找到年薪相當的工作呢？因此我就開始採取行動考取 MCSE 專業技術的國際專業證照，我通過之後，在一個月之後就接到微軟外商的面試機會。我還記得當時的職位是技術支援工程師，但是只面了第一關電話面試和第二關現場面試。當時第二關現場面試有白板題，需要根據客戶的情境需求畫出解決方案，並說明其中的技術細節，面試完就沒有後續了。事後我仔細反省，為何我已經很專心在研究工作相關的專案技術了，平常和客戶討論問題時也會畫白板，了解雙方彼此的想法，但是卻沒有辦法通過面試呢？到底是硬實力不足夠，還是軟實力不足夠？

• • • • • • • • • •

所以我決定考取 AWS 雲端技術的國際專業證照，來加強架構技術的硬實力，以及考取 PMP 專案管理的國際專業證照，來加強專案管理的軟實力。當我考完證照後，就獲得 AWS 外商的面試機會。我還記得當時的職位是技術講師，但是只面了第一關電話面試和第二關現場面試。第二關現場面試是簡報題，主要是在面試前花二週的時間準備授課內容，在現場進行授課教學，並且根據學生的問題進行適當的回答，這個面試也沒有後續了。當下我仔細反省，為何我已經很專心在研究工作相關的專案技術了，平常也會和客戶進行授課，同時我也很喜歡授課，但是卻沒有辦法通過面試呢？雖然我花時間準備證照考試，也很幸運地獲得多次面試的機會，但為何就是無法通過第二關面試呢？

沒有雲端工作經驗，那就先從新創公司開始磨練

雖然沒有通過第二關面試，但是在準備 AWS 雲端技術的專業國際認證之過程中，我個人深刻了解到雲端服務的重要性，所以我下定決定離開乙方外商舒適圈、歸零從頭開始學習雲端技術。但是沒有雲端工作經驗的我到底要如何開始呢？這時新創公司會是最好的開始。

當然你可能會捨不得乙方外商的高年薪，以我自己為例，我會給自己一個允許接受的年薪範圍，如果新創公司願意給到我這年薪範圍，並且與現在工作年薪差距在 10% 之內，我是能夠接受新挑戰！結果出乎我意料之外的是在通過新創公司之第一關遠端面試和第二關現場面試，隔天我就收到錄取通知信，工作年薪居然高出 10% 以上，當下我就立即下決心離開乙方外商舒適圈，再去新創公司闖一闖，並且歸零從頭開始學習雲端技術。

同樣是二關面試，乙方外商通常很難進入下一關的面試，但是以新創公司通常更有機會進入下一關的面試，更有機會直接拿到錄取通知。我還記得當時的職位是資深客戶工程師，第二關現場面試，是對方會提前一週給予客戶情境的問題，要求面試者提出解決方案，並且現在指導客戶如何透過雲端技術來解決問題。

過去失敗經驗將會成為下次成功的基礎功，所以適當的放下身段，歸零從頭開始學習，保持對於技術學習的熱情，你理應會拿到更合理的年薪，走出戶外看一看外面的風景，說不定你的選擇又更多了。

• • • • • • • • • • •

到了新創公司之後，我樂在其中歸零從頭開始學習，保持對於技術學習的熱情，很快地在半年時間，我考完當時所有 Google Cloud 雲端技術的國際專業證照。當我將此訊息分享到 LinkedIn 專業社群網站中時，在短短三個月內就有十幾家的新創公司、甲方大企業和乙方外商找我去面試，這讓我有點嚇到，這代表著雲端技術在當時已經成長到一個新階段。不過當時我拒絕了所有面試邀約，因為我非常喜歡當時的工作，自己團隊自己找，我們也面試許多優秀人才加入，以面試官的角度去思考我們要找什麼樣的人才。

直到我前公司的主管突然透過 Facebook 社群網站詢問我是否有興趣應徵微軟顧問職缺，對方是我非常尊敬的主管，同時也是非常棒的學習榜樣，所以又有機會再和他一起做雲端技術相關的專案，這讓人感到非常興奮。但是為何會有面試的機會呢？主要也是因為我考取了多張 Azure 雲端技術的國際專業證照，其中包括 Microsoft Certified: Solutions Architect Expert 和 Microsoft Certified: DevOps Engineer Expert 這兩張專家級的認證。

這次我在一個月內完成四關的面試，第一關是主管面試，第二關是香港顧問面試，第三關是台灣顧問面試，第四關是主管的主管面試。當時全部都是遠端面試，我非常感謝主管和顧問們讓我能夠順利通過面試，在面試過程中很多從自我介紹開始進行，並且說明過往的專案經驗，更進一步主管們會再度確認我是如何考取國際專業證照，並且如何應用至工作中。

所以我個人還是要再度強調：考取國際專業證照的重點在於考取的過程，當然結果一定要是通過，這樣我們才能分享和增加到個人的履歷表，因為雲端顧問職位面試的關鍵重點，不在於我們考取多少張國際專業證照，而是在於我們如何透過專業能力解決客戶問題，並且有效與客戶進行溝通。

Leo 經驗談

如果你不確定要如何有效與客戶進行溝通，我個人鑾建議上戴爾卡內基班，讓自己有效學習溝通與人際關係。所以不論是針對面試或工作，有效溝通與人際關係將會是非常重要的事情，通常我們的下一個工作機會可能會來自於曾經合作過的同事和朋友。

當我進入微軟開始擔任顧問之後，一開始被指派的案子就是之前在外商擔任顧問時的客戶，很巧的是客戶也還記得我，並且也很信任我，同時在專案進行的過程中，也經常給予我非常大的幫助，以及後續讓我們的案子能夠順利結案。當然在過程中有許多衝突，此時身為顧問的角色，我們經常會需要進行溝通協調，這將會是非常寶貴的工作經驗，同時這樣的工作經驗，能夠讓我們在面試中透過故事的方式讓面試官更了解我們是如何和客戶進行互動，以及如何更有效率地解決問題。

如何尋找職缺

我個人主要使用 LinkedIn、Facebook 和 104 人力銀行找到職缺，但是更多時候理想的職缺我個人都是透過認識的學長姐，或者被內部推薦。我個人推薦，剛大學或碩士畢業的新鮮人如果比較沒有信心，可以先透過 104 人力銀行所提供的履歷樣板來找適合的台灣職缺。接著如果你比較常參加技術社團，或經常使用 Facebook 社群網站，可以花一些時間關注是否有職缺的資訊，通常是可以直接連絡到提供職缺的團隊成員，你能夠在面試之前先更進一步了解對於該職缺是否真的有興趣。最後如果你想要挑戰外商職缺的工作機會，我個人建議透過 LinkedIn 來找到適當的外商職缺。此時我個人建議你至少每三個月更新一下 LinkedIn 的個人檔案，如果可以經常更新會更好，因為獵人頭的專家或外商的人資專家經常會透過 LinkedIn 進行工作機會的面試邀約。

哪些細節如何決定求職者挑選公司

我曾經獲得多家 Offer 的機會，那麼要從哪些方面來決定自己的選擇呢？我個人通常會先以是否能夠持續學習新事物，學習新事物又能夠分為專業技術和管理能力，在不同年齡時選擇將會有所不同。我剛畢業時，主要選擇新創公司，當時從資料工程師開始我個人的第一份工作，半年之後因為有做出成效，所以就升為資料架構師，當時我們主要就是使用雲端技術來研發手機 App 的後端平台。

做了一年之後，我想知道大企業是如何進行資料管理，所以就面試上甲方大企業的資料管理相關工作，通常甲方大企業很少會用最新的雲端技術，但是就我個人之後面試乙方外商的工作機會時，在甲方大企業兩年多的工作經驗比起在新創公司一年多的工作經驗討論的詳細。

所以我個人在三十歲之前的職涯發展是：

新創公司 → 甲方大企業 → 乙方外商

過了三十歲，我開始思考繼續待乙方外商，還是嘗試其它可能性呢？此時我決定再去新創從頭學習雲端技術。現在有許多新創原生就會直接使用雲端技術，當使用一段時間為公司帶來價值或營收之後，就有機會被原廠邀請當合作夥伴。而我個人所選擇的這家新創公司就是雲端技術的合作伙伴，這是值得學習的合作方式，因為一般來說，外商有關技術正職的職缺不會開這麼多，但是需要有合作夥伴來協助客戶完成專案。當時我對於這樣的商業模式如何獲利非常感興趣，所以便離開了外商公司，進入以雲端技術為主的新創公司，它也是原廠的合作伙伴，而我也在入職的這一年快速學習成長。

如何快速學習成長？

我自己主要是透過考取所有該原廠雲端技術相關的國際專業證照、協助客戶解決雲端的技術問題和通過原廠授權講師的認證為目標。當然以上所有的項目，我皆在一年之內完成，之後我就嘗試申請微軟原廠授權的認證講師，當通過認證講師之後，就開始考 Azue 雲端相關的國際專業證照，直接考專家等級為主，也可能是因為我通過兩張專家等級的 Azue 雲端相關的國際專業證照，以利讓我更有機會被前公司的主管內推至競爭對手的外商擔任正職顧問的工作。

建立短期、中期、長期目標，這樣才更有動力

當然我個人還是會針對每份工作設定設定年限，主要原因是隨時保持職場競爭力，因為我個人相信沒有所謂穩定的工作，當工作一旦穩定，我個人就會開始思考下一步，以及評估現況，如果我離開目前的工作是否還能夠找到下一份工作。我個人沒有因為到了微軟就停止持續學習的習慣，還是以考國際專業證照為短期目標，同時以完成客戶的案子為中期目標，以持續升遷為長期目標。

在工作不到一年半的時間，我又有機會獲得內部和外部的面試機會，總共進行了將近二十幾場的面試之後，我因為年薪的考量，決定在三十五歲之前在挑戰看看我的最高年薪能到多少，所以就離開微軟到第三家外商公司，此時可能有許多人會問：「你不害怕失去工作嗎？」我當然會害怕，但是我更害怕因為穩定，而哪一天失去現有的工作，卻沒有找到下一份更好工作的職場競爭能力。

至於下一份工作我個人是要選擇甲方、乙方還是新創公司，到了三十五歲之前我的考量主要會以年薪為主。但是當我三十五歲之後，如果我又不是單身，需要有更多時間來完成工作之外的事情時，我個人就不會以年薪為主要考量。

人們常說趁年輕時闖一闖。

這句話當我在同時面臨甲方、乙方還是新創公司的選擇時感受非常大。我問了許多前輩，得到的建議都是趁年輕時闖一闖，所以外商乙方和新創公司將會是我個人在三十歲至四十歲的首選。至於四十歲之後，我就會比較偏向於去大企業甲方。

工作之外——培養更高的視野，放大格局，求職不設限

許多人最常問的問題是「證照有用嗎？」我的回答是如果我們沒有相關工作經驗，那麼考取相關國際專業證照是有用的，但僅限於獲得面試機會。

但是當我們以考證照為短期目標的學習過程中，如果我們不是只以背背考古題為主，理應我們會在無形中養成閱讀新事物的好習慣。為何企業愛用剛畢業的新鮮人，其中一個主要的原因就是學習能力處於最佳的階段，我們在學校同時間學習許多新知識，並且善用時間管理，以利拿到最佳的成績和名次，以獲得最高的學歷文憑。

當然在學習的過程中已經有有許多優秀人才找到正職工作，所以選擇休學，而沒有完成學歷，此時我們會認為沒有學歷文憑的優秀人才很不專業嗎？我個人認為，這些人更專業，已經不需要透過學歷文憑來證明，也不怕失業了。但是，我們大多時候還是需要學歷文憑來獲得面試機會吧！

證照也是一樣的道理，如果在準備證照的學習過程中已經獲得很棒的工作機會時，我們也可以選擇不考取該證照，因為短期目標已經完成了。但是，如果在準備證照的學習過程中還沒有獲得很棒的工作機會，我個人還是建議先通過證照考試，這樣才會提升獲得工作機會的可能性。

當我們以考取國際專業證照為短期目標時，要如何讓學習過程更有價值呢？我建議你花一點時間閱讀《給予》和《知識複利》這二本書。

《給予》&《知識複利》的閱讀小心得

我從《給予》這本書中學到，所謂施比受更有福，願意給予的人，往往反而能夠獲得更多，給予者總是樂於分享，但是我們要如何開始養成分享的習慣呢？我建議透過 LinkedIn 社群網站來撰寫文章，或是轉分享專業文章，並且摘要重點或心得想法，選擇最適合我們的學習方式來養成給予的好習慣。

再來就是《知識複利》。在這個資訊爆炸的時代，每個人只有二十四小時，那麼我們要如何在最短的時間內針對新領域的知識，學習最關鍵的重點概念呢？此時證照就已經在幫我們限縮範圍，以利我們針對此範圍進行學習之後，在最短時間內了解最關鍵的重點概念。當然在學習過程中透過主觀的分享專業知識之外，再搭配透過客觀的分享國際專業證照，將能夠讓我們所擁有的知識與思想，透過知識複利不斷予以深化，變成具有價值的服務，為我們的生涯帶來正向的助益，至於什麼是服務呢？工作就是在服務公司和客戶啊！

➜ 主動培養好習慣，成就更好的自己

當我們花最短的時間完成專業知識的學習，下一步就是用多出來的時間培養更高的視野，放大格局，以利求職不設限。像是我們能夠透過 Podcast 在任何時間持續學習不中斷，我個人就非常喜歡聽「閱讀前哨站」瓦基的 Podcast：**〈下一本讀什麼？〉**。當然如果有時間，最好是到誠品書店或蔦屋書店現場閱讀該本書，如果可以的話花點錢買下書以支持作者，同時投資自己。透過閱讀書籍培養更高的視野，放大格局，當職缺機會來臨時，我們將會有更多的話題能夠聊專業能力之外的軟實力，才更有機會獲得不同產業或角色的工作機會。

▲ 下一本讀什麼？

除了考取證照、培養學習的好習慣，以及透過 Podcast 在任何時間持續學習不中斷，並且閱讀專業之外的書籍來培養更高的視野和放大格局。我更建議有空去戶外爬山或室內看展，有時在找工作，真正取捨的點，是在於要繼續往前衝，還是停下腳步。

我們都知道爬山的過程很痛苦，但是爬到高點，視野是無限的，代價是值得的，我還記得我個人爬的第一座百岳山是嘉明湖，當時我剛從研究所畢業，先休息三個月給自己停下腳步想清楚未來的職涯方向。爬完山之後，我就決定去新創公司挑戰，當時我們團隊就已經在透過大數據和雲端運算打造台灣的看劇 App，現在已經有 LINE TV，在這新創公司的工作經驗，我個人最大的收獲就是人生有無限可能，不要劃地自限。

但是如果我們在工作過程中發現有不足的部份，我們是否有勇氣放低姿態虛心從頭學習呢？這也是我離開新創公司去甲方大企業的初心，放低姿態虛心從頭學習。的確在甲方大企業的這二年，是年薪相對隱定的階段。那時我個人設定短期的目標，就是要在企業體制下二年內升遷，通常很多人聽到我這想法都說機率很小，但我還是達到了。當然為了達到此目標，在工作的過程中就像是爬山一樣辛苦，一刻也不敢放鬆，但是當達到此目標之後，就算是爬到高點，視野是無限的，代價是值得的。

此時我個人又不安份，就像是在山頂上看向遠處更高的山，如果有機會我個人想去那遠方看看是否有不一樣的風景。所以就去乙方外商闖一闖，當時的我僅有的是甲方大企業和新創公司的工作經驗，以及相關的國際專業證照，至於證照是否有加分？我個人是認為無形中透過國際專業證照打造專家型個人品牌，讓乙方外商願意給我機會嘗試看看。

當然除了戶外爬山之外，我們還能夠選擇室內看展，像是我最近看了挑戰一安藤忠雄展從安藤忠雄的展覽中，為了接近自己內心的理想，安藤忠雄開始嘗試創造去除一切修飾、猶如空白畫布般的建築。當這個「留白」裡被引入光線、微風，空間就會被注入生命。我們通常會將過往工作的豐功偉業加以修飾之後，寫在履歷中，這沒有錯，是非常正確的事情，但是我們是否有自信放下過往的成就去挑戰接下來的工作呢？那你一定會問如果我們沒有過往的成就哪來的接下來的工作機會呢？

• • • • • • • • • •

其實當你看到這裡時，代表你想嘗試雲端產業，但是不知如何進入雲端產業，對吧！所以過往的成就並沒有為你帶來價值，如果有的話，你早就忙於雲端產業的工作，而不會花時間來看這本書吧！所以我個人的建議是放下過往的成就，讓 LinkedIn 的檔案適當的留白，如同空白畫布般的建築，此時我們嘗試這個「留白」裡被引入光線、微風，我個人認為所謂的光線就是我們分享的國際專業證照，至於微風就是學習過程的心得分享，國際專業證照會讓面試官眼睛一亮，但是是否能夠在面試中相談更舒服，則是學習過程的心得分享。

在這個變化快速的時代，我個人主要是透過國際專業證照為未來鋪路，當然有一天我可能會失業，但是我相信，透過國際專業證照培養持續學習的好習慣和成長性的思維，將有助於我能夠找到下一份更合適的工作機會。

給非本科生的學習資源

學習平台

對於職場新鮮人如果要學習雲端技術我個人建議透過 Coursera、Udemy 和 Whizlabs 等網站來進行學習。

首先 Coursera 主要是由原廠提供的專業課程，通常會由原廠正職員工來提供課程內容，像是 Microsoft、Google、AWS、IBM、Meta。至於 Udemy 和 Whizlabs 主要是由第三方專家們所提供的專業課程和練習考題。通常我自己會先透過 MS Learn 學習該考科的重點觀念，接著再透過 Coursera、Udemy 和 Whizlabs 等網站來進行學習和準備考試。

其實我主要是透過考取證照來培養讀書習慣。我人生中的第一張國際專業證照，是在高一時考取的 Java 程式設計師證照。考取這張證照之後，一直到我碩士畢業第一份工作滿一年之前，我都沒有想過再考取任何一張選擇題為主的國際專業證照。原因很簡單：我認為學歷證書和實戰經驗遠比只考選擇題的國際專業證照更有價值，但是現在回想起來，也是因為當時考取國際專業證照，才讓我有機會透過繁星計劃推甄上台灣科技大學不分系。

我清楚記得當時面試官對於我在高職的經歷不怎麼感興趣，但是對於我在高一時就已經考取 Java 程式設計師的國際專業證照非常好奇，於是就以此為開頭聊起我個人有關撰寫 Java 程式的相關實戰經驗，這剛好也是我非常有信心的專業能力。

除此之外，如果我們已經開始使用 LinkedIn 社群網站，則我個人建議透過 Linked Learning 來培養職場軟實力，像是領導力、學習方法、時間管理、溝通協調。因為只有專業能力，而沒有一定程度的軟實力，通常很難通過面試，更進一步拿到工作機會的 Offer，因為我們不會知道和我們競爭同職位的其它候選人有哪些人，試想當我們的專業能力皆一樣優秀的情況下，面試官最後會給哪一位工作機會呢？這個問題會考慮很多專業能力之外的軟實力，因為專業能力特別是雲端技術變化非常快速，所以我們要如何持續保持職場競爭力呢？此時軟實力就會非常重要。

➔ 給非本科生的話

如果你是非本科生，但是想要獲得雲端技術相關的工作機會，考取國際專業證照將會是非常有價值的第一步。一張不夠考二張，二張不夠考三張，考到獲取第一次的面試機會，此時就能夠開始準備面試，而非證照考試。接著當我們有了工作經驗之後，要如何讓人資專家知道你想要換工作呢？持續考取證照有助於我們在求職網站中分享可能想換工作的資訊，因為許多人認為當我們工作一段時間通常會考取國際專業證照時，通常是有想換工作的念頭，我個人蠻認同此觀點，這也是我持續考取國際專業證照的主要原因之一。

雖然我是本科生，大學雙主修資訊工程系和資訊管理系，以及研究所主要研究資訊安全，但是在我工作將近十年換了五家工作，其中兩家外商、兩家新創和一家大企業，我個人發現，非本科生的職涯發展通常會比本科生更好，為什麼？我的看法是「持續學習的動力」。

本科生通常會認為許多基礎理論我們在學校時都已經學習過了，所以都能夠錄取想要的工作。因為我們已經非常了解基礎理論，所以不需要再花時間重複學習。這個想法我在剛出社會時非常認同，因為那時我也是抱持著此想法，我們本科生要透過程式開發來改變世界，不論是進外商、大企業或新創，只要工作夠努力，一定能在一家公司闖出非常棒的職涯發展。

• • • • • • • • • • •

但是，現今的職場環境變化迅速，我們已經很難在一家公司待到退休，因此我們要如何保持職場競爭力呢？

我認為重點就是：持續學習的能力，以及成長性思維。要如何養成持續學習的能力呢？透過考取 Azure 基礎能力的國際專業證照為短期目標，來強迫進行學習 Azure 雲端技術的相關產品，當然重點在於學習的過程，當我們養成持續學習的習慣之後，面對需要學習新的事物時，相對就不會這麼害怕了。這時也就擁有了成長性思維：不會的我們就學習。這不是本科生的特權，非本科生也能夠透過在職場上重新學習來快速成長，很可惜的是通常當我們離開學校之後，我們會專心於工作和生活，而沒有學習新事物的好習慣，一個人是否能夠成功，往往好習慣會比壞習慣更多，而養成持續學習的能力就是好習慣。

最近換了新工作，回想起過去的工作經驗，我試著讓別人能夠在還沒有深入聊天時，就能夠認識我的最好方式就是透過 LinkedIn 社群網站，但是我發現通常很多人會先看的是目前的工作，但是如果我們對於現在工作不滿意時，該如何做些改變呢？首先，我們必須先知道自己目前的工作經驗有哪些企業會感興趣呢？此時我們可以嘗試透過 LinkedIn 中的「搜尋曝光次數」了解「找到你的關鍵字」和「搜尋你的人任職的熱門公司」，如下圖所示。

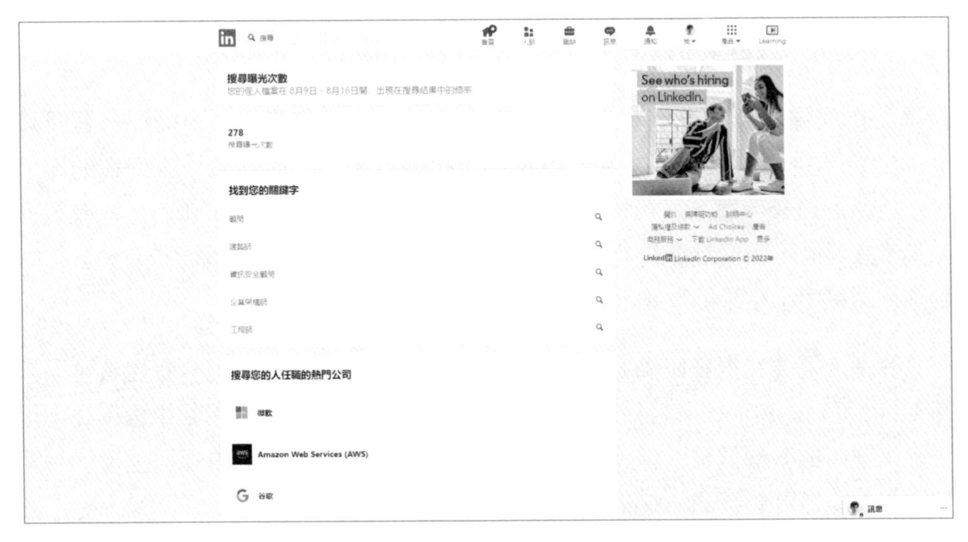

▲ 透過「搜尋曝光次數」了解自己和職缺的相關性

透過「找到你的關鍵字」，可以初步了解以我們目前的工作經驗，有機會獲得關鍵字所搜尋的職位。至於有哪些公司會對於我們的工作經驗有趣，你可以參考「搜尋你的人任職的熱門公司」。

如果「搜尋曝光次數」的結果不滿意時，我們要如何改善呢？

我們可以在工作經驗中用英文撰寫相關的專案經驗，但是要如何撰寫相關的專案經驗呢？市面上有許多不錯的書籍，或者我們能夠參考 LinkedIn 官方網站所提供的建議，以確保你寫一個好的工作描述：

1. 使用該職位的標準標題來 明合格的應聘者在求職過程中找到你的職位。
2. 在發佈作業後，在「添加所需技能 」欄位中添加關鍵技能。
3. 包括與你的工作相關的工作職能和行業詳細資訊，以幫助潛在應聘者輕鬆搜索你的職位。
4. 在所有其它領域提供盡可能多的詳細資訊，以利我們的匹配技術可以為你的發佈找到最佳候選者。
5. 在描述角色和責任時要具體化，概述任何具體要求，有時最好的候選人可能與每一個要求不匹配。

但是工作經驗更新通常頻率不高，畢竟我們做一個專案通常至少需要一個月以上，這還需要確保我們有非常出色且可量化的成果，才有助於「找到你的關鍵字」結果的改善，這是很難控制的因素，所以如果我們能夠在工作時考取幾張國際專業證照時，我們就能夠經常更新 LinkedIn 的個人檔案，也就能夠有助於「找到你的關鍵字」結果的改善。

可是許多人需要花很多時間考取國際專業證照，這時該怎麼辦呢？我建議可以訂閱 LinkedIn Learning 學習網站，因為 LinkedIn Learning 學習網站中會有許多國際專業證照的教學課程。當我們上完教學課程時，就會自動獲得課程證書，而課程證書就能夠更新至 LinkedIn 的個人檔案。

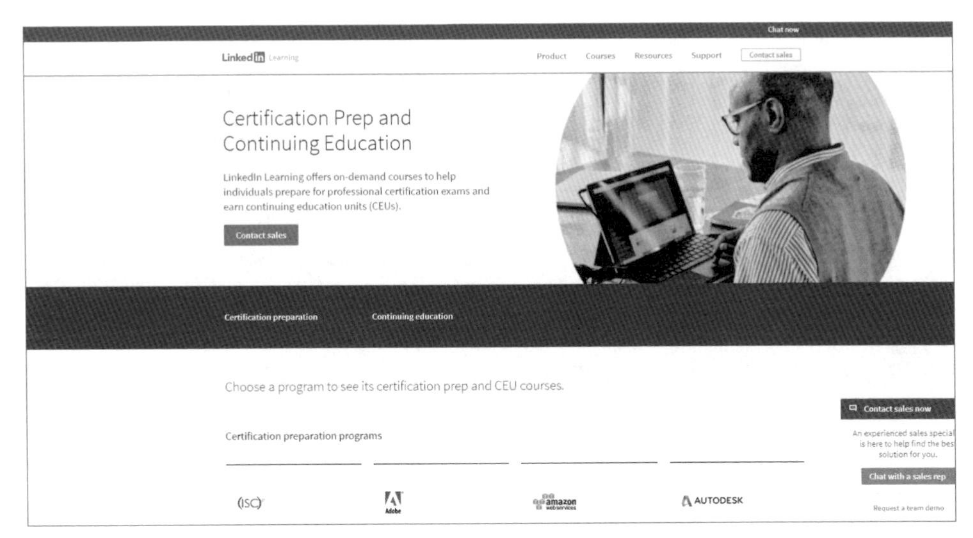

Ⓐ LinkedIn Learning 學習網站
（https://www.linkedin.com/learning/）

但是是否有效呢？關於這個問題，我個人認為不論是相關課程證書或國際專業證照，都只有一個目標——就是好讓專業人資透過職缺相關的關鍵字找到你，當我們以這角度去思考時，我們就能夠放寬心，以最適合自己的學習方式來改善「找到你的關鍵字」結果。當然如果想要有官方的認證，當然還是需要考取國際專業證照，請注意當我們獲得面試機會之後，所有相關課程證書或國際專業證照皆會有很大的機率被問到，此時請確保我們已經準備好相關工作經驗的故事內容和面試官進行分享。

根據我個人過去的面試經驗，面試官一定會好奇為何考取這麼多國際專業證照，此時面試官一定會問相關的工作經驗，請一定要把握此機會，説明考取相關國際專業證照的動機，以及準備過程中的學習與成長。再説明如何在工作中應用國際專業證照的理論和實作，請根據現況説明，最好有執行過相關專案經驗或實作經驗。

當然有許多面試官會挑戰我們，説國際專業證照沒有用，實務工作經驗才是最看重的評估項目。我個人非常認同，為何呢？主要原因就是考取國際專業證照並不會立即為我們帶來升職和加薪，因為個人貢獻不代表能夠為企業和公司帶來直接貢獻，所以只能夠證明我們保持學習的心態，試想我們工作之後有多久沒有主動學習新事物了呢？是否忙於工作和生活而沒有時間主動學習新事物了呢？是否已經忘記當學生時的感覺了呢？當我們開始工作之後，總是會感嘆當學生是非常幸福的一件事，我個人一直在思考為非常幸福呢？我個人得出的心得就是當學生時的我們能夠學習感興趣的新事物。

這也可能和我個人的特質有關，我個人在 MBTI 十六型人格 *1 中屬於 ENFP-A，又稱優勝者、競選者或記者，我個人對於生活充滿著各種可能性，並且在事件與資訊之間快速建立聯結，然後依據所洞察到的模式更有自信地行動，渴望得到他人很多的認可，並且隨時準備給予自己的欣賞，通常我個人擁有即興創作和順暢的口頭表達能力，達到處事自然且靈活變通。此外我個人也具有創作力，喜歡有獨創性的事物及想法，擁有冒險精神，不喜歡也不擅長沉悶及重複性較高的工作。所以考取國際專業證照將能夠讓我持續有系統的學習新事物，並且改善三分鐘熱度的缺點，同時在準備證照的過程中，我個人更能夠在事件與資訊之間快速建立聯結，然後依據所洞察到的模式更有自信的行動。

▲ 十六型人格測驗

此外為了改善三分鐘熱度的缺點，我個人需要有三件事情能夠持之以恆，第一個在工作上重要的事情是持續為客戶提供專業服務，第二個在生活上重要的事情是

---

*1 MBTI 全文為「Myers-Briggs Type Indicator」（邁爾斯布里格斯性格分類表），又名為「十六型人格測驗」。目前提供簡體中文版本，讀者可透過以下網址進行免費測驗：https://www.16personalities.com/ch/ 人格測試。

持續運動健身保持良好的體力，第三個在學習上重要的事情是持續考取國際專業證照，當然這是屬於我個人目前已經養成的好習慣，你可以試著想想有哪些事情在於工作、生活和學習上是讓你能夠持之以恆的好習慣，持續做下去總有一天將會發現帶來更多的價值，這些價值可能是無形或有形，可衡量或不可衡量，但是我們要相信凡事努力過的事情總會有一天用得上。

• • • • • • • • • •

至於國際專業證照到底有沒有用呢？說實話，在台灣的就業市場沒有用，台灣的甲方企業通常不看國際專業證照，當然這也反應在薪資上，很多人會選擇乙方公司因為薪資高，但是乙方公司標案時通常又會需要國際專業證照，此時國際專業證照到底有沒有用呢？

所以如果你在甲方企業待久了，又無法順利升遷加薪或轉換單位，又或者雖然成功順利升遷加薪或轉換單位，但是薪資還是不滿意時，我們能夠選擇轉換至下一家甲方企業，但是調薪的程度通常不高，反而如果以年薪來計算可能還會更低，此時能夠選擇轉換至下一家乙方公司，通常調薪的程度會非常高。

以我個人為例，從甲方企業離開之後，在五年內的年薪已經是之前的三倍以上，所以國際專業證照到底有沒有用呢？別想太多，放手去做就對了，但請記得一定要搭配 LinkedIn 社群網站，讓全世界的專業人士看到我們的專業能力，而不要僅將眼光自我設限在台灣的就業職場，這通常會讓我們感到考取國際專業證照是非常沒有用的投資，此時我們又要如何證明我們與其它年資高且本科系的專業人士有更高的競爭力呢？

所以對於年資不高且非本科系的人來說，國際專業證照到底有沒有用呢？我認為是有用的，但是一定要有心理準備，因為會面臨面試官的各種挑戰，此時別怕展現出我們的專業能力和學習熱情，這就有非常大的機會獲得夢幻職缺，獲取更高的年薪報酬。

Note